全国监理工程师职业资格考试红宝书

# 建设工程监理案例分析（土木建筑工程）历年真题解析及预测（2023）

（第3版）

主　编　左红军
副主编　叶虎翼
主　审　张守健

机械工业出版社

本书以监理工程师职业资格考试建设工程监理案例分析（土木建筑工程）考试大纲及教材为纲领，以现行法律法规、标准规范为依据，以经典真题为载体，以考点为框架，通过对经典真题与考点的筛选、解析，让考生能便利地抓住应试要点，并通过经典题目将考点激活，从而解决了死记硬背的问题，真正做到“三度”。

广度——考试范围的锁定，本书通过对考试大纲及命题考查范围的把控，确保覆盖大部分考点。

深度——考试要求的把握，本书通过对历年真题及命题考查要求的解析，确保内容的难易程度适宜，与考试要求契合。

速度——学习效率的提高，本书通过对经典真题及命题考查热点的筛选，确保重点常考、必要内容，精确锁定非常规考点，以便提高学习效率。

本书可供2023年参加监理工程师职业资格考试的考生参考使用。

**图书在版编目（CIP）数据**

建设工程监理案例分析（土木建筑工程）历年真题解析及预测：2023/左红军主编．—3版．—北京：机械工业出版社，2023.3
（全国监理工程师职业资格考试红宝书）
ISBN 978-7-111-72639-5

Ⅰ.①建…　Ⅱ.①左…　Ⅲ.①土木工程－监理工作－案例－资格考试－题解　Ⅳ.①TU712.2-44

中国国家版本馆CIP数据核字（2023）第025559号

机械工业出版社（北京市百万庄大街22号　邮政编码100037）
策划编辑：汤　攀　　　　责任编辑：汤　攀　刘　晨
责任校对：肖　琳　李　婷　封面设计：马精明
责任印制：单爱军
北京虎彩文化传播有限公司印刷
2023年3月第3版第1次印刷
184mm×260mm · 17.75印张 · 437千字
标准书号：ISBN 978-7-111-72639-5
定价：79.00元

| 电话服务 | 网络服务 |
|---|---|
| 客服电话：010-88361066 | 机　工　官　网：www.cmpbook.com |
| 010-88379833 | 机　工　官　博：weibo.com/cmp1952 |
| 010-68326294 | 金　　书　　网：www.golden-book.com |
| **封底无防伪标均为盗版** | 机工教育服务网：www.cmpedu.com |

# 本书编审委员会

主　　编：左红军

副 主 编：叶虎翼

主　　审：张守健

编写人员：左红军　叶虎翼　于晓进　孙兆英　岑　林
宁　宇　卜红玉　张　奇　徐玲玲　袁婧玮
何　维　康　丽　赵秀娟　梁　锐　周艳妮
赵俊娥　淡晓祥

# 前　言

## ——72 分须知

历年真题是监理案例分析考试科目命题的风向标，也是考生顺利通过 72 分的生命线，在搭建框架、填充细节、反复锤炼三步程序之后，对历年真题精练 5 遍，《建设工程监理案例分析》（以下简称《案例分析》）考过 72 分就会指日可待。所以，历年真题精解无疑是考生必备的应试宝典。

本书严格按照现行的法律、法规、部门规章和标准规范的要求，对历年真题进行了体系性的精解，从根源上解决了“会干不会考，考场得分少”的应试通病。

### 一、政策导向

2020 年 2 月 28 日，住房和城乡建设部、交通运输部、水利部、人力资源和社会保障部联合印发了《监理工程师职业资格制度规定》《监理工程师职业资格考试实施办法》。

此次监理制度改革，意在贯彻落实国务院“放管服”改革要求，加快建立公开、科学、规范的职业资格制度，持续激发市场主体创造活力。新颁布的职业资格制度及职业资格考试办法，优化了报考条件，调整和细化了考试的科目设置、命题阅卷等内容；延长了考试成绩有效期（由 2 年一个周期调整为 4 年一个周期）；放宽了考试报名条件（取消“取得中级职称并任职满 3 年”的要求），降低了大学毕业后报考年限，并规定取得监理工程师职业资格可认定其具备中级职称。

### 二、框架梳理

此次监理制度改革，必将使注册监理工程师职业资格考试掀起一波前所未有的热潮。作为龙头科目的《案例分析》，兼容三控管理、概论法规、合同管理等五大课程所有的核心考点，是对监理考试的总体把控，也是对考生的学习情况最好的检验。

按知识体系，我们将《案例分析》分为监理规范、招标投标与合同管理、质量与安全、网络与流水、工程造价五大部分。

**第一部分　监理规范**

以监理组织、职能分工、施组设计、工程分包、材料试验、五类验收、缺陷事故为主打，兼顾实施细则、信息管理、监理表格。

**第二部分　招标投标与合同管理**

以逻辑为根本，以责任为核心，以索赔为主线，以简答为重心。

招标投标与合同管理二合一。招标投标部分以找错和废标为主打，兼顾一小问简答；合同管理部分以双方义务为主线，涉及争议解决和部分简答。

**第三部分　质量与安全**

（一）质量控制

以质量管理为主线，以处理程序为主打，以专业技术为辅助，以偏怪错离为例外。

本部分涉及《建设工程质量控制》教材第三、五、六、七章内容,《案例分析》中该科目分值平均每年40分以上。题型特点表现为离散性，问题与问题之间没有关系。

（二）安全管理

以安全条例为纲领，以危大工程为重心，以找错简答为主打，以措施验收为例外。本部分内容在《案例分析》中至少要占到一个大题的分值，尤其是“危大工程安全管理”，在整个案例题中占到3/4的篇幅，要求考生给予足够的重视。

**第四部分　网络与流水**

第四部分主打进度控制的两大工具——“横道图与网络图”，并由此引出进度控制的核心版块——“流水施工和网络计划”。

两大版块学习方法也是惊人地相似。无论是流水还是网络，都需要大家能在脑子里建立清晰、准确、必要的概念，以及这些概念之间必须存在清晰、准确、必要的关联。

（一）流水施工

以概念为核心，以图形为主打，以索赔为辅助，以难题为例外。关于流水施工，考生需要做好“333体系的建立”——掌握三类组织方式、精通三类流水参数、熟练三类流水方式。

（二）网络计划

以六组为核心，以逻辑为主线，以题型为主打，以简答为例外。

网络计划中最关键的环节是“时参计算”。时参计算中，最重要的是对“高铁进站四定法”的应用。它是打开网络计划这扇大门的钥匙，是打通网络计划六大题型的关键，更是确保通过三控考试的“定海神针”。

**第五部分　工程造价**

本部分内容为本科目的瓶颈，涉及清单模式下的工程结算、工程变更价款、量变调价款、调值公式调价、材料暂估价调整、人材机找差等定量计算。

## 三、基本题型

根据问题的设问方法和答题模板，把案例分析题型划分为五大类：实操找错三主打，简答计算看图形。

（一）实操题

实务考试的实操题体现在以下三个方面。

（1）进度控制：主要表现为横道图和网络图的绘制，通过历年真题的归类，总结出画图题的经典题目。

（2）质量控制：涉及质量十个方面相关问题的处理，除控制图外的其他图形的绘制，监理规范中有关质量的监理表格。

（3）监理机构：四类组织结构图的绘制（包括直线制、职能制、直线职能制、矩阵制）；参建各方组织结构图。

（二）开口找错题

找错题分为两类，首先是开口找错题，即指出不妥之处（或错误之处、违规之处、不足之处、存在的问题及类似语句），说明理由并写出正确做法。

“1分论”：只要求“指出不妥之处”，没有要求说明理由或写出正确做法，考生只需要按要求作答即可，这就是有问必答、没问不答的应试准则。

“1.5 分论”：“指出不妥之处，说明理由”，要严格按照答题模板，找错、理由分两行。

“2.5 分论”：“指出不妥之处，说明理由并写出正确做法”，考生必须执行“找错、理由、正确做法”的答题模板。

“事件”：30 多个考点均能够以找错题的形式出现在案例中，可以是文字找错，也可以是图形找错，或是表格找错。

“原则”：究竟需要找几个错？有的题目是很明确的，但多数题目可以拆分或合并，这涉及答题中的模板问题；做法正确，但是语言不够规范，如果按“错误”的答题模板作答了，标答中没有这个答案，原则上不扣分，但不能因此得出多多益善的结论。一是考虑答题时间不允许，二是找到错误的个数超过标答太多时，判卷人员则会认为你在胡乱作答。当然也不能少找，否则会丢分。所以考生可通过真题训练，务必掌握提笔就要拿分的大原则。

（三）闭口找错题

找错题的另一类是闭口找错题，即是否妥当（或是否正确、是否违规、是否齐全及类似语句），说明理由（或不妥当的，说明理由）。闭口找错题与开口找错题的答题模板基本相同，其差异在于开口找错题具有一定的柔性，而闭口找错题则是刚性答案。

（1）“是否妥当，说明理由”。这类设问的答题模板：妥当与不妥当均需说明理由，考生在答题时，不妥当的，说明理由较为简单，而妥当的，说明理由则无从下手，这就需要按题型对历年真题进行百问训练。

（2）“是否妥当，不妥当的说明理由”。如果是这种问法，妥当的，无须再回答理由。考生对历年真题训练时，应精准掌握闭口找错题两种设问的差异。

（3）考生在考场判断不出某种行为或做法是否妥当时，说明平时对该考点没有精准掌握，或是该考点“超纲”，或是该考点语言不规范，这时如何处理？没有万全之策，需要考生结合事件中的上下文背景和已经找出的妥当与不妥当的个数，在考场综合判定。特别需要注意的是“惯性思维分数低”，命题人一定会揣摩考生的惯性思维。

（4）不论开口找错题还是闭口找错题，都必须进行专题训练。通过历年真题的反复研读，形成监理案例分析的第一个定式。

（四）简答题

（1）纯粹简答题。

（2）补齐简答题。

（3）补不齐的简答题。

（4）程序性的简答题。

（五）计算题

计算题是能否顺利通过考试的瓶颈题目，历年真题具有很强的借鉴意义。建议考生按框架体系整理历年真题中的计算题，带着问题去学习每个体系中的所有考点。

## 四、超值服务

凡购买本书的考生，可免费获得以下增值服务。

（1）红宝书备考交流群：群内定期更新不同备考阶段精品资料/课程/指导，请扫描微信群二维码加入。

（2）“2023全章节高频考点速学课”视频，由左红军师资团队根据历年高频考点、最新考试方向精心录制，涵盖全章节核心考点精析。

（3）2023最新备考资料：“2023备考导学课”视频、“全阶段备考白皮书”（电子版）。

（4）1对1伴学顾问：给您持续发送最新备考资料、第一时间更新最新考前动态、辅助制定备考计划、监督学习进度等。

编　者

2022年10月

# 目　录

# 第一部分

# 监 理 规 范

## 案例一

**【2022年试题一回忆版】**

某工程，实施过程中发生如下事件。

事件1：开工前，总监理工程师将下列工作委托总监理工程师代表负责：①组织召开监理例会；②组织编制监理实施细则；③组织审核竣工结算；④调解建设单位与施工单位的合同争议；⑤处理工程索赔。

事件2：监理人员在巡视时，发现施工单位存在下列问题：①未按施工方案施工；②使用不合格配件；③施工不当出现严重的安全事故隐患；④未按设计文件施工；⑤未经批准擅自施工；⑥实际施工进度严重滞后于计划进度且影响总工期；⑦违反强制性标准。

针对上述问题，项目监理机构分别签发了《监理通知单》或《工程暂停令》，要求施工单位整改或停工。

事件3：因工程实际情况发生变化，总监理工程师委托总监理工程师代表组织编制了监理规划。调整后的监理规划经总监理工程师审核确认后即报送建设单位。

事件4：基坑开挖过程中发现实际地质情况与勘察设计文件不符，施工单位向项目监理机构提出设计变更申请，项目监理机构收到申请后进行了下列工作：①审查设计变更申请；②建议建设单位组织设计、施工等单位召开论证会；③提请建设单位联系设计单位修改设计；④评估设计变更对工程费用的影响。

**问题：**

1. 依据《建设工程监理规范》，逐项指出事件1中总监理工程师委托的工作是否妥当？

2. 针对事件2中施工单位存在的问题，逐项指出项目监理机构应签发《监理通知单》还是应签发《工程暂停令》？

3. 指出事件3中的不妥之处，写出正确做法。

4. 针对事件4，依据《建设工程监理规范》，项目监理机构收到申请后还应进行哪些工作？

**答案：**

1. （本小题5.0分）

①妥当。（1.0分）

②妥当。（1.0分）

③不妥当。（1.0分）

④不妥当。（1.0 分）

⑤不妥当。（1.0 分）

2. （本小题 7.0 分）

①签发《监理通知单》。（1.0 分）

②签发《监理通知单》。（1.0 分）

③签发《工程暂停令》。（1.0 分）

④签发《工程暂停令》。（1.0 分）

⑤签发《工程暂停令》。（1.0 分）

⑥签发《监理通知单》。（1.0 分）

⑦签发《工程暂停令》。（1.0 分）

3. （本小题 4.0 分）

（1）不妥之一：总监理工程师委托总监理工程师代表组织编制了监理规划。（1.0 分）

正确做法：总监理工程师组织专业监理工程师修改监理规划。（1.0 分）

（2）不妥之二：调整后的监理规划经总监理工程师审核确认后即报送建设单位。（1.0 分）

正确做法：修改后的监理规划经监理单位技术负责人批准后报建设单位。（1.0 分）

4. （本小题 4.0 分）

①评估设计变更对总工期的影响。（1.0 分）

②组织建设单位、施工单位协商确定设计变更费用及工期变化，会签变更单。（2.0 分）

③根据批准的设计变更文件监督施工单位实施。（1.0 分）

## 案例二

### 【2022 年试题三回忆版】

某工程，建设单位委托工程监理单位实施勘察设计管理和施工监理，工程实施过程中发生如下事件。

事件 1：建设单位要求项目监理机构在勘察设计阶段完成下列工作：①编制工程勘察方案并报建设单位审批；②签署工程勘察费支付证书；③组织编制各阶段、各专业设计进度计划；④依据设计成果评估报告的意见优化设计。

事件 2：开工前，项目监理机构审查施工单位提交的施工总进度计划和阶段性施工进度计划时提出：①施工进度计划中主要工程项目没有遗漏，可以满足分批投入试运行、分批动用的需要；②施工进度计划符合建设单位提供的资金、施工图纸、施工场地、物资等条件。

事件 3：监理员巡视时发现，现浇钢筋混凝土柱拆模后有蜂窝、麻面等质量缺陷，随即下达《监理通知单》，并报告了专业监理工程师。专业监理工程师提出了质量缺陷处理方案，并要求施工单位整改。

事件 4：工程施工过程中发生了不可抗力事件，导致建设单位采购待安装的设备损失 30 万元；施工单位支付受伤工人医疗费用 6 万元，已完工程修复费用 25 万元，照管工程费用 4 万元；同时造成工程停工 15 天。施工单位在合同约定期限内向项目监理机构提交了费用补偿和工程延期申请。

问题:

1. 针对事件1,指出建设单位要求的不妥之处,说明理由。

2. 针对事件2,依据《建设工程监理规范》,针对施工进度计划,项目监理机构还应审查哪些内容?

3. 针对事件3,指出监理人员做法的不妥之处,写出正确做法。

4. 针对事件4,依据《建设工程施工合同(示范文本)》,指出建设单位和施工单位各应承担哪些费用?项目监理机构应批准的费用补偿和工程延期各为多少?

答案:

1. (本小题6.0分)

①不妥。 (1.0分)

理由:编制工程勘察方案并报建设单位审批属于勘察单位应完成的工作。 (1.0分)

③不妥。 (1.0分)

理由:组织编制各阶段、各专业设计进度计划属于设计单位应完成的工作。 (1.0分)

④不妥。 (1.0分)

理由:依据设计成果评估报告的意见优化设计属于设计单位应完成的工作。 (1.0分)

2. (本小题5.0分)

①符合合同工期的约定。 (1.0分)

②施工顺序的安排符合施工工艺要求。 (1.0分)

③施工人员、工程材料、施工机械等资源供应计划满足施工进度计划的需要。(3.0分)

3. (本小题4.0分)

(1) 不妥1:监理员随即下达《监理通知单》。 (1.0分)

正确做法:监理员报专业监理工程师,专业监理工程师下达《监理通知单》。 (1.0分)

(2) 不妥2:专业监理工程师提出了处理方案,并要求施工单位整改。 (1.0分)

正确做法:应要求施工单位报送经设计等相关单位认可的处理方案。 (1.0分)

4. (本小题5.0分)

1) 建设单位承担:

①待安装的设备损失30万元。 (1.0分)

②已完工程修复费用25万元。 (1.0分)

③照管工程费用4万元。 (1.0分)

2) 施工单位承担:受伤工人医疗费用6万元。 (1.0分)

3) 应批准的费用补偿29万元,工期延期15天。 (1.0分)

## 案例三

**【2021年试题一回忆版】**

某工程,实施过程中发生如下事件。

事件1:为保证总监理工程师统一指挥,同时又能发挥职能部门的业务指导作用,监理单位根据工程特点和服务内容等因素,在组建的项目监理机构中设置了若干子项目监理组。

此外，还设有目标控制、合同管理等部门作为总监理工程师的工作参谋。

事件2：为有效控制项目目标，项目监理机构拟采取下列措施：①明确各级目标控制人员职责；②审查施工组织设计；③处理工程索赔；④按月编制已完工程量统计表。

事件3：工程开工前，建设单位主持召开了第一次工地会议。会后，项目监理机构将整理的会议纪要和总监理工程师签字认可的监理规划直接报送建设单位。

事件4：总监理工程师要求下列监理工作用表须经总监理工程师本人签字并加盖执业印章：①《施工组织设计/（专项）施工方案报审表》；②《工程开工报审表》；③《监理报告》；④《工程材料、构配件、设备报审表》；⑤《工程开工令》；⑥《工程暂停令》。

**问题：**

1. 针对事件1，指出项目监理机构采用的是什么组织形式？该组织形式有哪些优缺点？

2. 针对事件2，逐项指出项目监理机构拟采取的措施属于组织、技术、经济、合同措施中的哪一种？

3. 指出事件3中的不妥之处，写出正确做法。

4. 针对事件4，依据《建设工程监理规范》，逐项指出总监理工程师的要求是否正确。

**答案：**

1. （本小题5.0分）

（1）直线职能制组织形式。（1.0分）

（2）优缺点：

①优点：直线领导、统一指挥、职责分明、目标管理专业化。（2.0分）

②缺点：职能部门与指挥部门易产生矛盾，信息传递路线长，不利于互通信息。（2.0分）

2. （本小题4.0分）

①属于组织措施。（1.0分）

②属于技术措施。（1.0分）

③属于合同措施。（1.0分）

④属于经济措施。（1.0分）

3. （本小题5.0分）

（1）不妥之一：会后，项目监理机构整理会议记录报送建设单位。（1.0分）

正确做法：项目监理机构整理会议记录，与会各方代表应当会签。（1.0分）

（2）不妥之二：会后，项目监理机构将总监理工程师签字认可的监理规划直接报送建设单位。（1.0分）

正确做法：监理规划应在签订建设工程监理合同及收到工程设计文件后由总监理工程师组织编制，由监理单位技术负责人审核签字，在召开第一次工地会议前报建设单位。（2.0分）

4. （本小题6.0分）

①总监理工程师的要求正确。（1.0分）

②总监理工程师的要求正确。（1.0分）

③总监理工程师的要求不正确。（1.0分）

④总监理工程师的要求不正确。（1.0分）

⑤总监理工程师的要求正确。（1.0分）

⑥总监理工程师的要求正确。（1.0分）

# 案例四

## 【2020年试题二】

某工程，实施过程中发生如下事件。

事件1：工程开工前，施工单位向项目监理机构报送工程开工报审表及相关资料。专业监理工程师组织审查施工单位报送的工程开工报审表及相关资料后，签署了审核意见。

总监理工程师根据专业监理工程师的审核意见，签发了《工程开工令》。

事件2：因工程中采用新技术，施工单位拟采用新工艺进行施工。为了论证新工艺的可行性，施工单位组织召开专题论证会后，向项目监理机构提交了相关报审资料。

事件3：项目监理机构收到施工单位报送的实验室报审资料，内容包括实验室报审表、实验室的资质等级及试验范围证明资料。项目监理机构审查后认为实验室证明资料不全，要求施工单位补报。

事件4：某隐蔽工程完工后，建设单位对已验收隐蔽部位的质量有疑问，要求进行剥离检查。事后，施工单位提出费用索赔。

事件5：在塔式起重机拆除过程中发生了生产安全事故，造成4人死亡、5人重伤，直接经济损失1200万元。事故发生后，施工单位立即报告了建设单位和有关主管部门，总监理工程师立即签发了《工程暂停令》，并指挥施工单位开展应急抢险工作。事故发生2小时后，总监理工程师向监理单位负责人报告了事故情况。

**问题：**

1. 指出事件1中的不妥之处，写出正确做法。

2. 针对事件2，写出项目监理机构对相关报审资料的处理程序。

3. 针对事件3，施工单位应补报哪些证明资料？

4. 针对事件4，建设单位的要求是否合理？项目监理机构是否应同意建设单位的要求？项目监理机构应如何处理施工单位提出的费用索赔？

5. 针对事件5，判别生产安全事故等级。指出总监理工程师做法的不妥之处，说明理由。

**答案：**

1. （本小题6.0分）

（1）不妥之一："专业监理工程师组织审查工程开工报审表及相关资料"。（1.0分）

正确做法：由总监理工程师组织审查。（1.0分）

（2）不妥之二："专业监理工程师签署审核意见"。（1.0分）

正确做法：由总监理工程师签署审核意见。（1.0分）

（3）不妥之三："总监理工程师根据专业监理工程师意见签发《工程开工令》"。（1.0分）

正确做法：经建设单位同意后签发《工程开工令》。（1.0分）

2. （本小题2.0分）

（1）专业监理工程师审查新工艺的质量认证材料和相关验收标准的适用性。（1.0分）

（2）审查合格后，由总监理工程师签认报审资料。（1.0分）

3.（本小题3.0分）

（1）法定计量部门对试验设备出具的计量检定证明。（1.0分）

（2）实验室管理制度文件。（1.0分）

（3）试验人员资格证书。（1.0分）

4.（本小题4.0分）

（1）建设单位的要求合理。（1.0分）

（2）项目监理机构应同意建设单位的要求。（1.0分）

（3）剥离检查合格的，项目监理机构应批准索赔；不合格的，不批准索赔。（2.0分）

5.（本小题5.0分）

（1）该事故属于较大事故。（1.0分）

（2）不妥之一："由总监理工程师指挥施工单位开展应急抢险工作"。（1.0分）

理由：应急抢险工作属于施工单位的工作职责（或应由施工单位根据应急救援预案等组织开展应急抢险工作）。（1.0分）

不妥之二："总监理工程师在事故发生2小时后向监理单位负责人报告"。（1.0分）

理由：根据有关规定，总监理工程师应在事故发生后立即向监理单位负责人报告。（1.0分）

# 案例五

【2019年试题一】

某工程，实施过程中发生如下事件。

事件1：总监理工程师组织编写监理规划时，明确监理工作的部分内容如下：

①审核分包单位资格。

②核查施工机械和设施的安全许可验收手续。

③检查实验室资质。

④审核费用索赔。

⑤审查施工总进度计划。

⑥审查工程计量和付款签证。

⑦审查施工单位提交的工程款支付报审表。

⑧参与工程竣工验收。

事件2：在第一次工地会议上，总监理工程师明确签发《工程暂停令》的情形包括：

①隐蔽工程验收不合格的。

②施工单位拒绝项目监理机构管理的。

③施工存在重大质量、安全事故隐患的。

④发生质量、安全事故的。

⑤调整工程施工进度计划的。

事件3：某专业工程施工前，总监理工程师指派监理员依据监理规划、工程设计文件和施工组织设计组织编制监理实施细则，并报送建设单位审批。

事件4：工程竣工验收阶段，建设单位要求项目监理机构，将整理完成的归档监理文件资料直接移交城建档案管理机构存档。

问题：

1. 针对事件1，将所列的监理工作内容按质量控制、造价控制、进度控制和安全生产管理工作分别进行归类。

2. 指出事件2中，签发《工程暂停令》情形的不妥之处？依据《建设工程监理规范》，还有哪些情形应签发《工程暂停令》？

3. 针对事件3，总监理工程师的做法有什么不妥？写出正确做法。监理实施细则的编制依据还有哪些？

4. 针对事件4，建设单位的做法有什么不妥？写出监理文件资料的归档移交程序。

答案：

1.（本小题4.0分）

（1）质量控制：①、③、⑧。（1.5分）

（2）造价控制：④、⑥、⑦。（1.5分）

（3）进度控制：⑤。（0.5分）

（4）安全管理：②。（0.5分）

2.（本小题5.0分）

（1）不妥之处：①、⑤。（1.0分）

（2）还有的情形：

①建设单位要求暂停施工且工程需要暂停施工的。（1.0分）

②施工单位未经批准擅自施工的。（1.0分）

③施工单位未按审查通过的工程设计文件施工的。（1.0分）

④违反工程建设强制性标准的。（1.0分）

3.（本小题5.0分）

（1）不妥之一：指派监理员组织编制监理实施细则。（0.5分）

正确做法：应由专业监理工程师编制监理实施细则。（1.0分）

（2）不妥之二：监理实施细则报送建设单位审批。（0.5分）

正确做法：应由总监理工程师审批监理实施细则。（1.0分）

（3）编制依据：

①相关标准规范。（1.0分）

②（专项）施工方案。（1.0分）

4.（本小题4.0分）

（1）不妥之处："要求监理机构将监理资料直接移交城建档案管理机构存档"。（1.0分）

（2）移交程序：

①监理机构向监理单位移交归档。（1.0分）

②监理单位向建设单位移交归档。（1.0分）

③建设单位向城建档案管理机构移交归档。（1.0分）

# 案例六

## 【2019 年试题二】

某施工单位通过招标将桩基及土方开挖工程发包给某专业分包单位，并与预拌混凝土供应商签订了采购合同。实施过程中发生如下事件。

事件 1：桩基验收时，项目监理机构发现部分桩的混凝土强度未达到设计要求，经查是由于预拌混凝土质量存在问题所致。在确定桩基处理方案后，专业分包单位提出因预拌混凝土由施工单位采购，要求施工单位承担相应桩基处理费用。施工单位提出因建设单位也参与了预拌混凝土供应商考察，要求建设单位共同承担相应桩基处理费用。

事件 2：专业分包单位编制了深基坑土方开挖专项施工方案，经专业分包单位技术负责人签字后，报送项目监理机构审查的同时开始了挖土作业，并安排施工现场技术负责人兼任专职安全管理人员负责现场监督。专业监理工程师发现了上述情况后及时报告总监理工程师，并建议签发《工程暂停令》。

事件 3：在土方开挖过程中遇到地下障碍物，专业分包单位对深基坑土方开挖专项施工方案做了重大调整后继续施工。总监理工程师发现后，立即向专业分包单位签发了《工程暂停令》。因专业分包单位拒不停止施工，总监理工程师报告了建设单位，建设单位以工期紧为由要求总监理工程师撤回《工程暂停令》。为此，总监理工程师向有关主管部门报告了相关情况。

**问题：**

1. 针对事件 1，分别指出专业分包单位和施工单位提出的要求是否妥当，并说明理由。

2. 针对事件 2，专业分包单位的做法有什么不妥？写出正确做法。

3. 针对事件 2，专业监理工程师的做法是否正确？说明专业监理工程师建议签发《工程暂停令》的理由。

4. 针对事件 3，分别指出专业分包单位、总监理工程师、建设单位的做法有什么不妥，并写出正确做法。

**答案：**

1.（本小题 3.0 分）

（1）专业分包单位提出的要求妥当。（0.5 分）

理由：施工单位采购的预拌混凝土存在质量问题，应由施工单位承担责任。（1.0 分）

（2）施工单位提出的要求不妥当。（0.5 分）

理由：施工单位负责采购预拌混凝土，应对其质量负责。（1.0 分）

2.（本小题 5.5 分）

（1）不妥之一：专业分包单位将专项施工方案报送项目监理机构审查。（0.5 分）

正确做法：专业分包单位应将专项施工方案报送施工单位，施工单位再报送项目监理机构审查。（1.0 分）

（2）不妥之二：同时开始了挖土作业。（0.5 分）

正确做法：深基坑专项方案还应经施工单位技术负责人、总监理工程师审查签字后，由

施工单位组织召开专家论证会，论证通过后，方可组织实施。（2.0分）

（3）不妥之三：安排施工现场技术负责人兼任专职安全管理人员。（0.5分）

正确做法：应委派专职安全管理人员现场监督危大工程专项。（1.0分）

3.（本小题1.5分）

正确。（0.5分）

理由：深基坑土方开挖专项施工方案未经批准，专业分包单位擅自施工。（1.0分）

4.（本小题6.0分）

（1）专业分包单位的不妥之处：

①不妥之一：对深基坑土方开挖专项施工方案做了重大调整后继续施工。（0.5分）

正确做法：经重大调整后的深基坑专项施工方案，应重新审批、论证、签字、交底后，方可组织施工。（1.0分）

②不妥之二：专业分包单位拒不停止施工。（0.5分）

正确做法：专业分包单位应停止施工。（1.0分）

（2）总监理工程师的不妥之处：向专业分包单位签发了《工程暂停令》。（0.5分）

正确做法：向施工单位签发《工程暂停令》，要求其暂停分包单位的施工。（1.0分）

（3）建设单位的不妥之处：要求总监理工程师撤回《工程暂停令》。（0.5分）

正确做法：应支持总监理工程师签发《工程暂停令》的做法。（1.0分）

## 案例七

**【2018年试题二】**

某工程，实施过程中发生如下事件。

事件1：监理合同签订后，监理单位技术负责人组织编制了监理规划并报法定代表人审批，在第一次工地会议后，项目监理机构将监理规划报送建设单位。

事件2：总监理工程师委托总监理工程师代表完成下列工作：①组织召开监理例会；②组织审查施工组织设计；③组织审核分包单位资格；④组织审查工程变更；⑤签发工程款支付证书；⑥调解建设单位与施工单位的合同争议。

事件3：总监理工程师在巡视中发现，施工现场有一台起重机械安装后未经验收投入使用，且存在严重安全事故隐患，总监理工程师即向施工单位签发《监理通知单》要求整改，并及时报告建设单位。

事件4：工程完工经自检合格后，施工单位向项目监理机构报送了工程竣工验收报审表及竣工资料，申请工程竣工验收。总监理工程师组织各专业监理工程师审查了竣工资料，认为施工过程中已对所有分部分项工程进行过验收且均合格，随即在工程竣工验收报审表中签署了预验收合格的意见。

**问题：**

1. 指出事件1中的不妥之处，写出正确做法。
2. 逐条指出事件2中，总监理工程师可委托和不可委托总监理工程师代表完成的工作。
3. 指出事件3中总监理工程师做法的不妥之处，说明理由。写出要求施工单位整改的内容。

4. 指出事件4中总监理工程师做法的不妥之处，写出总监理工程师在工程竣工预验收中还应组织完成的工作。

**答案：**

1.（本小题4.5分）

(1) 不妥之一："监理单位技术负责人组织编制了监理规划"。（0.5分）

正确做法：监理规划应由总监理工程师组织编制。（1.0分）

(2) 不妥之二："监理规划报法定代表人审批"。（0.5分）

正确做法：监理规划报送监理单位技术负责人审批签字。（1.0分）

(3) 不妥之三："在第一次工地会议后，将监理规划报送建设单位"。（0.5分）

正确做法：监理规划应在第一次工地会议7天前报送建设单位。（1.0分）

2.（本小题3.0分）

①可以委托。（0.5分）

②不可以委托。（0.5分）

③可以委托。（0.5分）

④可以委托。（0.5分）

⑤不可以委托。（0.5分）

⑥不可以委托。（0.5分）

3.（本小题5.0分）

(1) 不妥之处：签发《监理通知单》要求整改。（1.0分）

理由：存在严重安全事故隐患时，总监理工程师应签发《工程暂停令》。（1.0分）

(2) 整改内容：

①要求施工单位组织起重机械安装后的验收。（1.0分）

②要求施工单位在验收合格后，办理登记手续。（1.0分）

③要求施工单位采取措施消除安全事故隐患。（1.0分）

4.（本小题5.0分）

(1) 不妥之处：认为施工过程中均验收合格，随即在工程竣工验收报审表中签署了预验收合格的意见。（1.0分）

(2) 还应完成工作内容：

①组织相关人员对工程实体质量进行预验收。（1.0分）

②发现问题，要求施工单位整改。（1.0分）

③组织编写工程质量评估报告，并报送监理单位技术负责人签字。（1.0分）

④经总监理工程师和监理单位技术负责人签字后的评估报告，报送建设单位。（1.0分）

## 案例八

### 【2017年试题一】

某工程，实施过程中发生如下事件。

事件1：监理合同签订后，监理单位按照下列步骤组建项目监理机构：

①确定项目监理机构目标。

②确定监理工作内容。

③制订监理工作流程和信息流程。

④进行项目监理机构组织设计，根据项目特点，决定采用矩阵制监理组织形式。

事件2：总监理工程师对项目监理机构的部分工作安排如下。

造价控制组：①研究制订预防索赔措施；②审查确认分包单位资格；③审查施工组织设计与施工方案。

质量控制组：④检查成品保护措施；⑤审查分包单位资格；⑥审批工程延期。

事件3：为有效控制质量、进度、投资目标，监理机构拟采取下列措施开展工作：

①明确施工单位及材料设备供应单位的权利和义务。

②拟定合理的承发包模式和合同计价方式。

③建立健全实施动态控制的监理工作制度。

④审查施工组织设计。

⑤对工程变更进行技术经济分析。

⑥编制资金使用计划。

⑦采用工程网络计划技术实施动态控制。

⑧明确各级监理人员职责分工。

⑨优化建设工程目标控制工作流程。

⑩加强各单位（部门）之间的沟通协作。

事件4：采用新技术的某专业分包工程开始施工后，专业监理工程师编制了相应的监理实施细则，总监理工程师审查了其中的监理工作方法和措施等主要内容。

**问题：**

1. 指出事件1中，项目监理机构组建步骤的不妥之处和采用矩阵组织形式的优点。

2. 逐项指出事件2中，总监理工程师对造价控制组和质量控制组的工作安排是否妥当？

3. 逐项指出事件3中，各项措施分别属于组织措施、技术措施、经济措施和合同措施中的哪一项？

4. 指出事件4中，专业监理工程师做法的不妥之处。总监理工程师还应审查监理实施细则中的哪些内容？

**答案：**

1.（本小题6.0分）

（1）不妥之处：③和④的先后顺序颠倒。（1.0分）

（2）优点：

①加强了各职能部门的横向联系。（1.0分）

②具有较强的机动性和适应性。（1.0分）

③将上下左右集权与分权实行最优结合。（1.0分）

④有利于解决复杂问题。（1.0分）

⑤有利于监理人员业务能力的培养。（1.0分）

2.（本小题3.0分）

（1）造价控制组：①妥当；②不妥；③不妥。（1.5分）

（2）质量控制组：④妥当；⑤妥当；⑥不妥。（1.5 分）

3.（本小题 5.0 分）

组织措施：③、⑧、⑨、⑩。（2.0 分）

技术措施：④、⑦。（1.0 分）

经济措施：⑤、⑥。（1.0 分）

合同措施：①、②。（1.0 分）

4.（本小题 4.0 分）

（1）不妥之处：分包工程开始施工后，专业监理工程师编制了监理实施细则。（1.0 分）

（2）还应审查：

①专业工程特点。（1.0 分）

②监理工作要点。（1.0 分）

③监理工作流程。（1.0 分）

# 案例九

**【2017 年试题二】**

某建设工程，参照工期定额确定的合理工期为 1 年，建设单位与施工单位按此签订施工合同。工程实施过程中发生如下事件。

事件 1：建设单位提出如下要求：①总监理工程师代表负责增加和调配监理人员；②施工单位将本月工程款支付申请直接报送建设单位，建设单位审核后拨付工程款；③项目监理机构增加平行检验项目。

事件 2：在基础工程施工中，项目监理机构发现有部分构件出现较大裂缝，为此总监理工程师签发《工程暂停令》，经检测及设计验算，需进行加固补强，施工单位向项目监理机构报送了质量事故调查报告和加固补强方案。项目监理机构按工作程序进行处理后，签发《工程复工令》。

事件 3：为使工程项目提前完工投入使用，建设单位要求施工单位提前 3 个月竣工。于是，施工单位在主体结构施工中未执行原施工方案，提前拆除混凝土结构模板。专业监理工程师为此发出《监理通知单》，要求施工单位整改。施工单位以工期紧、气温高和混凝土能达到拆模强度为由回复。专业监理工程师不再坚持整改要求，因气温骤降，施工单位在拆除第五层结构模板时，因混凝土强度不足发生了结构坍塌安全事故，造成 2 人死亡、9 人重伤和 1100 万元的直接经济损失。

**问题：**

1. 指出事件 1 中建设单位所提出要求的不妥之处，写出正确的做法。

2. 针对事件 2，写出项目监理机构在签发《工程复工令》之前需要进行的工作程序。

3. 针对事件 3，分别从死亡人数、重伤人数和直接经济损失三方面分析事故等级，并综合判断该事故的最终等级。

4. 针对事件 3 的安全事故，分别指出建设单位、监理单位、施工单位是否有责任，并说明理由。

**答案：**

1. （本小题4.5分）

（1）不妥之一：总监理工程师代表负责增加和调配监理人员。（0.5分）

正确做法：应由总监理工程师负责增加和调配监理人员。（1.0分）

（2）不妥之二：施工单位将本月工程款支付申请直接报送建设单位。（0.5分）

正确做法：施工单位应将工程款支付申请报送项目监理机构，总监理工程师审核后签发工程款支付证书，报送建设单位拨付工程款。（1.0分）

（3）不妥之三：项目监理机构增加平行检验项目。（0.5分）

正确做法：建设单位应与监理单位协商签订补充协议，明确检验内容和费用。（1.0分）

2. （本小题4.0分）

（1）审查经设计单位认可的处理方案，并报送建设单位。（1.0分）

（2）对质量事故的处理过程进行跟踪检查。（1.0分）

（3）对质量事故的处理结果进行验收。（1.0分）

（4）征得建设单位同意后，总监理工程师签发《工程复工令》。（1.0分）

3. （本小题4.0分）

（1）2人死亡属于一般事故。（1.0分）

（2）9人重伤属于一般事故。（1.0分）

（3）1100万元的直接经济损失属于较大事故。（1.0分）

该事故的最终等级为较大事故。（1.0分）

4. （本小题4.5分）

（1）建设单位承担责任。（0.5分）

理由：建设单位不得压缩合同工期和合理工期。（1.0分）

（2）监理单位承担责任。（0.5分）

理由：专业监理工程师未坚持整改要求，未履行监理职责。（1.0分）

（3）施工单位承担责任。（0.5分）

理由：施工单位未执行原施工方案，且未执行监理指令。（1.0分）

## 案例十

**【2017年试题三】**

某工程实施过程中发生如下事件。

事件1：施工单位完成下列施工准备工作后，即向监理机构申请开工：①现场质量、安全生产管理体系已建立；②管理人员及施工人员已到位；③施工机具已具备使用条件；④主要工程材料已落实；⑤水、电、通信等已满足开工要求。项目监理机构认为上述开工条件还不够完备。

事件2：项目监理机构审查了施工单位报送的实验室资料，内容包括：实验室资质等级，试验人员资格证书。

事件3：监理机构审查施工单位报送的施工组织设计后认为：①安全技术措施符合工程

建设强制性标准；②资金、劳动力、材料、设备等资源供应计划满足工程施工需要；③施工总平面布置科学合理。同时要求施工单位补充完善相关内容。

事件4：施工过程中，建设单位采购的一批材料运抵现场，施工单位组织清点和检验并向项目监理机构报送材料合格证后即开始用于工程。监理机构随即发出《监理通知单》，要求施工单位停止该批材料的使用，并要求补报质量证明文件。

事件5：施工单位按照合同约定将钢结构屋架吊装工程分包给具有相应资质和业绩的专业施工单位。分包单位将由其项目经理签字认可的专项施工方案直接报送项目监理机构，专业监理工程师审核后批准了该专项施工方案。

**问题：**

1. 针对事件1，施工单位申请开工还应具备哪些条件？
2. 针对事件2，项目监理机构对实验室的审查还应包括哪些内容？
3. 针对事件3，项目监理机构对施工组织设计的审查还应包括哪些内容？
4. 针对事件4，施工单位还应补报哪些质量证书文件？
5. 分别指出事件5中分包单位和专业监理工程师做法的不妥之处，写出正确做法。

**答案：**

1. （本小题3.0分）

（1）设计交底和图纸会审已完成。（1.0分）

（2）施工组织设计已经由总监理工程师签认。（1.0分）

（3）进场道路已满足开工要求。（1.0分）

2. （本小题3.0分）

（1）实验室的试验范围。（1.0分）

（2）法定计量部门对试验设备出具的计量检定证明。（1.0分）

（3）实验室管理制度。（1.0分）

3. （本小题4.0分）

（1）编审程序是否符合相关规定。（1.0分）

（2）施工进度是否符合施工合同要求。（1.0分）

（3）施工方案是否符合施工合同要求。（1.0分）

（4）工程质量保证措施是否符合施工合同要求。（1.0分）

4. （本小题4.0分）

（1）出厂质量证明书。（1.0分）

（2）出厂质量检验报告。（1.0分）

（3）出厂性能检测报告。（1.0分）

（4）进场二次复试报告。（1.0分）

5. （本小题6.5分）

（1）不妥之一：专项施工方案由项目经理签字认可。（0.5分）

正确做法：专项施工方案应由分包单位技术负责人审核签字、加盖公章后，报送施工单位技术负责人审核签字、加盖公章。（2.0分）

（2）不妥之二：分包单位将专项施工方案直接报送项目监理机构。（0.5分）

正确做法：分包单位将专项施工方案报送施工单位，签章手续齐全后，由施工单位报送

项目监理机构审核。（1.0分）

（3）不妥之三：专业监理工程师审核后批准了专项施工方案。（0.5分）

正确做法：总监理工程师组织专业监理工程师审查专项施工方案通过后，由总监理工程师签字、加盖执业印章后，报送建设单位审批。（2.0分）

# 案例十一

## 【2016年试题一】

某工程实施过程中发生如下事件。

事件1：总监理工程师安排的部分监理职责分工如下：

①总监理工程师代表组织审查（专项）施工方案。

②专业监理工程师处理工程索赔。

③专业监理工程师编制监理实施细则。

④监理员检查进场工程材料、构配件和设备的质量。

⑤监理员复核工程计量有关数据。

事件2：项目监理机构分析工程建设有可能出现的风险因素，分别从风险回避、损失控制、风险转移和风险自留四种风险对策方面，向建设单位提出了应对措施建议，见下表。

| 代码 | 风险因素 | 风险应对措施 |
| --- | --- | --- |
| A | 人工费和材料费波动比较大 | 签订总价合同 |
| B | 采用新技术较多、施工难度大 | 变更设计，采用成熟技术 |
| C | 场地内可能有残留的地下障碍物 | 设立专项基金 |
| D | 工程所在地风灾频发 | 购买工程保险 |
| E | 工程投资失控 | 完善投资计划，强化动态监控 |

事件3：工程开工后，监理单位更换了不称职的专业监理工程师，并口头告知建设单位。监理单位因工作需要调离原总监理工程师并任命新的总监理工程师后，书面通知建设单位。

事件4：竣工验收前，施工单位提交的工程质量保修书中确定的保修期限如下：

①地基基础工程为5年。

②屋面防水工程为2年。

③供热系统为2个采暖期。

④装修工程为2年。

问题：

1. 针对事件1，逐项指出总监理工程师安排的监理职责分工是否妥当。
2. 逐项指出上表中的风险应对措施分别属于哪一种风险对策。
3. 事件3中，监理单位的做法有何不妥？写出正确的做法。
4. 针对事件4，逐条指出施工单位确定的保修期限是否妥当，不妥之处说明理由。

答案：

1. （本小题2.5分）

①不妥。（0.5分）

②不妥。（0.5分）

③妥当。（0.5分）

④不妥。（0.5分）

⑤妥当。（0.5分）

2. （本小题2.5分）

A属于风险转移。（0.5分）

B属于风险回避。（0.5分）

C属于风险自留。（0.5分）

D属于风险转移。（0.5分）

E属于损失控制。（0.5分）

3. （本小题3.0分）

（1）不妥之一：更换专业监理工程师，应口头告知建设单位。（0.5分）

正确做法：更换专业监理工程师，总监理工程师应书面通知建设单位。（1.0分）

（2）不妥之二：调离原总监理工程师，应书面通知建设单位。（0.5分）

正确做法：调离原总监理工程师，应事先征得建设单位的同意。（1.0分）

4. （本小题4.0分）

①不妥。（0.5分）

理由：地基基础工程的保修期限为设计文件规定的该工程的合理使用年限。（1.0分）

②不妥。（0.5分）

理由：屋面防水工程的最低保修期为5年。（1.0分）

③妥当。（0.5分）

④妥当。（0.5分）

## 案例十二

### 【2015年试题一】

某工程，实施过程中发生如下事件。

事件1：总监理工程师组建的项目监理机构组织形式如下图所示。

事件2：在第一次工地会议上，总监理工程师提出以下两方面要求。一是签发《工程暂停令》的情形包括：①建设单位要求暂停施工的；②施工单位拒绝项目监理机构管理的；③施工单位采用不适当的施工工艺或施工不当，造成工程质量不合格的。二是签发《监理通知单》的情形包括：①施工单位违反工程建设强制性标准的；②施工存在重大质量、安全事故隐患的。

事件3：专业监理工程师编写的深基坑工程监理实施细则主要内容包括：专业工程特点、监理工作方法及措施。其中，在监理工作方法及措施中提出：①要加强对深基坑工程施

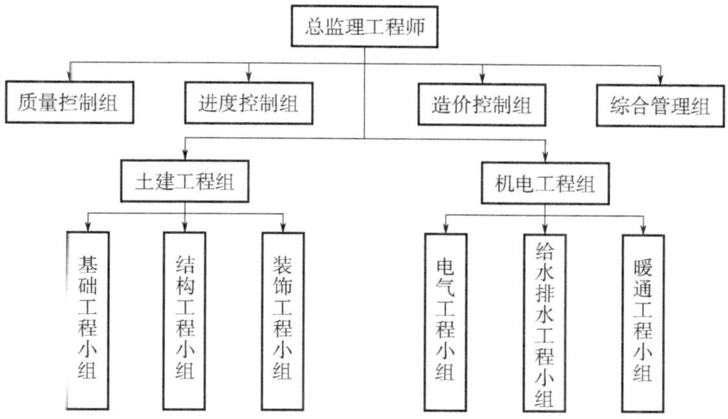


工巡视检查；②发现施工单位未按深基坑工程专项施工方案施工的，应立即签发《工程暂停令》。

事件4：施工过程中，施工单位对需要见证取样的一批钢筋抽取试样后，报请项目监理机构确认。监理人员确认试样数量后，通知施工单位将试样送到检测单位检验。

**问题：**

1. 指出本例图中项目监理机构组织形式属哪种类型，说明其主要优点。

2. 指出事件2中，签发《工程暂停令》和《监理通知单》情形的不妥项，并写出正确做法。

3. 写出事件3中，监理实施细则还应包括的内容。指出监理工作方法及措施中提到的具体要求是否妥当，并说明理由。

4. 指出事件4中，施工单位和监理人员的不妥之处，写出正确做法。

**答案：**

1. （本小题5.0分）

（1）直线职能制。（1.0分）

（2）其主要优点有：

①直线领导、统一指挥、职责分明。（3.0分）

②目标管理专业化。（1.0分）

2. （本小题6.0分）

（1）签发《工程暂停令》的不妥项：

不妥之一：“①建设单位要求暂停施工的。”（0.5分）

正确做法：建设单位要求暂停施工，且工程需要暂停施工的。（1.0分）

不妥之二：“③施工单位采用不适当的施工工艺或施工不当，造成工程质量不合格的。”（0.5分）

正确做法：项目监理机构应签发《监理通知单》。（1.0分）

（2）签发《监理通知单》的不妥项：

不妥之一：“①施工单位违反工程建设强制性标准的。”（0.5分）

正确做法：应签发《工程暂停令》。（1.0分）

不妥之二：“②施工存在重大质量、安全事故隐患的。”（0.5分）

正确做法：应签发《工程暂停令》。（1.0 分）

3. （本小题 6.0 分）

（1）还应包括：

①监理工作流程。（1.0 分）

②监理工作要点。（1.0 分）

（2）具体要求：

①的要求妥当。（0.5 分）

理由：深基坑工程属于超过一定规模的危险性较大的分部分项工程，所以，要加强对深基坑工程施工巡视检查。（1.0 分）

②的要求不妥。（0.5 分）

理由：发现施工单位未按照专项施工方案施工的，专业监理工程师应签发《监理通知单》，要求其进行整改；情节严重的，应立即报告总监理工程师，由总监理工程师签发《工程暂停令》，要求其暂停施工，并及时报告建设单位。（2.0 分）

4. （本小题 3.0 分）

（1）施工单位不妥之处：取样后报请项目监理机构确认。（0.5 分）

正确做法：应通知监理人员在施工现场对取样过程进行见证。（1.0 分）

（2）监理单位不妥之处：通知施工单位将试样送到检测单位检验。（0.5 分）

正确做法：应对施工单位取样、封样和送检的全过程进行监督。（1.0 分）

## 案例十三

**【2015 年试题二】**

某工程，实施过程中发生如下事件。

事件 1：开工前，项目监理机构审查施工单位报送的工程开工报审表及相关资料时，总监理工程师要求：首先由专业监理工程师签署审查意见，之后由总监理工程师代表签署审核意见。总监理工程师依据总监理工程师代表签署的同意开工意见，签发了《工程开工令》。

事件 2：总监理工程师根据监理实施细则对巡视工作进行交底，其中对施工质量巡视提出的要求包括：①检查施工单位是否按批准的施工组织设计、专项施工方案进行施工；②检查施工现场管理人员，特别是施工质量管理人员是否到位。

事件 3：项目监理机构进行桩基混凝土试块抗压强度数据统计分析，出现了下图所示的四种非正常分布的直方图。

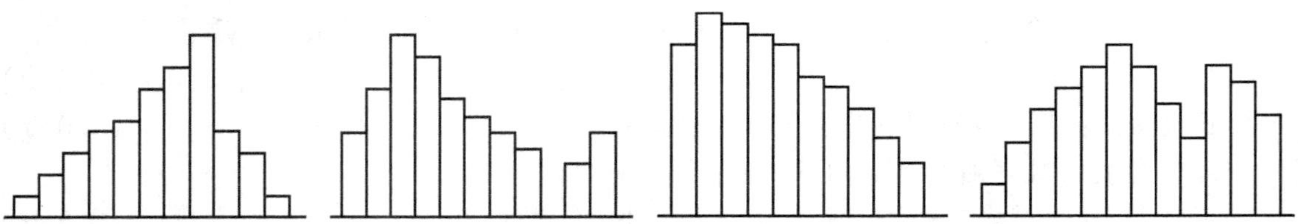

a）　b）　c）　d）

事件 4：工程竣工验收前，总监理工程师要求：①总监理工程师代表组织工程竣工预验收；②专业监理工程师组织编写工程质量评估报告，该报告经总监理工程师审核签字后方可直接报送建设单位。

**问题：**

1. 指出事件1中总监理工程师做法的不妥之处，并写出正确做法。

2. 事件2中，总监理工程师对现场施工质量巡视要求还应包括哪些内容？

3. 分别指出事件3中四种直方图的类型，并说明其形成的主要原因。

4. 指出事件4中总监理工程师要求的不妥之处，并写出正确做法。

**答案：**

1. （本小题4.5分）

（1）不妥之一："由专业监理工程师签署审查意见。" （0.5分）

正确做法：专业监理工程师审查施工单位报送的工程开工报审表及相关资料后，只能向总监理工程师提出审查意见，而不能签署审查意见。 （1.0分）

（2）不妥之二："由总监理工程师代表签署审核意见。" （0.5分）

正确做法：应由总监理工程师在工程开工报审表上签署审核意见。 （1.0分）

（3）不妥之三："根据签署的同意开工意见，签发了《工程开工令》。" （0.5分）

正确做法：总监理工程师在工程开工报审表上签署审核意见后，报送建设单位，建设单位批准后，才能签发《工程开工令》。 （1.0分）

2. （本小题3.0分）

（1）是否按工程设计文件、工程建设标准、（专项）施工方案进行施工。 （1.0分）

（2）使用的工程材料、构配件和设备是否合格。 （1.0分）

（3）特种作业人员是否持证上岗。 （1.0分）

3. （本小题6.0分）

图a）属于左缓坡型。 （0.5分）

形成原因：操作中对上限控制太严。 （1.0分）

图b）属于孤岛型。 （0.5分）

形成原因：原材料发生变化或由他人顶班作业。 （1.0分）

图c）属于绝壁型。 （0.5分）

形成原因：数据收集不正常，或是在检测过程中存在某种人为因素。 （1.0分）

图d）属于双峰型。 （0.5分）

形成原因：两种不同的方法或两台设备或两组工人进行生产，然后将两方面数据混在一起整理。 （1.0分）

4. （本小题4.5分）

（1）不妥之一：总监理工程师代表组织工程竣工预验收。 （0.5分）

正确做法：应由总监理工程师组织工程竣工预验收。 （1.0分）

（2）不妥之二：专业监理工程师组织编写工程质量评估报告。 （0.5分）

正确做法：应由总监理工程师组织编写工程质量评估报告。 （1.0分）

（3）不妥之三：该报告经总监理工程师审核签字后方可直接报送建设单位。 （0.5分）

正确做法：工程质量评估报告应经总监理工程师和监理单位技术负责人审核签字后，方可报送建设单位。 （1.0分）

# 案例十四

## 【2014 年试题一】

某工程，实施过程中发生如下事件。

事件 1：监理合同签订后，监理单位法定代表人要求项目监理机构在收到设计文件和施工组织设计后方可编制监理规划；同意监理单位技术负责人委托具有类似工程监理经验的副总工程师审批监理规划；不同意总监理工程师确定的担任总监理工程师代表的人选，理由是该人选仅具有工程师职称和 5 年工程实践经验，虽经监理业务培训，但不具有注册监理工程师资格。

事件 2：专业监理工程师在审查施工单位报送的工程开工报审表及相关资料时认为：现场质量、安全生产管理体系已建立，管理人员及施工人员已到位，进场道路及水、电、通信满足开工要求，但其他开工条件尚不具备。

事件 3：施工过程中，总监理工程师安排专业监理工程师审批监理实施细则，并委托总监理工程师代表负责调配监理人员、检查监理人员工作和参与工程质量事故的调查。

事件 4：专业监理工程师巡视施工现场时，发现正在施工的部位存在安全事故隐患，立即签发《监理通知单》，要求施工单位整改；施工单位拒不整改，总监理工程师拟签发《工程暂停令》，建设单位以工期紧为由不同意停工，总监理工程师没有签发《工程暂停令》，也没有及时向有关主管部门报告。最终导致严重的生产安全事故。

**问题：**

1. 指出事件 1 中监理单位法定代表人的做法有哪些不妥，分别写出正确做法。

2. 指出事件 2 中工程开工还应具备哪些条件？

3. 指出事件 3 中总监理工程师的做法有哪些不妥，分别写出正确做法。

4. 分别指出事件 4 中建设单位、施工单位和总监理工程师对该生产安全事故是否承担责任，并说明理由。

**答案：**

1.（本小题4.5 分）

（1）不妥之一：要求在收到施工单位的施工组织设计后编制监理规划。（0.5 分）

正确做法：在收到设计文件后即可编制监理规划。（1.0 分）

（2）不妥之二：同意副总工程师审批监理规划。（0.5 分）

正确做法：应由监理单位技术负责人审批监理规划。（1.0 分）

（3）不妥之三：不同意总监理工程师代表人选。（0.5 分）

正确做法：总监理工程师代表的任职条件满足监理规范的要求，所以，应当同意总监理工程师确定的总监理工程师代表人选。（1.0 分）

2.（本小题4.0 分）

（1）设计交底和图纸会审已完成。（1.0 分）

（2）施工组织设计已由总监理工程师签认。（1.0 分）

（3）施工机械具备使用条件。（1.0 分）

(4) 主要工程材料已落实。 (1.0 分)

3. (本小题4.5 分)

(1) 不妥之一：安排专业监理工程师审批监理实施细则。 (0.5 分)

正确做法：应由总监理工程师审批监理实施细则。 (1.0 分)

(2) 不妥之二：委托总监理工程师代表调配监理人员。 (0.5 分)

正确做法：应由总监理工程师调配监理人员。 (1.0 分)

(3) 不妥之三：委托总监理工程师代表参与工程质量事故调查。 (0.5 分)

正确做法：应由总监理工程师参与工程质量事故调查。 (1.0 分)

4. (本小题5.5 分)

(1) 建设单位承担责任。 (0.5 分)

理由：建设单位不同意总监理工程师签发《工程暂停令》。 (1.0 分)

(2) 施工单位承担责任。 (0.5 分)

理由：施工单位收到《监理通知单》后拒不整改。 (1.0 分)

(3) 总监理工程师承担责任。 (0.5 分)

理由：没有签发《工程暂停令》，也没有向有关主管部门报告。 (2.0 分)

# 案例十五

## 【2014 年试题四】

某工程，实施过程中发生如下事件。

事件 1：工程开工前施工单位按要求编制了施工总进度计划和阶段性施工进度计划，按相关程序审核后报项目监理机构审查。专业监理工程师审查的内容有：

①施工进度计划中主要工程项目有无遗漏，是否满足分批动工的需要。

②进度计划是否满足建设单位提供的施工条件（资金、施工图纸、施工场地、物资）。

事件 2：项目监理机构编制监理规划时，初步确定的内容包括：工程概况；监理工作的范围、内容、目标；监理工作依据；工程质量控制；工程造价控制；工程进度控制；合同与信息管理；监理工作设施。总监理工程师审查时认为，监理规划还应补充有关内容。

事件 3：工程施工过程中，因建设单位原因发生工程变更导致监理工作内容发生重大变化，项目监理机构组织修改了监理规划。

事件 4：专业监理工程师现场巡视时发现，施工单位在某工程部位施工过程中采用了一种新工艺，要求施工单位报送该新工艺的相关资料。

事件 5：施工单位按照合同约定将电梯安装分包给专业安装公司，并在分包合同中明确电梯安装的安全工作由分包单位负全责。电梯安装时，分包单位拆除了电梯井口防护栏并设置了警告标志，施工单位要求分包单位设置临时护栏。分包单位为便于施工未予设置，造成一名施工人员不慎掉入电梯井导致重伤。

问题：

1. 事件 1 中，专业监理工程师对施工进度计划还应审查哪些内容？

2. 事件 2 中，监理规划还应补充哪些内容？

3. 事件3中，写出监理规划的修改及报批程序。

4. 写出专业监理工程师对事件4的后续处理程序。

5. 事件5中，写出施工单位的不妥之处。指出施工单位和分包单位对施工人员重伤事故各承担什么责任？

**答案：**

1. （本小题6.0分）

(1) 施工进度计划是否符合施工合同中工期的约定。 (1.0分)

(2) 阶段性施工进度计划应满足总进度控制目标的要求。 (1.0分)

(3) 施工顺序的安排是否符合施工工艺要求。 (1.0分)

(4) 施工人员、工程材料、施工机械等供应计划是否满足进度计划的需要。 (3.0分)

2. （本小题6.0分）

(1) 安全生产管理的监理工作。 (1.0分)

(2) 组织协调。 (1.0分)

(3) 监理工作制度。 (1.0分)

(4) 监理组织形式、人员配备及进退场计划、监理人员岗位职责。 (3.0分)

3. （本小题3.0分）

(1) 由总监理工程师组织专业监理工程师修改监理规划。 (1.0分)

(2) 修改后的监理规划，报送监理单位技术负责人审批。 (1.0分)

(3) 经审批后的监理规划报送建设单位。 (1.0分)

4. （本小题4.0分）

(1) 审查施工单位报送的新工艺的质量认证材料和相关验收标准的适用性。 (2.0分)

(2) 必要时，应要求施工单位组织专题论证。 (1.0分)

(3) 审查、论证合格后，报总监理工程师签认。 (1.0分)

5. （本小题3.0分）

(1) 施工单位不妥之处：电梯安装的安全工作由分包单位负全责。 (1.0分)

(2) 责任：施工单位应承担连带责任；分包单位应承担主要责任。 (2.0分)

## 案例十六

**【2013年试题一】**

某工程，实施过程中发生了如下事件。

事件1：总监理工程师对项目监理机构的部分工作做出如下安排：

①总监理工程师代表负责审核监理实施细则，进行监理人员的绩效考核，调换不称职监理人员。

②专业监理工程师全权处理合同争议和工程索赔。

事件2：施工单位向项目监理机构提交了分包单位资格报审材料，包括营业执照、特殊行业施工许可证、分包单位业绩及拟分包工程的内容和范围。项目监理机构审核时发现，分包单位资格报审材料不全，要求施工单位补充提交相应材料。

事件3：深基坑分项工程施工前，施工单位项目经理审查该分项工程的专项施工方案后，即向项目监理机构报送，在项目监理机构审批该方案过程中就组织队伍进场施工，并安排项目质量员兼任安全生产管理员对现场施工安全进行监督。

事件4：项目监理机构在整理归档监理文件资料时，总监理工程师要求将需要归档的监理文件直接移交本监理单位和城建档案管理机构保存。

问题：

1. 事件1中，总监理工程师对工作安排有哪些不妥之处？分别写出正确做法。

2. 事件2中，施工单位还应补充提交哪些材料？

3. 事件3中，施工单位项目经理的做法有哪些不妥之处？分别写出正确做法。

4. 事件4中，指出总监理工程师对监理文件归档要求的不妥之处，写出正确做法。

答案：

1. （本小题6.0分）

（1）不妥之一：由总监理工程师代表负责审核监理实施细则。（0.5分）

正确做法：由总监理工程师负责审批监理实施细则。（1.0分）

（2）不妥之二：由总监理工程师代表调换不称职的监理人员。（0.5分）

正确做法：由总监理工程师调换不称职的监理人员。（1.0分）

（3）不妥之三：由专业监理工程师全权处理合同争议。（0.5分）

正确做法：由总监理工程师负责处理合同争议。（1.0分）

（4）不妥之四：由专业监理工程师全权处理工程索赔。（0.5分）

正确做法：由总监理工程师负责处理工程索赔。（1.0分）

2. （本小题3.0分）

（1）企业资质等级证书。（1.0分）

（2）安全生产许可证。（1.0分）

（3）专职管理人员和特种作业人员的资格证、上岗证。（1.0分）

3. （本小题7.0分）

（1）不妥之一：施工单位项目经理审查专项施工方案。（0.5分）

正确做法：由施工单位项目经理组织编制专项施工方案。（1.0分）

（2）不妥之二：审查专项施工方案后，即向项目监理机构报送。（0.5分）

正确做法：专项施工方案编制完成后，首先报送施工单位技术负责人审批签字，然后报送总监理工程师审核签字。（1.0分）

（3）不妥之三：在项目监理机构审批该方案过程中就组织队伍进场施工。（0.5分）

正确做法：深基坑专项施工方案经施工单位技术负责人和总监理工程师审批签字后，由施工单位组织召开专家论证会，项目经理按论证报告的要求，修改完善深基坑专项施工方案，重新报送施工单位技术负责人和总监理工程师审批签字后，方可组织施工。（2.0分）

（4）不妥之四：安排质量员兼任安全生产管理员对现场施工安全进行监督。（0.5分）

正确做法：应设置专职安全生产管理人员对现场施工安全进行现场监督。（1.0分）

4. （本小题2.5分）

不妥之处：总监理工程师要求监理文档直接移交城建档案管理机构保存。（0.5分）

正确做法：项目监理机构向监理单位移交监理文档，监理单位向建设单位移交监理文

档，建设单位向城建档案管理机构移交监理文档。（2.0分）

## 案例十七

**【2013年试题三】**

某实施监理的工程，监理合同履行过程中发生以下事件。

事件1：监理规划中明确的部分工作如下：

①论证工程项目总投资目标。

②制订施工阶段资金使用计划。

③编制由建设单位供应的材料和设备的进场计划。

④审查确认施工分包单位。

⑤检查施工单位实验室试验设备的计量检定证明。

⑥协助建设单位确定招标控制价。

⑦计量已完工程。

⑧验收隐蔽工程。

⑨审核工程索赔费用。

⑩审核施工单位提交的工程结算书。

⑪参与工程竣工验收。

⑫办理工程竣工备案。

事件2：建设单位提出要求：总监理工程师应主持召开第一次工地会议、每周一次的工地例会以及所有专业性监理会议，负责编制各专业监理实施细则，负责工程计量，主持整理监理资料。

事件3：项目监理机构履行安全生产管理的监理职责，审查了施工单位报送的安全生产相关资料。

事件4：专业监理工程师发现，施工单位使用的起重机械没有现场安装后的验收合格证明，随即向施工单位发出《监理通知单》。

**问题：**

1. 针对事件1中所列的工作，分别指出哪些属于施工阶段投资控制工作？哪些属于施工阶段质量控制工作？对不属于施工阶段投资控制、质量控制工作的，分别说明理由。

2. 指出事件2中建设单位所提要求的不妥之处，写出正确做法。

3. 事件3中，根据《建设工程安全生产管理条例》，项目监理机构应审查施工单位报送资料中的哪些内容？

4. 事件4中，《监理通知单》应对施工单位提出哪些要求？

**答案：**

1.（本小题8.0分）

（1）属于施工阶段投资控制工作的有：②、⑦、⑨、⑩。（2.0分）

（2）属于施工阶段质量控制工作的有：④、⑤、⑧、⑪。（2.0分）

（3）不属于施工阶段投资控制、质量控制的有：

①第①项工作。（0.5 分）

理由：论证工程项目总投资目标属于设计阶段投资控制工作。（0.5 分）

②第③项工作。（0.5 分）

理由：编制由建设单位供应的材料和设备的进场计划属于进度控制工作。（0.5 分）

③第⑥项工作。（0.5 分）

理由：协助建设单位确定招标控制价属于施工招标阶段的工作。（0.5 分）

④第⑫项工作。（0.5 分）

理由：办理工程竣工备案属于建设单位的工作。（0.5 分）

2.（本小题 4.0 分）

（1）不妥之一：总监理工程师应主持召开第一次工地会议。（0.5 分）

正确做法：第一次工地会议应由建设单位主持召开。（0.5 分）

（2）不妥之二：总监理工程师主持召开所有专业性监理会议。（0.5 分）

正确做法：可根据需要，由总监理工程师或专业监理工程师主持召开专业性监理会议。（0.5 分）

（3）不妥之三：总监理工程师负责编制各专业监理实施细则。（0.5 分）

正确做法：监理实施细则由专业监理工程师编写，经总监理工程师批准。（0.5 分）

（4）不妥之四：总监理工程师负责工程计量。（0.5 分）

正确做法：由专业监理工程师负责本专业的工程计量工作。（0.5 分）

3.（本小题 2.0 分）

审查施工单位编制的施工组织设计中的安全技术措施和危险性较大的分部分项工程安全专项施工方案是否符合工程建设强制性标准要求。（2.0 分）

4.（本小题 3.0 分）

（1）要求施工单位停止使用该起重机械。（1.0 分）

（2）要求施工单位提交起重机械安装单位出具的自检合格证明。（1.0 分）

（3）要求施工单位组织起重机械安装完成后的验收。（1.0 分）

# 案例十八

**【2012 年试题二】**

某实施监理的工程，建设单位与甲施工单位按《建设工程施工合同（示范文本）》签订了合同，合同工期为 2 年。经建设单位同意，甲施工单位将其中的专业工程分包给乙施工单位。

工程实施过程中发生以下事件。

事件 1：甲施工单位在基础工程施工时发现，现场条件与施工图不符，遂向项目监理机构提出变更申请。总监理工程师指令甲施工单位暂停施工后，立即与设计单位联系，设计单位同意变更，但同时表示无法及时提交变更后的施工图。总监理工程师将此事报告建设单位，建设单位随即要求总监理工程师修改施工图并签署变更文件，交甲施工单位执行。

事件 2：专业监理工程师巡视时发现，乙施工单位未按审查后的施工方案施工，存在工程质量、安全事故隐患。总监理工程师分别向甲、乙施工单位发出整改通知，甲、乙施工单位既不整改也未回函答复。

事件3：工程竣工结算时，甲施工单位将事件1中基础工程设计变更所增加的费用列入工程竣工结算申请，总监理工程师以甲施工单位未及时提出变更工程价款申请为由，拒绝变更基础工程价款。

事件4：工程竣工验收前，项目监理机构根据《建设工程文件归档规范》的要求整理、归档资料，其中包括：

①工程开工报审表。

②图纸会审会议纪要。

③分包单位资格材料。

④工程质量事故报告及处理意见。

⑤工程费用索赔报告。

**问题：**

1. 分别指出事件1中总监理工程师和建设单位做法的不妥之处。写出该变更的正确处理程序。

2. 事件2中，总监理工程师分别向甲、乙施工单位发出整改通知是否正确？分别说明理由。在发出整改通知后，甲、乙施工单位既不整改也未回函答复，总监理工程师应采取什么措施？

3. 事件3中，总监理工程师的做法是否正确？说明理由。

4. 事件4中所列资料，哪些应向建设单位移交、哪些不移交？哪些由监理单位保存、哪些不保存？

**答案：**

1. （本小题7.0分）

（1）总监理工程师做法的不妥之处：立即与设计单位联系。（1.0分）

（2）建设单位做法的不妥之处：要求总监理工程师修改施工图并签署变更文件，交甲施工单位执行。（1.0分）

（3）处理程序：

①总监理工程师组织专业监理工程师审查变更申请。（1.0分）

②审查同意后，报告建设单位，由建设单位要求设计单位编制设计变更文件。（1.0分）

③收到设计变更文件后，总监理工程师对变更工程的费用和工期进行评估，并与建设单位、施工单位进行协商。（1.0分）

④协商一致后，各方会签工程变更单。（1.0分）

⑤对变更工程的实施过程进行监督检查。（1.0分）

2. （本小题6.0分）

（1）向甲施工单位发出整改通知，正确。（1.0分）

理由：甲施工单位属于总承包单位，与建设单位存在合同关系，总监理工程师的所有指令均应发给总承包单位。（1.0分）

（2）向乙施工单位发出整改通知，不正确。（1.0分）

理由：乙施工单位是分包单位，与建设单位没有合同关系。（1.0分）

（3）应采取的措施：

①总监理工程师签发《工程暂停令》，要求施工单位停工整改。(1.0 分)

②总监理工程师向政府有关部门提交《监理报告》。(1.0 分)

3.（本小题 2.0 分）

总监理工程师的做法正确。(1.0 分)

理由：施工单位收到工程变更指令后的 14 天内，未提出变更工程价款的报告，视为该项变更不涉及合同价款的调整。(1.0 分)

4.（本小题 4.0 分）

(1) 应向建设单位移交的资料包括：①、③、④、⑤。(1.0 分)

(2) 不需要向建设单位移交的资料是：②。(1.0 分)

(3) 由监理单位保存的资料包括：①、④、⑤。(1.0 分)

(4) 不需要监理单位保存的资料是：②、③。(1.0 分)

# 案例十九

## 【2011 年试题一】

某工程，监理合同履行过程中，发生如下事件。

事件 1：总监理工程师对部分监理工作安排如下：

①监理实施细则由总监理工程师代表负责审批。

②隐蔽工程由质量控制专业监理工程师负责验收。

③工程费用索赔由造价控制专业监理工程师负责审批。

④工程计量原始凭证由监理员负责签署。

事件 2：总监理工程师对工程竣工预验收工作安排如下：专业监理工程师组织审查施工单位报送的竣工资料，总监理工程师组织工程竣工预验收。施工单位对存在的问题进行整改，施工单位整改完毕后，专业监理工程师签署《工程竣工报验单》，并负责编制工程质量评估报告。工程质量评估报告经总监理工程师审核签字后报送建设单位。

事件 3：针对该工程的风险因素，项目监理机构综合考虑风险回避、风险转移、损失控制、风险自留四种对策，提出了相应的应对措施，见下表。

| 代码 | 风险因素 | 应对措施 |
|---|---|---|
| A | 易燃物品仓库紧邻施工项目部办公用房 | 施工单位重新进行平面布置，确保两者之间保持安全距离 |
| B | 工程材料价格上涨 | 建设单位签订固定总价合同 |
| C | 施工单位报审的分包单位无类似工程施工业绩 | 施工单位更换分包单位 |
| D | 施工组织设计中无应急预案 | 施工单位制订应急预案 |
| E | 建设单位负责采购的设备技术性能复杂，配套设备较多 | 建设单位要求供货方负责安装调试 |
| F | 工程地质条件复杂 | 建设单位设立专项基金 |

事件 4：一批工程材料进场后，施工单位质检员填写《工程材料/构（配）件/设备报审表》并签字后，仅附材料供应方提供的质量证明资料报送项目监理机构，项目监理机构审

查后认为不妥，不予签认。

**问题：**

1. 逐条指出事件1中总监理工程师对监理工作安排是否妥当，不妥之处写出正确安排。
2. 指出事件2中总监理工程师对工程竣工预验收工作安排的不妥之处，写出正确安排。
3. 指出上表中A～F的风险应对措施分别属于四种对策中的哪一种。
4. 指出事件4中施工单位的不妥之处，并写出正确做法。

**答案：**

1. （本小题5.0分）

①不妥当。（0.5分）

正确安排：由总监理工程师审批监理实施细则。（1.0分）

②妥当。（0.5分）

③不妥当。（0.5分）

正确安排：由总监理工程师审批工程费用索赔。（1.0分）

④不妥当。（0.5分）

正确安排：专业监理工程师进行工程计量，监理员复核工程计量的有关数据。（1.0分）

2. （本小题6.0分）

（1）不妥之一：专业监理工程师组织审查施工单位报送的竣工资料。（0.5分）

正确安排：总监理工程师组织专业监理工程师对施工单位报送的竣工资料进行审查。（1.0分）

（2）不妥之二：专业监理工程师签署《工程竣工报验单》。（0.5分）

正确安排：由总监理工程师签署《工程竣工报验单》。（1.0分）

（3）不妥之三：专业监理工程师负责编制工程质量评估报告。（0.5分）

正确安排：由总监理工程师组织编制工程质量评估报告。（1.0分）

（4）不妥之四：工程质量评估报告经总监理工程师审核签字后报送建设单位。（0.5分）

正确安排：工程质量评估报告经总监理工程师和监理单位技术负责人审核签字后报送建设单位。（1.0分）

3. （本小题6.0分）

A属于损失控制。（1.0分）

B属于风险转移。（1.0分）

C属于风险回避。（1.0分）

D属于损失控制。（1.0分）

E属于风险转移。（1.0分）

F属于风险自留。（1.0分）

4. （本小题3.0分）

（1）不妥之一：施工单位质检员填写《工程材料/构（配）件/设备报审表》并签字。（0.5分）

正确做法：《工程材料/构（配）件/设备报审表》应由项目经理签字。（1.0分）

（2）不妥之二：仅附材料供应方提供的质量证明资料报送项目监理机构。（0.5分）

正确做法：附件还应包括工程材料清单和自检结果。（1.0分）

# 案例二十

## 【2010 年试题一】

某工程，建设单位通过招标方式选择了监理单位，监理单位承担施工阶段的监理任务。工程实施过程中发生下列事件。

事件 1：在监理招标文件中，列出的监理目标控制工作如下。

（1）投资控制：组织协调设计方案优化；处理费用索赔；审查工程概算；处理工程价款变更；进行工程计量。

（2）进度控制：审查施工进度计划；主持召开进度协调会；跟踪检查施工进度；检查工程投入物的质量；审批工程延期。

（3）质量控制：审查分包单位资质；原材料见证取样；确定设计质量标准；审查施工组织设计；审核工程结算书。

事件 2：监理合同签订后，总监理工程师委托总监理工程师代表负责如下工作：主持编制项目监理规划；审批项目监理实施细则；审查和处理工程变更；调解合同争议；调换不称职监理人员。

事件 3：该项目监理规划内容包括：

①工程项目概况。

②监理工作范围。

③监理单位的经营目标。

④监理工作依据。

⑤项目监理机构人员岗位职责。

⑥监理单位的权利和义务。

⑦监理工作方法及措施。

⑧监理工作制度。

⑨监理工作程序。

⑩工程项目实施的组织。

⑪监理设施。

⑫施工单位需配合监理工作的事宜。

事件 4：在第一次工地会议上，项目监理机构将项目监理规划报送建设单位，会后，结合工程开工条件和建设单位的准备情况，又将项目监理规划修改后直接报送建设单位。

事件 5：专业监理工程师在巡视时发现，施工人员正在处理地下障碍物。经认定，该障碍物属于地下文物，项目监理机构及时采取措施并按有关程序进行了处理。

**问题：**

1. 指出事件 1 中，所列监理目标控制工作中的不妥之处，说明理由。

2. 指出事件 2 中的不妥之处，说明理由。

3. 指出事件 3 中，项目监理规划内容中的不妥之处。根据《建设工程监理规范》，写出该项目监理规划还应包括哪些内容？

4. 指出事件4中的不妥之处，说明理由。

5. 写出项目监理机构处理事件5的程序。

**答案：**

1. （本小题7.5分）

（1）中不妥之处：

①不妥之一："组织协调设计方案优化"。（0.5分）

理由：组织协调设计方案优化属于设计阶段质量控制的监理工作内容。（1.0分）

②不妥之二："审查工程概算"。（0.5分）

理由：审查工程概算属于设计阶段投资控制的监理工作内容。（1.0分）

（2）中不妥之处："检查工程投入物的质量"。（0.5分）

理由：检查工程投入物的质量属于质量控制的监理工作内容。（1.0分）

（3）中不妥之处：

①不妥之一："确定设计质量标准"。（0.5分）

理由：确定设计质量标准属于设计阶段质量控制的监理工作内容。（1.0分）

②不妥之二："审核工程结算书"。（0.5分）

理由：审核工程结算书属于投资控制的监理工作内容。（1.0分）

2. （本小题6.0分）

（1）不妥之一："主持编制项目监理规划"。（0.5分）

理由：应由总监理工程师主持编制项目监理规划，不得委托总监理工程师代表。（1.0分）

（2）不妥之二："审批项目监理实施细则"。（0.5分）

理由：应由总监理工程师审批项目监理实施细则，不得委托总监理工程师代表。（1.0分）

（3）不妥之三："调解合同争议"。（0.5分）

理由：应由总监理工程师调解合同争议，不得委托总监理工程师代表。（1.0分）

（4）不妥之四："调换不称职监理人员"。（0.5分）

理由：应由总监理工程师调换不称职监理人员，不得委托总监理工程师代表。（1.0分）

3. （本小题11.0分）

（1）不妥之处有：

①不妥之一："③监理单位的经营目标"。（0.5分）

②不妥之二："⑥监理单位的权利和义务"。（0.5分）

③不妥之三："⑦监理工作方法及措施"。（0.5分）

④不妥之四："⑨监理工作程序"。（0.5分）

⑤不妥之五："⑩工程项目实施的组织"。（0.5分）

⑥不妥之六："⑫施工单位需配合监理工作的事宜"。（0.5分）

（2）还应包括：

①监理工作的内容、目标。（1.0分）

②监理组织形式、人员配备及进场计划。（1.0分）

③工程质量控制。（1.0分）

④工程造价控制。（1.0分）
⑤工程进度控制。（1.0分）
⑥合同与信息管理。（1.0分）
⑦组织协调。（1.0分）
⑧安全生产管理职责。（1.0分）

4.（本小题3.0分）

（1）不妥之一："第一次工地会议上，将项目监理规划报送建设单位"。（0.5分）
理由：项目监理规划应在第一次工地会议前，报送建设单位。（1.0分）
（2）不妥之二："将项目监理规划修改后直接报送建设单位"。（0.5分）
理由：项目监理规划修改后应经监理单位技术负责人批准后，报送建设单位。（1.0分）

5.（本小题5.0分）

（1）总监理工程师签发《工程暂停令》，要求施工单位保护施工现场。（1.0分）
（2）要求施工单位及时报告当地文物主管部门，并通知建设单位。（1.0分）
（3）按文物主管部门的要求，通知施工单位采取措施保护文物。（1.0分）
（4）对施工单位报送的因文物事件导致的费用增加和工期损失进行评估。（1.0分）
（5）文物处理完成后，征得建设单位同意后，由总监理工程师签发《工程复工令》。（1.0分）

# 案例二十一

**【2010年试题三】**

某工程，建设单位委托监理单位承担施工招标代理和施工阶段监理工作，并采用无标底公开招标方式选定施工单位。工程实施过程中发生下列事件。

事件1：评标委员会对五家施工单位的投标文件进行了评审，在初评过程中发现：A单位施工方案工艺落后，报价明显高于其他投标单位报价；B单位投标文件的关键内容字迹模糊、无法辨认；C单位投标文件符合招标文件要求；D单位的报价总额有误；E单位投标文件中某分部工程的报价有个别漏项。

事件2：为确保深基坑开挖工程的施工安全，施工项目经理亲自兼任现场的安全生产管理员。为赶工期，施工单位在报审深基坑开挖专项施工方案的同时即开始开挖该基坑。

事件3：施工单位对某分项工程的混凝土试块进行试验，试验数据表明混凝土质量不合格。于是委托经监理单位认可的有相应资质的检测单位对该分项工程混凝土实体进行检测，检测结果表明混凝土强度达不到设计要求，须加固补强。

事件4：专业监理工程师巡视时发现，施工单位采购进场的一批钢材准备用于工程，但尚未报验。

**问题：**

1. 事件1中A、B、D、E四家单位的投标文件是否有效？分别说明理由。
2. 指出事件2中施工单位做法的不妥之处，写出正确做法。
3. 根据《建设工程监理规范》，写出总监理工程师处理事件3的程序。

4. 写出专业监理工程师处理事件4的程序。

**答案：**

1.（本小题6.0分）

(1) A单位的投标文件有效。（0.5分）

理由：招标文件中没有规定最高投标限价。（1.0分）

(2) B单位的投标文件无效。（0.5分）

理由：投标文件的关键内容字迹模糊、无法辨认的，评标委员会没有办法对其进行评审，按无效标处理。（1.0分）

(3) D单位的投标文件有效。（0.5分）

理由：报价总额有误的，评标委员会可要求投标人澄清、说明和补正。（1.0分）

(4) E单位的投标文件有效。（0.5分）

理由：E单位的投标文件中某分部工程的报价有个别漏项，属于细微偏差，不影响投标文件的有效性。（1.0分）

2.（本小题4.0分）

(1) 不妥之一："施工项目经理兼任现场安全管理员"。（0.5分）

正确做法：施工现场应配备专职的安全生产管理员。（1.0分）

(2) 不妥之二："深基坑开挖专项施工方案审批的同时就开始开挖基坑"。（0.5分）

正确做法：深基坑开挖专项施工方案经施工单位技术负责人审批签字后，报送总监理工程师审核签字，然后由施工单位组织召开专家论证会，按专家论证报告的要求修改后，重新由施工单位技术负责人审批签字和总监理工程师审核签字，方可组织施工。（2.0分）

3.（本小题6.0分）

(1) 征得建设单位同意后，由总监理工程师签发《工程暂停令》。（1.0分）

(2) 要求施工单位报送质量事故调查报告和经设计单位认可的处理方案。（1.0分）

(3) 审查施工单位报送经设计单位认可的处理方案。（1.0分）

(4) 对质量事故的处理过程进行跟踪检查，对处理结果进行检查验收。（1.0分）

(5) 验收合格后，征得建设单位同意，总监理工程师签发《工程复工令》。（1.0分）

(6) 项目监理机构应及时向建设单位提交质量事故书面报告，并应将完整的质量事故处理记录整理归档。（1.0分）

4.（本小题5.0分）

(1) 签发《监理通知单》，要求施工单位按程序报验。（1.0分）

(2) 审查施工单位提交的《工程材料报审表》及相关质量证明文件。（1.0分）

(3) 审查合格后，对该批材料进行见证取样、平行检验。（1.0分）

(4) 检验试验合格后，通知施工单位该批材料可以使用。（1.0分）

(5) 如检验试验不合格，要求施工单位限期将该批材料运出施工现场。（1.0分）

# 案例二十二

**【2010年试题四】**

某实施监理的工程，建设单位分别与甲、乙施工单位签订了土建工程施工合同和设备安装工程施工合同，与丙单位签订了设备采购合同。工程实施过程中发生下列事件。

事件1：甲施工单位按照合同约定的时间向监理机构提交了《工程开工报审表》，总监理工程师在审批施工组织设计文件后，组织专业监理工程师到现场检查时发现：施工机具已进场准备就位；施工测量人员正在进行测量控制桩和控制线的测设；拆迁工作正在进行，不影响工程进度。为此，总监理工程师签署了同意开工的意见，并报告了建设单位。

事件2：专业监理工程师巡视时发现，甲施工单位现场施工人员准备将一种新型建筑材料用于工程。经询问，甲施工单位认为该新型建筑材料性能好、价格便宜，对工程质量有保证。监理机构要求其提供该新型建筑材料的有关资料，甲施工单位仅提供了使用说明书。

事件3：项目监理机构检查甲施工单位的某分项工程质量时，发现试验检测数据出现异常，便再次对甲施工单位实验室的资质等级及其试验范围、本工程试验项目及要求等内容进行了全面考核。

事件4：为了解设备性能，有效控制设备制造质量，项目监理机构指令乙施工单位派专人进驻丙单位，与专业监理工程师共同对丙单位的设备制造过程进行质量控制。

事件5：工程竣工验收时，建设单位要求甲施工单位统一汇总甲、乙施工单位的工程档案后提交项目监理机构，由项目监理机构组织工程档案验收。

**问题：**

1. 事件1中，总监理工程师签署同意开工的意见是否妥当？说明理由。
2. 写出项目监理机构处理事件2的程序。
3. 事件3中，项目监理机构还应从哪些方面考核甲施工单位的实验室？
4. 事件4中，监理机构指令乙施工单位派专人进驻丙单位的做法是否正确？说明理由。
5. 指出事件5中建设单位要求的不妥之处，说明理由。

**答案：**

1.（本小题4.5分）

不妥当。（0.5分）

理由：开工还应检查是否具备下列条件：

(1) 设计交底和图纸会审已完成。（1.0分）

(2) 施工单位现场质量、安全生产管理体系已建立。（1.0分）

(3) 进场道路及水、电、通信等已满足开工要求。（1.0分）

(4) 管理及施工人员已到位，主要工程材料已落实。（1.0分）

2.（本小题4.0分）

(1) 专业监理工程师签发《监理通知单》，要求施工单位对新材料按程序报验。（1.0分）

(2) 审查施工单位报送的新材料的质量认证材料和相关验收标准的适用性。（1.0分）

(3) 要求施工单位组织专题论证，经审查、论证合格后报总监理工程师签认。（1.0分）

(4) 如论证审查不合格，要求施工单位限期将该批材料运出施工现场。（1.0分）

3.（本小题3.0分）

(1) 试验人员资格证书。（1.0分）

(2) 法定计量部门对试验设备出具的计量检定证明。（1.0分）

(3) 实验室管理制度。（1.0分）

4. （本小题1.5分）

不正确。（0.5分）

理由：进驻丙单位对建设单位采购的设备进行驻厂监造是监理合同约定的监理人员的职责，乙施工单位是安装单位，没有设备监造的职责。（1.0分）

5. （本小题4.5分）

（1）不妥之一：要求甲施工单位统一汇总甲、乙施工单位的工程档案。（0.5分）

理由：甲施工单位与乙施工单位是平行承包关系，应分别收集、整理、汇总各自承包范围内的工程档案。（1.0分）

（2）不妥之二：要求将工程档案提交项目监理机构。（0.5分）

理由：甲、乙施工单位将工程档案汇总后，均应向建设单位移交。（1.0分）

（3）不妥之三：要求项目监理机构组织工程档案验收。（0.5分）

理由：应由建设单位组织工程档案验收。（1.0分）

## 案例二十三

### 【2009年试题一】

某工程监理合同签订后，监理单位负责人对该项目监理工作提出以下5点要求。

①监理合同签订后的30天内应将项目监理机构的组织形式、人员构成及总监理工程师的任命书面通知建设单位。

②监理规划的编制依据：建设工程的相关法律、法规，项目审批文件、有关建设工程项目的标准、设计文件、技术资料，监理大纲、委托监理合同文件和施工组织设计。

③监理规划中不需编制有关安全生产监理的内容，但需针对危险性较大的分部分项工程编制监理实施细则。

④总监理工程师代表应在第一次工地会议上介绍监理规划的主要内容，如建设单位未提出意见，该监理规划经总监理工程师批准后可直接报送建设单位。

⑤如设计方案有重大修改，施工组织设计、方案等发生变化，总监理工程师代表应及时主持修订监理规划的内容，并组织修订相应的监理实施细则。

总监理工程师提出了建立项目监理组织机构的步骤（如下图）。

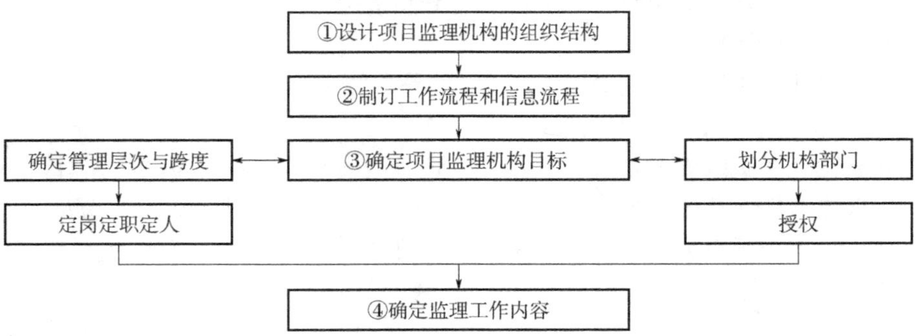


并委托给总监理工程师代表以下工作：

①确定项目监理机构人员岗位职责，主持编制监理规划。

②签发工程款支付证书，调解建设单位与承包单位的合同争议。

在编制的项目监理规划中，要求在监理过程中形成的部分文件档案资料如下：

①监理实施细则。

②监理通知单。

③分包单位资质材料。

④费用索赔报告及审批。

⑤质量评估报告。

**问题：**

1. 指出监理单位负责人所提要求中的不妥之处，写出正确做法。
2. 写出图中①～④项工作的正确步骤。
3. 指出总监理工程师委托总监理工程师代表工作的不妥之处，写出正确做法。
4. 写出项目监理规划中所列监理文件档案资料在建设单位、监理单位保存的时限要求。

**答案：**

1. （本小题9.0分）

（1）不妥之一："监理合同签订后的30天内，将项目监理机构的组织形式、人员构成及总监理工程师的任命书面通知建设单位"。（0.5分）

正确做法：应在监理合同签订后，及时将项目监理机构的组织形式、人员构成及总监理工程师的任命书面通知建设单位。（1.0分）

（2）不妥之二："监理规划的编制依据包括施工组织设计"。（0.5分）

正确做法：监理规划的编制依据不包括施工组织设计，但应当包括建设工程施工合同及相关合同文件。（1.0分）

（3）不妥之三："监理规划中不需编制有关安全生产监理的内容"。（0.5分）

正确做法：监理规划中需要编制有关安全生产监理的内容。（1.0分）

（4）不妥之四："监理规划经总监理工程师批准后可直接报送建设单位"。（0.5分）

正确做法：监理规划经监理单位技术负责人审核批准后报送建设单位。（1.0分）

（5）不妥之五："监理规划在第一次工地会议后提交建设单位"。（0.5分）

正确做法：监理规划应在第一次工地会议前提交建设单位。（1.0分）

（6）不妥之六："总监理工程师代表应及时主持修订监理规划的内容"。（0.5分）

正确做法：应由总监理工程师主持修订监理规划的内容。（1.0分）

2. （本小题2.0分）

确定项目监理机构目标→确定监理工作内容→设计项目监理机构的组织结构→制订工作流程和信息流程。（2.0分）

3. （本小题4.5分）

（1）不妥之一："主持编制监理规划"。（0.5分）

正确做法：应由总监理工程师主持编制监理规划。（1.0分）

（2）不妥之二："签发工程款支付证书"。（0.5分）

正确做法：应由总监理工程师签发工程款支付证书。（1.0分）

（3）不妥之三："调解建设单位与承包单位的合同争议"。（0.5分）

正确做法：应由总监理工程师调解建设单位与承包单位的合同争议。（1.0分）

4. （本小题5.0分）

（1）监理实施细则：建设单位长期保存，监理单位短期保存。（1.0分）

（2）监理通知单：建设单位长期保存，监理单位长期保存。（1.0分）

（3）分包单位资质材料：建设单位长期保存，监理单位无须保存。（1.0分）

（4）费用索赔报告及审批：建设单位长期保存，监理单位长期保存。（1.0分）

（5）质量评估报告：建设单位长期保存，监理单位长期保存。（1.0分）

# 案例二十四

【2009年试题四】

某实行监理的工程，建设单位通过招标选定了甲施工单位，施工合同中约定：施工现场的建筑垃圾由甲施工单位负责清除，其费用包干并在清除后一次性支付；甲施工单位将混凝土钻孔灌注桩分包给乙施工单位。建设单位、监理单位和甲施工单位共同考察确定商品混凝土供应商后，甲施工单位与商品混凝土供应商签订了混凝土供应合同。

施工过程中发生下列事件。

事件1：甲施工单位委托乙施工单位清除建筑垃圾，并通知项目监理机构对清除的建筑垃圾进行计量。因清除建筑垃圾的费用未包含在甲、乙施工单位签订的分包合同中，乙施工单位在清除完建筑垃圾后向甲施工单位提出费用补偿要求。随后，甲施工单位向项目监理机构提出付款申请，要求建设单位一次性支付建筑垃圾清除费用。

事件2：在混凝土钻孔灌注桩施工过程中，遇到地下障碍物，使桩位不能按设计的轴线施工。乙施工单位向项目监理机构提交了工程变更申请，要求绕开地下障碍物进行钻孔灌注桩施工。

事件3：项目监理机构在钻孔灌注桩验收时发现，部分钻孔灌注桩的混凝土强度未达到设计要求，经查是商品混凝土质量存在问题。项目监理机构要求乙施工单位进行处理，乙施工单位处理后，向甲施工单位提出费用补偿要求。甲施工单位以混凝土供应商是建设单位参与考察确定的为由，要求建设单位承担相应的处理费用。

**问题：**

1. 事件1中，项目监理机构是否应对建筑垃圾清除进行计量？是否应对建筑垃圾清除费签署支付凭证？说明理由。

2. 事件2中，乙施工单位向项目监理机构提交工程变更申请是否正确？说明理由。写出项目监理机构处理该工程变更的程序。

3. 事件3中，项目监理机构对乙施工单位提出要求是否妥当？说明理由。写出项目监理机构对钻孔灌注桩混凝土强度未达到设计要求问题的处理程序。

4. 事件3中，乙施工单位向甲施工单位提出费用补偿要求是否妥当？说明理由。甲施工单位要求建设单位承担相应的处理费用是否妥当？说明理由。

**答案：**

1. （本小题3.0分）

（1）不应计量。（0.5分）

理由：施工合同中约定建筑垃圾费用包干使用。（1.0分）

（2）应签署支付凭证。（0.5分）

理由：合同约定一次性支付。（1.0分）

2.（本小题6.5分）

（1）不正确。（0.5分）

理由：乙施工单位是分包单位，与建设单位没有合同关系。（1.0分）

（2）处理程序：

①总监理工程师组织专业监理工程师对甲施工单位提出的工程变更申请进行审查。（1.0分）

②审查同意后，通过建设单位要求设计单位进行设计变更。（1.0分）

③取得设计变更文件后，对变更工程的费用和工期进行评估，并就评估情况与建设单位、施工单位进行协商。（1.0分）

④协商一致后，会签《工程变更单》。（1.0分）

⑤监督施工单位实施工程变更。（1.0分）

3.（本小题9.5分）

（1）不妥。（0.5分）

理由：乙施工单位是分包单位，与建设单位没有合同关系。（1.0分）

（2）处理程序：

①征得建设单位同意后，由总监理工程师向甲施工单位签发《工程暂停令》。（1.0分）

②要求甲施工单位请检测单位对桩身混凝土强度进行实体检测。（1.0分）

③如实体检测达到设计要求时，该批钻孔灌注桩应予验收。（1.0分）

④如实体检测达不到设计要求时，通过建设单位要求设计单位核算。（1.0分）

⑤如设计单位核算满足结构安全和使用功能，可予验收。（1.0分）

⑥如设计单位核算不能满足结构安全和使用功能，由施工单位提出经设计单位认可的处理方案，并经总监理工程师签字后实施。（1.0分）

⑦对施工单位的处理过程进行监督，对处理结果进行验收。（1.0分）

⑧验收合格后，征得建设单位同意，由总监理工程师签发《工程复工令》。（1.0分）

4.（本小题3.0分）

（1）乙施工单位向甲施工单位提出费用补偿要求妥当。（0.5分）

理由：甲施工单位供应商品混凝土，存在质量问题是甲施工单位的责任。（1.0分）

（2）甲施工单位要求建设单位承担相应的处理费用不妥。（0.5分）

理由：对于施工合同而言，甲施工单位采购商品混凝土，商品混凝土存在质量问题是甲施工单位应承担的责任事件。（1.0分）

## 案例二十五

**【2008年试题四】**

某工程，建设单位与甲施工单位签订了施工总承包合同，并委托一家监理单位实施施工阶段监理。经建设单位同意，甲施工单位将工程划分为 A1、A2 标段，并将 A2 标段分包给乙施工单位。根据监理工作需要，监理单位设立了投资控制组、进度控制组、质量控制组、安全管理组、合同管理组和信息管理组六个职能管理部门，同时设立了 A1 和 A2 两个标段的项目监理组，并按专业分别设置了若干专业监理小组，组成直线职能制项目监理组织机构。为有效地开展监理工作，总监理工程师安排项目监理组负责人分别主持编制 A1、A2 标段两份监理规划。

总监理工程师要求：①六个职能管理部门根据 A1、A2 标段的特点，直接对 A1、A2 标段的施工单位进行管理；②在施工过程中，A1 标段出现的质量隐患由 A1 标段项目监理组的专业监理工程师直接通知甲施工单位整改，A2 标段出现的质量隐患由 A2 标段项目监理组的专业监理工程师直接通知乙施工单位整改，如未整改，则由相应标段项目监理组负责人签发《工程暂停令》，要求停工整改。总监理工程师主持召开了第一次工地会议。会后，总监理工程师对监理规划审核批准后报送建设单位。在报送的监理规划中，项目监理人员的部分职责分工如下：

（1）投资控制组负责人审核工程款支付申请，并签发工程款支付证书，但竣工结算须由总监理工程师签字确认。

（2）合同管理组负责调解建设单位与施工单位的合同争议，处理工程索赔。

（3）进度控制组负责审查施工进度计划及其执行情况，并由该组负责人审批工程延期。

（4）质量控制组负责人审批项目监理实施细则。

（5）A1、A2 两个标段项目监理组负责人分别组织、指导、检查和监督本标段监理人员的工作，及时调换不称职的监理人员。

**问题：**

1. 绘制监理单位设置的项目监理机构的组织结构图，说明其缺点。

2. 指出总监理工程师工作中的不妥之处，写出正确做法。

3. 在监理规划中，指出对监理人员职责分工是否妥当，不妥之处，写出正确做法。

**答案：**

1. （本小题 6.0 分）

（1）组织结构图（4.0 分）

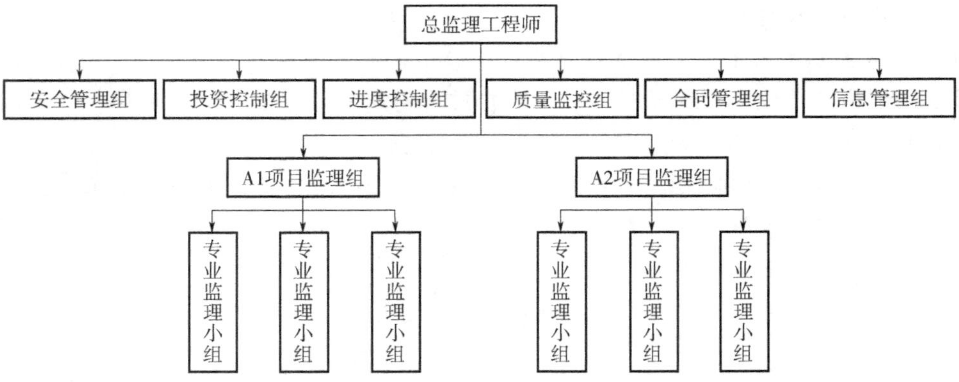


（2）该项目监理机构组织结构的缺点：

①职能部门与指挥部门易产生矛盾。（1.0 分）

②信息传递路线长，不利于互通情报。 (1.0分)

2.（本小题8.0分）

(1) 不妥之一：安排项目监理组负责人主持编制监理规划。 (0.5分)

正确做法：应由总监理工程师主持编制监理规划。 (0.5分)

(2) 不妥之二：安排编制A1、A2标段两份监理规划。 (0.5分)

正确做法：一个实施监理的工程只能编制一份监理规划。 (0.5分)

(3) 不妥之三：六个职能部门根据A1、A2标段的特点，直接对A1、A2标段的施工单位进行管理。 (0.5分)

正确做法：在直线职能制组织形式中，应由A1和A2两个标段的项目监理组直接对A1、A2标段的施工单位进行监理。 (0.5分)

(4) 不妥之四：A2标段出现的质量隐患由A2标段项目监理组的专业监理工程师直接通知乙施工单位整改。 (0.5分)

正确做法：A2标段出现的质量隐患应由A2标段项目监理组的专业监理工程师向甲施工单位下达指令，通过甲施工单位要求乙施工单位整改。 (0.5分)

(5) 不妥之五：由相应标段项目监理负责人签发《工程暂停令》，要求停工整改。(0.5分)

正确做法：应由总监理工程师签发《工程暂停令》，要求停工整改。 (0.5分)

(6) 不妥之六：总监理工程师主持召开了第一次工地会议。 (0.5分)

正确做法：应由建设单位主持召开第一次工地会议。 (0.5分)

(7) 不妥之七：第一次工地会议后，监理规划报送建设单位。 (0.5分)

正确做法：监理规划应在召开第一次工地会议前报送建设单位。 (0.5分)

(8) 不妥之八：总监理工程师对监理规划审核批准。 (0.5分)

正确做法：监理规划应由监理单位技术负责人审核批准。 (0.5分)

3.（本小题7.0分）

(1) 中：

①“投资控制组负责人审核工程款支付申请”妥当。 (0.5分)

②“签发工程款支付证书”不妥。 (0.5分)

正确做法：应由总监理工程师签发工程款支付证书。 (0.5分)

③“竣工结算须由总监理工程师签认”妥当。 (0.5分)

(2) 不妥。 (0.5分)

正确做法：应由总监理工程师调解建设单位与施工单位的合同争议，处理工程索赔。 (0.5分)

(3) 中：

①“进度控制组负责审查施工进度计划及其执行情况”妥当。 (0.5分)

②“由该组负责人审批工程延期”不妥。 (0.5分)

正确做法：应由总监理工程师审批工程延期。 (0.5分)

(4) 不妥。 (0.5分)

正确做法：应由总监理工程师负责审批项目监理实施细则。 (0.5分)

(5) 中：

①“A1、A2两个标段项目监理组负责人分别组织、指导、检查和监督本标段监理人员

的工作”妥当。（0.5 分）

②“及时调换不称职的监理人员”不妥。（0.5 分）

正确做法：应由总监理工程师及时调换不称职的监理人员。（0.5 分）

# 案例二十六

## 【2007 年试题一】

某城市建设项目，建设单位委托监理单位承担施工阶段的监理任务，并通过公开招标选定甲施工单位作为施工总承包单位。工程实施中发生了下列事件。

事件 1：桩基工程开始后，专业监理工程师发现，甲施工单位未经建设单位同意将桩基工程分包给乙施工单位，为此，项目监理机构要求暂停桩基施工。征得建设单位同意分包后，甲施工单位将乙施工单位的相关材料报项目监理机构审查，经审查乙施工单位的资质条件符合要求，可进行桩基施工。

事件 2：桩基施工过程中，出现断桩事故。经调查分析，此次断桩事故是因为乙施工单位抢进度，擅自改变施工方案引起。对此，原设计单位提供的事故处理方案为：清除断桩；原位重新施工。乙施工单位按处理方案实施。

事件 3：为进一步加强施工过程质量控制，总监理工程师代表指派专业监理工程师对原监理实施细则中的质量控制措施进行修改，修改后的监理实施细则经总监理工程师代表审查批准后实施。

事件 4：工程进入竣工验收阶段，建设单位发文要求监理单位和甲施工单位各自邀请城建档案管理部门进行工程档案的验收，并直接办理档案移交事宜，同时要求监理单位对施工单位的工程档案质量进行检查。甲施工单位收到建设单位发文后将该文转发给乙施工单位。

事件 5：项目监理机构在检查甲施工单位的工程档案时发现，缺少乙施工单位的工程档案，甲施工单位的解释是：按建设单位要求，乙施工单位自行办理工程档案的验收及移交；在检查乙施工单位的工程档案时发现，缺少断桩处理的相关资料，乙施工单位的解释是：断桩被清除后原位重新施工，不需列入这部分资料。

**问题：**

1. 事件 1 中，项目监理机构对乙施工单位资质审查的程序和内容是什么？
2. 项目监理机构应如何处理事件 2 中的断桩事故？
3. 事件 3 中，总监理工程师代表的做法是否正确？说明理由。
4. 指出事件 4 中建设单位做法的不妥之处，写出正确做法。
5. 分别说明事件 5 中甲施工单位和乙施工单位的解释有何不妥？对甲施工单位和乙施工单位工程档案中存在的问题，项目监理机构应如何处理？

**答案：**

1.（本小题 7.0 分）

（1）审查程序：

①监理机构审查甲施工单位报送的《分包单位资格报审表》。（1.0 分）

②如符合要求，专业监理工程师提出审核意见，由总监理工程师予以签认。（1.0 分）

③如不符合有关要求，通知甲施工单位另行选择合格的分包单位重新报审。 (1.0分)

(2) 审核内容：营业执照、企业资质等级证书；安全生产许可证；专职管理人员和特种作业人员的资格证书；类似工程业绩。 (4.0分)

2. (本小题6.0分)

(1) 征得建设单位同意，由总监理工程师签发《工程暂停令》。 (1.0分)

(2) 要求甲施工单位报送断桩事故调查报告及经设计单位认可的处理方案。 (1.0分)

(3) 审查甲施工单位报送的事故调查报告及处理方案。 (1.0分)

(4) 对事故处理过程进行跟踪检查，对处理结果进行鉴定验收。 (1.0分)

(5) 项目监理机构及时向建设单位提交质量事故书面报告，并应将完整的质量事故处理记录整理归档保存。 (1.0分)

(6) 事故处理后，征得建设单位同意，签发《工程复工令》。 (1.0分)

3. (本小题3.0分)

(1) 指派专业监理工程师修改监理实施细则做法正确。 (0.5分)

理由：总监理工程师代表可以履行总监理工程师的这一职责。 (1.0分)

(2) 审批监理实施细则的做法不正确。 (0.5分)

理由：监理实施细则修改后应由总监理工程师审批。 (1.0分)

4. (本小题3.0分)

(1) 不妥之一："要求监理单位和甲施工单位各自邀请城建档案管理部门进行工程档案的验收"。 (0.5分)

正确做法：工程竣工验收前，应由建设单位汇总工程档案后向城市档案管理部门申请工程档案预验收。 (1.0分)

(2) 不妥之二："要求直接办理档案移交事宜"。 (0.5分)

正确做法：工程竣工验收合格后，应由建设单位向城市档案管理部门移交一套符合要求的工程档案。 (1.0分)

5. (本小题5.0分)

(1) 甲的不妥之处："乙施工单位自行办理工程档案的验收及移交"。 (0.5分)

理由：甲施工单位为总承包单位，应汇总乙施工单位形成的工程档案。 (1.0分)

(2) 乙的不妥之处："清除断桩后原位重新施工，不需列入这部分资料"。 (0.5分)

理由：乙施工单位应将工程质量事故处理记录列入工程档案。 (1.0分)

(3) 处理程序：

①要求甲施工单位汇总乙施工单位的分包工程档案资料。 (1.0分)

②通过甲施工单位要求乙施工单位补充断桩质量事故资料。 (1.0分)

# 案例二十七

## 【2006年试题一】

某市政工程分为四个施工标段。某监理单位承担了该工程施工阶段的监理任务，一、二标段工程先行开工，项目监理机构组织形式如下图所示。

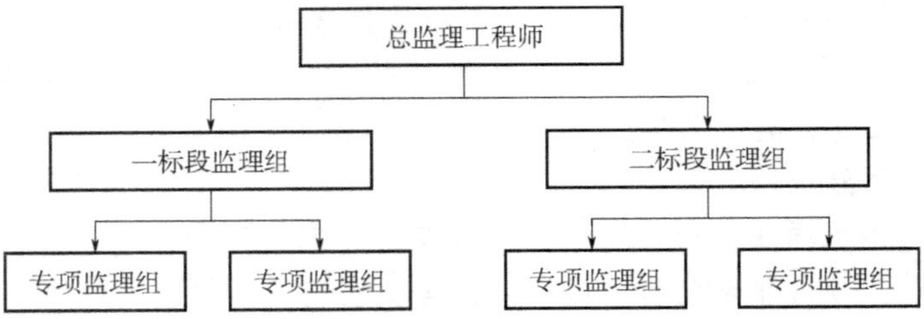


一、二标段工程开工半年后，三、四标段工程相继准备开工，为适应整个项目监理工作的需要，总监理工程师决定修改监理规划，调整项目监理机构组织形式，按四个标段分别设置监理组，增设投资控制部、进度控制部、质量控制部和合同管理部四个职能部门，以加强各职能部门的横向联系，使上下、左右集权与分权实行最优的结合。

总监理工程师调整了项目监理机构组织形式后，安排总监理工程师代表按新的组织形式调配相应的监理人员、主持修改项目监理规划、审批项目监理实施细则；又安排质量控制部签发一标段工程的质量评估报告；并安排专人主持整理项目的监理文件档案资料。

总监理工程师强调该工程监理文件档案资料十分重要，要求归档时应直接移交本监理单位和城建档案管理机构保存。

**问题：**

1. 项目监理机构组织形式图所示的项目监理机构属何种组织形式？说明其主要优点。

2. 调整后的项目监理机构属何种组织形式？画出该组织结构示意图，说明其主要缺点。

3. 指出总监理工程师调整监理机构组织形式后安排工作的不妥之处，写出正确做法。

4. 指出总监理工程师提出监理文件档案资料归档要求的不妥之处，写出监理文件档案资料归档程序。

**答案：**

1. （本小题4.0分）

（1）直线制组织形式。（1.0分）

（2）直线制组织形式的优点：权力集中、决策迅速；命令统一、职责分明；机构简单、隶属关系明确。（3.0分）

2. （本小题7.0分）

（1）矩阵制组织形式。（1.0分）

（2）组织结构示意图如下：（4.0分）

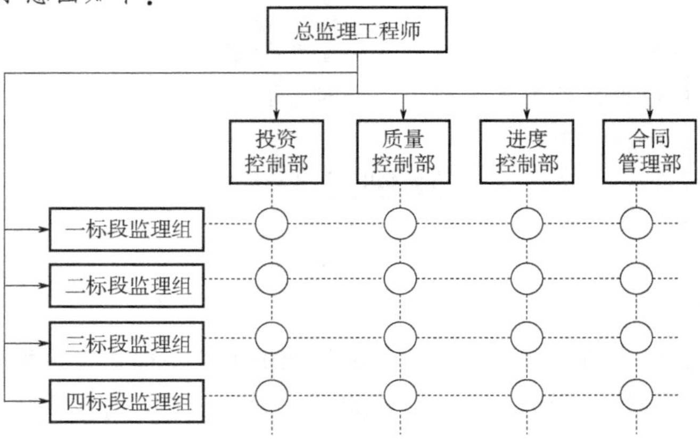

(3) 缺点：纵横协调工作量大；矛盾指令处理不当会产生扯皮现象。 (2.0分)

3. (本小题5.0分)

(1) 不妥之一："安排总监理工程师代表调配相应监理人员"。 (0.5分)

正确做法：应由总监理工程师负责调配监理人员。 (0.5分)

(2) 不妥之二："安排总监理工程师代表主持修改项目监理规划"。 (0.5分)

正确做法：应由总监理工程师主持修改项目监理规划。 (0.5分)

(3) 不妥之三"安排总监理工程师代表审批项目监理实施细则"。 (0.5分)

正确做法：应由总监理工程师审批项目监理实施细则。 (0.5分)

(4) 不妥之四："安排质量控制部签发一标段质量评估报告"。 (0.5分)

正确做法：应由总监理工程师和监理单位技术负责人签发质量评估报告。 (0.5分)

(5) 不妥之五："指定专人主持整理监理文件档案资料"。 (0.5分)

正确做法：应由总监理工程师主持整理监理文件档案资料。 (0.5分)

4. (本小题4.0分)

不妥之处："直接移交城建档案管理机构"。 (1.0分)

正确程序：项目监理机构向监理单位移交监理档案资料，监理单位向建设单位移交监理档案资料，建设单位向城建档案管理机构移交全部建设工程档案资料。 (3.0分)

# 案例二十八

## 【2006年试题三】

某工程在实施过程中发生如下事件。

事件1：由于工程施工工期紧迫，建设单位在未领取施工许可证的情况下，要求项目监理机构签发施工单位报送的《工程开工报审表》。

事件2：在未向项目监理机构报告的情况下，施工单位按照投标书中打桩工程及防水工程的分包计划，安排了打桩工程施工分包单位进场施工，项目监理机构对此做了相应处理后书面报告了建设单位。建设单位以打桩施工分包单位资质未经其认可就进场施工为由，不再允许施工单位将防水工程分包。

事件3：桩基工程施工中，在抽检材料试验未完成的情况下，施工单位已将该批材料用于工程，专业监理工程师发现后予以制止。其后的材料试验结果表明，该批材料不合格，经检验，使用批材料的相应工程部位存在质量问题，需进行返修。

事件4：施工中，由建设单位负责采购的设备在没有通知施工单位共同清点的情况下就存放在施工现场。施工单位安装时发现该设备的部分部件损坏，对此，建设单位要求施工单位承担损坏赔偿责任。

事件5：设备安装完毕后进行的单机无负荷试车未通过验收，经检验认定是由设备本身的质量问题造成的。

**问题：**

1. 指出事件1和事件2中建设单位做法的不妥之处，说明理由。
2. 针对事件2，项目监理机构应如何处理打桩工程分包单位进场存在的问题？

3. 对事件 3 中的质量问题，项目监理机构应如何处理？

4. 指出事件 4 中建设单位做法的不妥之处，说明理由。

5. 事件 5 中，单机无负荷试车由谁组织？其费用是否包含在合同价中？因试车验收未通过所增加的各项费用由谁承担？

**答案：**

1. （本小题 6.0 分）

（1）事件 1 的不妥之处：“要求项目监理机构签发《工程开工报审表》”。（1.0 分）

理由：未取得施工许可证，不具备开工条件，建设单位不得要求项目监理机构签发《工程开工报审表》。（1.0 分）

（2）事件 2 中

①不妥之一：“建设单位认为需经其认可分包单位资质”。（1.0 分）

理由：分包单位的资格应由项目监理机构审查，合格后由总监理工程师签认。（1.0 分）

②不妥之二：“提出不再允许施工单位将防水工程分包的要求”。（1.0 分）

理由：防水工程分包是合同中约定的，建设单位不得违反合同约定。（1.0 分）

2. （本小题 5.0 分）

（1）征得建设单位同意后，由总监理工程师下达《工程暂停令》。（1.0 分）

（2）要求施工单位提交《分包单位资格报审表》及相关资料。（1.0 分）

（3）总监理工程师组织专业监理工程师对分包单位的资格进行审查。（1.0 分）

（4）如审查合格，由总监理工程师向施工单位签发《工程复工令》。（1.0 分）

（5）如果分包单位资格不合格，要求施工单位另行选择合格的分包单位，并对已施工的工程部位进行检查验收，对存在的问题，要求施工单位整改，并在整改完成后重新验收。（1.0 分）

3. （本小题 4.0 分）

（1）签发《监理通知单》，要求施工单位进行质量问题调查。（1.0 分）

（2）要求施工单位提出经设计单位签认的质量问题处理方案。（1.0 分）

（3）审核质量问题调查报告和质量问题处理方案。（1.0 分）

（4）对处理过程进行监督检查，对处理结果进行检查验收。（1.0 分）

4. （本小题 3.0 分）

（1）不妥之一：“由建设单位采购的设备没有通知施工单位清点”。（0.5 分）

理由：建设单位采购的设备在到货前，应按照合同约定的时间以书面形式通知施工单位派人共同清点与检查。（1.0 分）

（2）不妥之二：“建设单位要求施工单位承担设备部分部件损坏的责任”。（0.5 分）

理由：建设单位未通知施工单位清点，施工单位不负责设备的保管，设备丢失损坏的风险由建设单位承担。（1.0 分）

5. （本小题 3.0 分）

（1）由施工单位组织。（1.0 分）

（2）已包含在合同价中。（1.0 分）

（3）由建设单位承担。（1.0 分）

# 案例二十九

## 【2005 年试题一】

某工程，施工总承包单位依据施工合同约定，与甲安装单位签订了安装分包合同。基础工程完成后，由于项目用途发生变化，建设单位要求设计单位编制设计变更文件，并授权项目监理机构就设计变更引起的有关问题与总承包单位进行协商。项目监理机构在收到经相关部门重新审查批准的设计变更文件后，经研究对其今后工作安排如下：

①由总监理工程师负责与总承包单位进行质量、费用和工期等问题的协商工作。

②要求总承包单位调整施工组织设计，并报建设单位同意后实施。

③由总监理工程师代表主持修订监理规划。

④由负责合同管理的专业监理工程师全权处理合同争议。

⑤安排一名监理员主持整理工程监理资料。

在协商变更单价过程中，项目监理机构未能与总承包单位达成一致意见，总监理工程师决定以双方提出的变更单价的均值作为最终的结算单价。

项目监理机构认为甲安装分包单位不能胜任变更后的安装工程，要求更换安装分包单位。总承包单位认为项目监理机构无权提出该要求，但仍表示愿意接受，随即提出由乙安装单位分包。

甲安装单位依据原定的安装分包合同已采购的材料，因设计变更需要退货，向项目监理机构提出了申请，要求补偿因材料退货造成的费用损失。

**问题：**

1. 逐项指出项目监理机构对其今后工作的安排是否妥当，不妥之处，写出正确做法。

2. 指出在协商变更单价过程中，项目监理机构做法的不妥之处，并按《建设工程监理规范》写出正确做法。

3. 总承包单位认为项目监理机构无权提出更换甲安装分包单位的意见是否正确？为什么？写出项目监理机构对乙安装单位分包资格的审批程序。

4. 指出甲安装单位要求补偿材料退货造成费用损失申请程序的不妥之处，写出正确做法。该费用损失应由谁承担？说明理由。

**答案：**

1. （本小题 6.5 分）

①妥当。（0.5 分）

②不妥。（0.5 分）

正确做法：调整后的施工组织设计应经总监理工程师组织专业监理工程师审核、签认，并报送建设单位。（1.0 分）

③不妥。（0.5 分）

正确做法：由总监理工程师主持修订监理规划。（1.0 分）

④不妥。（0.5 分）

正确做法：由总监理工程师负责处理合同争议。（1.0 分）

⑤不妥。 (0.5 分)

正确做法：由总监理工程师主持整理工程监理资料。 (1.0 分)

2. （本小题 3.0 分）

不妥之处：以双方提出的变更单价的均值作为最终的结算单价。 (1.0 分)

正确做法：总监理工程师提出一个暂定价格，作为临时支付工程进度款的依据。在工程最终结算时以建设单位与总承包单位达成的协议为依据。 (2.0 分)

3. （本小题 4.5 分）

(1) 不正确。 (0.5 分)

理由：项目监理机构对工程分包单位的资格具有确认权。 (1.0 分)

(2) 程序：项目监理机构审查分包单位的资格材料；如审查合格，专业监理工程师提出审核意见后，由总监理工程师签发；如审查不合格，要求总承包单位另行选择合格的分包单位，并重新报审。 (3.0 分)

4. （本小题 4.5 分）

(1) 不妥之处：甲安装分包单位向项目监理机构提出申请。 (0.5 分)

正确做法：甲安装单位向总承包单位提出，再由总承包单位向项目监理机构提出。(2.0 分)

(2) 费用损失由建设单位承担。 (1.0 分)

理由：设计变更是建设单位应承担的责任事件。 (1.0 分)

# 案例三十

**【2005 年试题二】**

某工程，建设单位将土建工程、安装工程分别发包给甲、乙两家施工单位。在合同履行过程中发生了如下事件。

事件 1：项目监理机构在审查甲施工单位报送的土建工程施工组织设计时，认为脚手架工程危险性较大，要求甲施工单位编制脚手架工程专项施工方案。甲施工单位项目经理部编制了专项施工方案，凭以往经验进行了安全估算，认为方案可行，并安排质量检查员兼任施工现场安全员，并将方案报送总监理工程师签认。

事件 2：开工前，专业监理工程师复核甲施工单位报验的测量成果时，发现对测量控制点的保护措施不当，造成建立的施工测量控制网失效，随即向甲施工单位发出了《监理通知单》。

事件 3：专业监理工程师在检查甲施工单位投入的施工机械设备时，发现数量偏少，即向甲施工单位发出了《监理通知单》要求整改；在巡视时发现乙施工单位已安装的管道存在严重质量隐患，即向乙施工单位签发了《工程暂停令》，要求对该分部工程停工整改。

事件 4：甲施工单位施工时不慎将乙施工单位正在安装的一台设备损坏，甲施工单位向乙施工单位做出了赔偿。因修复损坏的设备导致工期延误，乙施工单位向项目监理机构提出延长工期申请。

**问题：**

1. 指出事件 1 中脚手架工程专项施工方案编审过程中的不妥之处，写出正确做法。

2. 事件2中专业监理工程师的做法是否妥当?《监理通知单》中对甲施工单位的要求应包括哪些内容?

3. 分别指出事件3中专业监理工程师做法是否妥当?对不妥之处,说明理由并写出正确做法。

4. 事件3中,乙施工单位整改完毕后,项目监理机构应进行哪些工作?

5. 事件4中,乙施工单位向项目监理机构提出延长工期申请是否正确?说明理由。

**答案:**

1. (本小题4.5分)

(1) 不妥之一:凭以往经验进行安全估算。(0.5分)

正确做法:对专项施工方案应进行安全验算。(1.0分)

(2) 不妥之二:质量检查员兼任施工现场安全员。(0.5分)

正确做法:应配备专职安全生产管理人员。(1.0分)

(3) 不妥之三:将专项施工方案报送总监理工程师签认。(0.5分)

正确做法:专项施工方案应先经甲施工单位技术负责人签认。(1.0分)

2. (本小题4.0分)

(1) 妥当。(1.0分)

(2) 主要内容:①重新建立施工测量控制网;②重新采取可靠的保护措施;③重新报验测量成果。(3.0分)

3. (本小题4.0分)

(1)"施工机械设备数量偏少,发出《监理通知单》"妥当。(1.0分)

(2)"向乙施工单位签发了《工程暂停令》"不妥。(1.0分)

理由:专业监理工程师无权签发《工程暂停令》。(1.0分)

正确做法:专业监理工程师向总监理工程师报告,总监理工程师在征得建设单位同意后发出《工程暂停令》。(1.0分)

4. (本小题3.0分)

(1) 项目监理机构应重新进行复查验收。(1.0分)

(2) 符合规定要求后,并征得建设单位同意,总监理工程师签发《工程复工令》。(1.0分)

(3) 不符合规定要求,责令乙施工单位继续整改。(1.0分)

5. (本小题2.0分)

不正确。(1.0分)

理由:设备损坏的原因在甲施工单位,不属于建设单位应承担的责任。(1.0分)

## 案例三十一

### 【2004年试题五】

某实施监理的工程项目,监理工程师对施工单位报送的施工组织设计审核时发现两个问题:一是施工单位为方便施工,将设备管道竖井的位置做了移位处理;二是工程的有关试验主要安排在施工单位实验室进行。总监理工程师分析后认为，管道竖井移位方案不会影响工程使用功能和结构安全，因此，签认了该施工组织设计报审表并送达建设单位；同时指示专业监理工程师对施工单位实验室资质等级及其试验范围等进行考核。

项目监理过程中有如下事件。

事件1：在建设单位主持召开的第一次工地会议上，建设单位介绍工程开工准备工作基本完成，施工许可证正在办理，要求会后就组织开工。总监理工程师认为施工许可证办理好之前，不宜开工。对此，建设单位代表很不满意，会后建设单位起草了会议纪要，纪要中明确边施工边办理施工许可证，并将此会议纪要送发监理单位、施工单位，要求遵照执行。

事件2：设备安装施工，要求安装人员有安装资格证书。专业监理工程师检查时发现施工单位安装人员与资格报审名单中的人员不完全相符，其中五名安装人员无安装资格证书，他们已参加并完成了该工程的一项设备安装工作。

事件3：设备调试时，总监理工程师发现施工单位未按技术规程要求进行调试，存在较大的质量和安全隐患，立即签发了《工程暂停令》，并要求施工单位整改。施工单位用了2天时间整改后被指令复工。对此次停工，施工单位向总监理工程师提交了费用索赔和工程延期的申请，强调设备调试为关键工作，停工2天导致窝工，建设单位应给予工期顺延和费用补偿，理由是虽然施工单位未按技术规程调试，但并未出现质量和安全事故，停工2天是监理单位要求的。

**问题：**

1. 总监理工程师应如何组织审批施工组织设计？总监理工程师对施工单位报送的施工组织设计内容的审批处理是否妥当？说明理由。

2. 专业监理工程师对施工单位实验室除考核资质等级及其试验范围外，还应考核哪些内容？

3. 事件1中建设单位在第一次工地会议的做法有哪些不妥？写出正确的做法。

4. 针对事件2，总监理工程师应如何处理？

5. 在事件3中，总监理工程师的做法是否妥当？施工单位的费用索赔和工程延期要求是否应该被批准？说明理由。

**答案：**

1. （本小题5.5分）

（1）组织程序：

①总监理工程师应及时组织专业监理工程师审查施工单位报送的施工组织设计。（1.0分）

②符合要求的，由总监理工程师审核签认，并报送建设单位。（1.0分）

③需要修改的，由总监理工程师签发书面意见，退回修改后重新报审。（1.0分）

（2）不妥当。（0.5分）

理由：设备管道竖井移位属于设计变更，总监理工程师无权擅自处理，确需变更的，应通过建设单位要求设计单位编制设计变更文件后，方可对施工组织设计进行审批。（2.0分）

2. （本小题3.0分）

（1）试验人员的资格证书。（1.0分）

（2）法定计量部门对试验设备出具的计量检定证明。（1.0分）

（3）实验室的管理制度。（1.0分）

3. （本小题3.0分）

（1）不妥之一："建设单位要求边施工边办施工许可证"。（0.5分）

正确做法：施工许可证是开工的必要条件，取得施工许可证后方可开工。（1.0分）

（2）不妥之二："建设单位起草会议纪要"。（0.5分）

正确做法：第一次工地会议的会议纪要应由项目监理机构负责起草。（1.0分）

4. （本小题5.0分）

（1）征得建设单位同意后，由总监理工程师签发《工程暂停令》。（1.0分）

（2）要求施工单位更换无证人员，并对新进场人员的证书进行审查。（1.0分）

（3）组织相关人员对无证人员已安装的部位进行质量检查。（1.0分）

（4）检查不合格时，要求施工单位整改，自检合格后重新报验。（1.0分）

（5）验收合格后，征得建设单位同意后，由总监理工程师签发《工程复工令》。（1.0分）

5. （本小题4.0分）

（1）总监理工程师的做法妥当。（1.0分）

理由：施工单位未按技术规程要求操作，存在较大的质量、安全隐患。（1.0分）

（2）不应批准施工单位的费用索赔和工程延期要求。（1.0分）

理由：施工单位未按技术规程的要求操作属于施工单位应承担的责任。（1.0分）

# 案例三十二

## 【2003年试题一】

某工业项目，建设单位委托了一家监理单位协助组织工程招标并负责施工监理工作。总监理工程师在主持编制监理规划时，安排了一位专业监理工程师负责项目风险和相应监理规划内容的编写工作。经过风险识别、评价，按风险量的大小将该项目中的风险归纳为大、中、小三类。根据该建设项目的具体情况，监理工程师对建设单位的风险事件提出了正确的风险对策，相应制订了风险控制措施。

通过招标，建设单位与土建承包单位和设备安装单位签订了合同。

设备安装时，监理工程师发现土建承包单位施工的某一设备基础预埋的地脚螺栓位置与设备基座相应的尺寸不符，设备安装单位无法将设备安装到位，造成设备安装单位工期延误和费用损失。经查，土建承包单位是按设计单位提供的设备基础图进行施工的，而建设单位采购的是该设备的改型产品，基座尺寸与原设计图纸不符。对此，建设单位决定做设计变更，按进场设备的实际尺寸重新预埋地脚螺栓，仍由原土建承包单位负责实施。

土建承包单位和设备安装单位均依据合同条款的约定，提出了索赔要求。

**问题：**

1. 针对监理工程师提出的风险转移、风险回避和风险自留三种风险对策，指出各自的适用对象。

2. 针对建设单位提出的设计变更，说明实施设计变更过程的工作程序。

3. 按《建设工程监理规范》的规定，写出土建承包单位和设备安装单位提出索赔要求的相关表式。

**答案：**

1. （本小题3.0分）

（1）风险转移适用于风险量大或中等的风险事件。（1.0分）

（2）风险回避适用于风险量大的风险事件。（1.0分）

（3）风险自留适用于风险量小的风险事件。（1.0分）

2. （本小题4.0分）

（1）建设单位向设计单位提出设计变更要求。（1.0分）

（2）总监理工程师审核设计变更图纸，对设计变更的费用和工期做出评估，并与建设单位和承包单位进行协商。（1.0分）

（3）协商一致后，各方会签工程变更单。（1.0分）

（4）监督承包单位实施工程变更。（1.0分）

3. （本小题3.0分）

（1）《索赔意向通知书》。（1.0分）

（2）《费用索赔报审表》。（1.0分）

（3）《工程临时/最终延期报审表》。（1.0分）

# 案例三十三

**【2002年试题四】**

某建设工程项目，建设单位委托某监理公司负责施工阶段的监理工作。该公司副经理出任项目总监理工程师。总监理工程师责成公司技术负责人组织经营、技术部门人员编制该项目监理规划。参编人员根据本公司已有的监理规划标准范本，将投标时的监理大纲做适当改动后编成该项目监理规划，该监理规划经公司的经理审核签字后，报送给建设单位。

该监理规划包括以下八项内容：①工程项目概况；②监理工作依据；③监理工作内容；④项目监理机构的组织形式；⑤项目监理机构人员配备计划；⑥监理工作方法及措施；⑦项目监理机构的人员岗位职责；⑧监理设施。

在第一次工地会议上，建设单位根据监理中标通知书及监理公司报送的监理规划，宣布了项目总监理工程师的任命及授权范围。项目总监理工程师根据监理规划介绍了监理工作内容、项目监理机构的人员岗位职责和监理设施等内容，其具体内容如下。

（1）监理工作内容：①编制施工进度计划，报建设单位批准后下发施工单位执行；②检查现场质量情况并与规范标准对比，发现偏差时下达监理指令；③协助施工单位编制施工组织设计；④审查施工单位投标报价的组成，对工程项目造价目标进行风险分析；⑤编制工程量计量规则，依此进行工程计量；⑥组织工程竣工验收。

（2）项目监理机构的人员岗位职责。

总监理工程师代表的职责包括：①负责日常监理工作；②审批监理实施细则；③调换不称职的监理人员；④处理索赔事宜，协调各方的关系。

监理员的职责包括：①进场工程材料的质量检查及签认；②隐蔽工程的检查验收；③现

场工程计量及签收。

（3）监理设施。监理工作所需测量仪器、检验及试验设备向施工单位借用，如不能满足需要，指令施工单位提供。

**问题：**

1. 请指出该监理公司在编制监理规划过程中的不妥之处，并改正。

2. 请指出该“监理规划”内容的缺项名称。

3. 请指出“第一次工地会议”上建设单位不正确的做法，并写出正确的做法。

4. 在总监理工程师介绍的监理工作内容、项目监理机构的人员岗位职责和监理设施的内容中，找出不正确的内容并改正。

**答案：**

1.（本小题4.5分）

（1）不妥之一：“公司技术负责人组织经营、技术部门人员编制监理规划”。（0.5分）

改正：应由总监理工程师组织专业监理工程师编制监理规划。（1.0分）

（2）不妥之二：“根据本公司已有的监理规划标准范本，将投标时的监理大纲做适当改动后编成该项目监理规划”。（0.5分）

改正：应当根据工程项目的特点、规模、项目审批文件、相关标准规范、设计文件、监理合同、施工合同、相关合同、监理大纲等，编制项目监理规划。（1.0分）

（3）不妥之三：“该监理规划经监理公司经理审核签字”。（0.5分）

改正：监理规划应由监理单位技术负责人审核签字。（1.0分）

2.（本小题4.0分）

（1）监理工作范围和监理工作目标。（0.5分）

（2）监理工作制度。（0.5分）

（3）工程进度控制。（0.5分）

（4）工程质量控制。（0.5分）

（5）工程造价控制。（0.5分）

（6）合同与信息管理。（0.5分）

（7）安全生产管理。（0.5分）

（8）组织协调。（0.5分）

3.（本小题2.0分）

不正确之处：建设单位根据监理中标通知书及监理公司报送的监理规划，宣布项目总监理工程师的任命及授权范围。（1.0分）

正确做法：建设单位应根据监理合同和监理单位法定代表人对总监理工程师的任命书，宣布项目总监理工程师的任命及授权范围。（1.0分）

4.（本小题11.0分）

（1）中的错误之处：

①错误；改正：审查并批准施工单位报送的施工进度计划。（1.0分）

③错误；改正：审查并批准施工单位报送的施工组织设计。（1.0分）

④错误；改正：依据施工合同有关条款、施工图设计文件、造价管理部门发布的信息价格对工程造价目标进行风险分析。（1.0分）

⑤错误；改正：按国家规定的工程量计算规则和施工图设计文件进行工程计量。(1.0 分)

⑥错误；改正：参加建设单位组织的工程竣工验收。(1.0 分)

(2) 中的错误之处：

①总监理工程师代表职责中的错误之处：②、③、④。(0.5 分)

改正：应由总监理工程师完成审批监理实施细则；调换不称职的监理人员；处理索赔事宜，协调各方的关系。(1.0 分)

②监理员职责中的错误之处：①、②、③。(0.5 分)

改正：应由专业监理工程师完成进场工程材料的质量检查及签认；隐蔽工程的检查验收；现场工程计量及签收。(1.0 分)

(3) 中的错误之处：

①错误之一：监理工作所需测量仪器、检验及试验设备向施工单位借用。(0.5 分)

改正：监理工作所需常规的测量仪器、检验及试验设备应由监理单位配备。(1.0 分)

②错误之二：如不能满足需要，指令施工单位提供。(0.5 分)

改正：如不能满足需要，应由监理单位另行配备，也可向施工单位借用。(1.0 分)

# 案例三十四

## 【2001 年试题一】

某钢结构公路桥项目，业主将桥梁下部结构工程发包给甲施工单位，将钢梁制造、架设工程发包给乙施工单位。业主通过招标选择了某监理单位承担施工阶段监理任务。

监理合同签订后，总监理工程师组建了直线制监理组织机构，并重点提出了质量目标控制措施如下：

(1) 熟悉质量控制依据和文件。

(2) 确定质量控制要点，落实质量控制手段。

(3) 完善职责分工及有关质量监督制度，落实质量控制责任。

(4) 对不符合合同规定质量要求的，拒签付款凭证。

(5) 审查承包单位提交的施工组织设计和施工方案。

同时，提出了项目监理规划编写的几点要求如下：

(1) 为使监理规划具有针对性，要编写两份项目监理规划。

(2) 监理规划要把握项目运行的内在规律。

(3) 监理规划的表达应规范化、标准化、格式化。

(4) 监理规划根据大桥架设进展，可分阶段编写。但编制完成后，由监理单位审核批准并报业主认可后，一经实施，就不得再行修改。

(5) 授权总监理工程师代表主持监理规划的编制。

**问题：**

1. 画出总监理工程师组建的监理组织机构图。

2. 监理工程师在进行目标控制时应采取哪些方面的措施？上述总监理工程师提出的质量目标控制措施各属哪一种措施？

3. 分析总监理工程师提出的质量目标控制措施哪些是主动控制措施，哪些是被动控制措施。

4. 逐条回答总监理工程师提出的监理规划编制要求是否妥当，为什么？

**答案：**

1. （本小题5.0分）

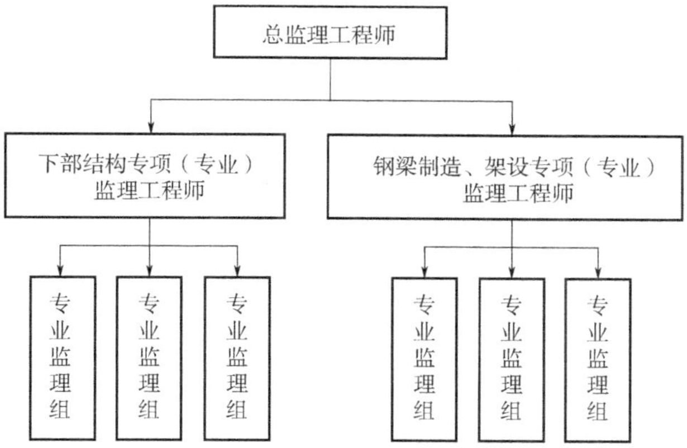


2. （本小题4.5分）

应采取：①组织措施；②经济措施；③合同措施；④技术措施。（2.0分）

（1）条措施属技术措施。（0.5分）

（2）条措施属技术措施。（0.5分）

（3）条措施属组织措施。（0.5分）

（4）条措施属经济措施或合同措施。（0.5分）

（5）条措施属技术措施。（0.5分）

3. （本小题2.5分）

（1）主动控制措施：(1)、(2)、(3)、(5)。（2.0分）

（2）被动控制措施：(4)。（0.5分）

4. （本小题7.5分）

（1）不妥当。（0.5分）

理由：一个委托监理合同应编写一份监理规划。（1.0分）

（2）妥当。（0.5分）

理由：监理规划的作用决定了监理规划要把握项目运行的内在规律。（1.0分）

（3）妥当。（0.5分）

理由：监理规划的基本内容决定了其表达应规范化、标准化、格式化。（1.0分）

（4）不妥。（0.5分）

理由：施工阶段的监理规划不应再分阶段编写；实施过程中，监理规划可以修改，但应按原审批程序审批。（1.0分）

（5）不妥。（0.5分）

理由：不能授权总监理工程师代表主持监理规划的编制。（1.0分）

# 案例三十五

## 【2000 年试题一】

某化工建设项目分两期建设，业主与北海监理公司签订了监理委托合同，委托工作范围包括一期工程施工阶段监理和二期工程设计与施工阶段的监理。

总监理工程师在该项目上配备了设计阶段监理工程师 8 人，施工阶段监理工程师 20 人，并分设计阶段和施工阶段制订了监理规划。

在监理工作中，总监理工程师强调了设计阶段监理工程师的工作重点是审查二期工程的施工图预算，要求重点审查工程是否准确、预算单价套用是否正确，各项收费标准是否符合现行规定等内容。

子项目监理工程师小杨在一期工程的施工监理中发现承包方未经申报，擅自将催化设备安装工程分包给某工程公司并进场施工，立即向承包方下达了《工程暂停令》，要求承包方上报分包单位资质材料。承包方随后送来了该分包单位资质证明，小杨审查后向承包方签署了同意该分包单位分包的文件。小杨还发现承包方送来的催化设备安装工程施工进度的保证措施无法落实，会影响工程进度，小杨说："我负责给你们协调，我去施工现场巡视一下，就去找业主"。

**问题：**

1. 该项目北海监理公司应派出几名总监理工程师？为什么？总监理工程师建立项目监理机构应选择什么结构形式？总监理工程师分阶段制订监理规划是否妥当？为什么？

2. 监理工程师在审查"预算单价套用是否正确"时，应注意审查哪几个方面？

3. 根据监理人员的职责分工，指出小杨的工作哪些是履行了自己的职责，哪些不属于小杨应履行的职责？不属于小杨履行的职责应由谁履行？

**答案：**

1. （本小题 5.0 分）

（1）应派一名总监理工程师。（1.0 分）

理由：建设工程监理实行总监理工程师负责制，一份监理合同只能设置一名总监理工程师，代表监理单位全面履行监理合同。（1.0 分）

（2）总监理工程师应选择按建设阶段分解的直线制监理组织形式。（1.0 分）

（3）分阶段制订监理规划妥当。（1.0 分）

理由：该建设项目分两期建设，监理单位的服务包括一期工程施工阶段的监理、二期工程设计阶段服务和施工阶段监理。（1.0 分）

2. （本小题 3.0 分）

（1）各分项工程预算单价是否与预算定额的预算单价相符，其名称、规格、计量单位和内容是否与单位估价表预算定额基价一致。（1.0 分）

（2）对换算的单价审查换算的分项工程是否是定额中允许换算的，换算是否正确。（1.0 分）

（3）审查补充定额的编制是否符合编制原则，审查单位估价表计算是否正确。（1.0 分）

3.（本小题7.0分）

（1）属于小杨的职责：①要求承包方上报分包单位资质材料；②审查进度保证措施提出改进建议；③巡视现场。（3.0分）

（2）不属于小杨的职责：①下达《工程暂停令》；②审查确认分包单位资质；③协调业主与承包方关系。（3.0分）

（3）不属于小杨职责的，应由总监理工程师履行。（1.0分）

# 案例三十六

## 【1999年试题一】

某工程项目在设计文件完成后，业主委托了一家监理单位协助业主进行施工招标和实施施工阶段监理。

事件1：监理合同签订后，总监理工程师分析了工程项目的规模和特点，拟按照组织结构设计确定管理层次，确定监理工作内容，确定监理目标和制订监理工作流程等步骤，以此来建立本项目的监理组织机构。

事件2：施工招标前，监理单位编制了招标文件，主要内容包括：

①工程综合说明。

②设计图纸和技术资料。

③已标价工程量清单。

④专项施工方案。

⑤主要材料与设备供应方式。

⑥保证工程质量、进度、安全的主要技术组织措施。

⑦特殊工程的施工要求。

⑧施工项目管理机构。

⑨合同条件。

事件3：为了使监理工作规范化进行，总监理工程师拟以工程项目建设条件、监理合同、施工合同、施工组织设计和各专业监理工程师编制的监理实施细则为依据，编制施工阶段监理规划。

事件4：监理规划中规定各监理人员的主要职责如下。

（1）总监理工程师职责：①审核并确认分包单位资质；②审核签署对外报告；③负责工程计量，签署支付证书；④及时检查、了解和发现总承包单位的组织、技术、经济和合同方面的问题；⑤签发《工程开工令》。

（2）监理工程师职责：①主持建立监理信息系统，全面负责信息沟通工作；②对所负责控制的目标进行规划，建立实施控制的分系统；③检查确认工序质量；④签发《工程暂停令》《工程复工令》；⑤实施跟踪检查，及时发现问题及时报告。

（3）监理员职责：①负责检查、检测材料、设备、成品和半成品的质量；②检查施工单位人力、材料、设备、施工机械投入和运行情况，并做好记录和监理日志。

**问题：**

1. 事件1中，监理组织机构设置步骤有何不妥？应如何改正？

2. 常见的监理组织结构形式有哪几种？若想建立具有机构简单、权力集中、命令统一、职责分明、隶属关系明确的监理组织机构，应选择哪一种组织结构形式？

3. 事件2中，施工招标文件内容中的哪几条内容不正确？为什么？

4. 事件3中，监理规划编制依据有何不恰当？为什么？

5. 事件4中，以上各监理人员的主要职责划分有哪几条不妥？如何调整？

**答案：**

1. （本小题4.0分）

（1）不妥之一：拟按照组织结构设计确定管理层次。（0.5分）

改正：进行组织结构设计。（1.0分）

（2）不妥之二：监理组织机构的建立步骤。（0.5分）

改正：确定监理目标→确定监理工作内容→组织结构设计→确定监理工作流程。（2.0分）

2. （本小题3.0分）

（1）常见组织结构形式有：

①直线制。（0.5分）

②职能制。（0.5分）

③直线职能制。（0.5分）

④矩阵制。（0.5分）

（2）应选择直线制组织结构形式。（1.0分）

3. （本小题3.0分）

施工招标文件内容中第③、④、⑥、⑧条不正确。（2.0分）

理由：第③、④、⑥、⑧条应是投标文件的内容。（1.0分）

4. （本小题4.5分）

（1）不恰当之一：编制依据中包括施工组织设计。（0.5分）

理由：施工组织设计不是监理规划的编制依据。（1.0分）

（2）不恰当之二：编制依据中包括监理实施细则。（0.5分）

理由：监理实施细则不是监理规划的编制依据。（1.0分）

（3）不恰当之三：编制依据不全。（0.5分）

理由：编制依据还有相关工程建设标准规范、设计文件及相关合同。（1.0分）

5. （本小题7.5分）

（1）的不妥之处：③、④。（1.0分）

调整：③、④调整为专业监理工程师的职责。（1.0分）

（2）的不妥之处：①、②、③、④、⑤。（2.5分）

调整：①、②、④调整为总监理工程师的职责，③、⑤调整为监理员的职责。（1.0分）

（3）的不妥之处：①、②。（1.0分）

调整：负责检查、检测材料、设备、成品和半成品的质量，做好监理日志调整为专业监理工程师的职责。（1.0分）

# 案例三十七

## 【1998年试题一】

某工程项目划分为三个相对独立的标段（合同段），业主组织了招标并分别和三家施工单位签订了施工承包合同，承包合同价分别为3652万元、3225万元和2733万元人民币，合同工期分别为30个月、28个月和24个月。根据第三标段施工合同约定，合同内的打桩工程由施工单位分包给专业基础工程公司施工。工程项目施工前，业主委托了一家监理公司承担施工监理任务。

事件1：总监理工程师根据本项目合同结构特点组建了监理组织机构，绘制了业主、监理、被监理单位三方关系示意图，如下图所示。

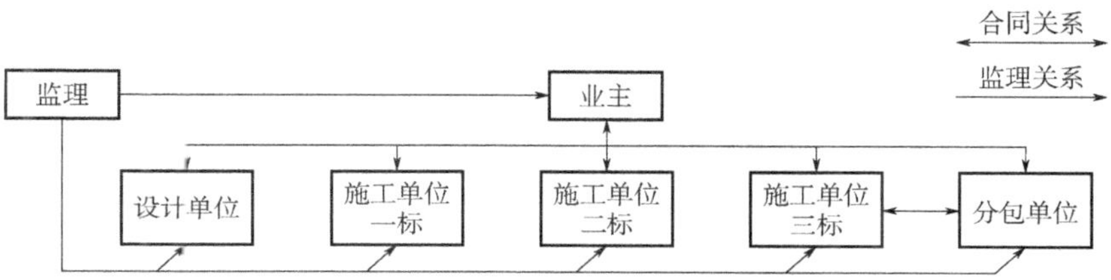


事件2：按如下要求编制了监理规划。

（1）监理规划的内容构成应具有统一性。

（2）监理规划的内容应具有针对性。

（3）监理规划的内容应具有指导编制项目资金筹措计划的作用。

（4）监理规划的内容应能协调项目在实施阶段进度的控制。

事件3：监理规划的部分内容如下：

（1）工程概况。

（2）监理阶段、范围和目标：

①监理阶段——本工程项目的施工阶段。

②监理范围——本工程项目的三个施工合同标段内的工程。

③监理目标。

静态投资目标：9610万元人民币。

进度目标：30个月。

质量目标：优良。

（3）监理工作内容：

①协助业主组织施工招标工作。

②审核工程概算。

③审查、确认承包单位选择的分包单位。

④检查工程使用的材料、设备、构配件的规格和质量。

（4）监理控制措施：监理工程师应将主动控制与被动控制工作紧密相结合，按下图所示控制流程进行控制。

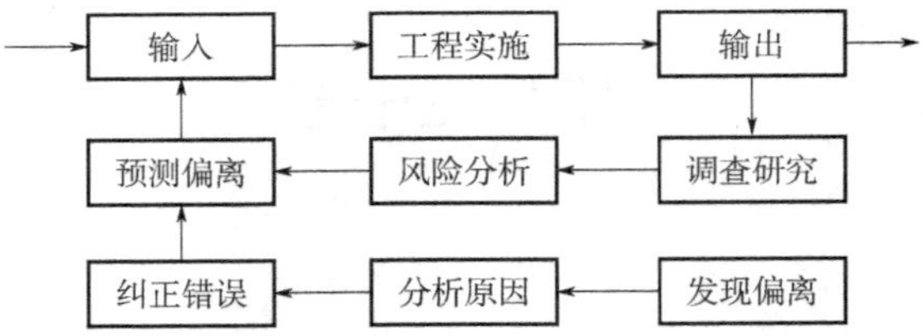


（5）监理组织形式与监理人员岗位职责。

（6）监理工作制度。

**问题：**

1. 如果要求每个监理工程师的工作职责范围只能分别限定在某一个合同标段范围内，则总监理工程师应建立怎样的监理组织形式？并请绘出组织结构示意图。

2. 指出上图表达的业主、监理和被监理单位三方关系的不正确之处，说明理由。

3. 事件2中，编制监理规划的各条要求是否恰当？为什么？

4. 事件3中，监理规划中的内容有哪些不妥之处？为什么？如何改正？

**答案：**

1. （本小题4.0分）

（1）应建立直线制监理组织机构。（1.0分）

（2）绘图：（3.0分）

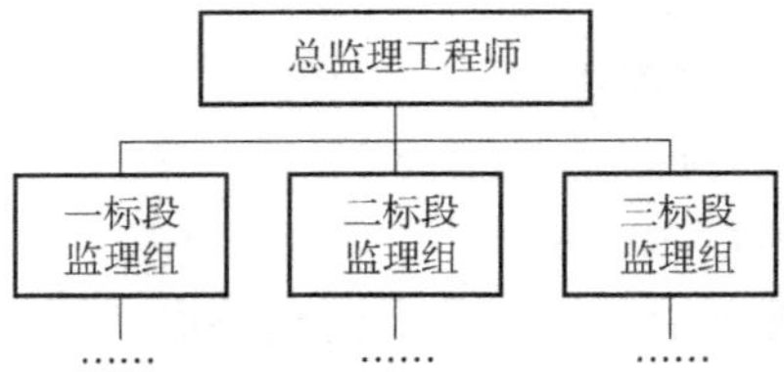


2. （本小题6.0分）

（1）不正确之一：监理单位与业主的监理关系。（0.5分）

理由：监理单位与业主的关系是合同关系。（1.0分）

（2）不正确之二：监理单位与设计单位的监理关系。（0.5分）

理由：施工阶段的监理，监理单位与设计单位没有监理关系。（1.0分）

（3）不正确之三：监理单位与分包单位的监理关系。（0.5分）

理由：监理单位与分包单位没有监理关系。（1.0分）

（4）不正确之四：业主与分包单位的合同关系。（0.5分）

理由：业主与分包单位没有合同关系。（1.0分）

3. （本小题6.0分）

（1）不恰当。（0.5分）

理由：监理规划的基本内容构成应有统一性，具体内容应具有针对性。（1.0分）

（2）恰当。（0.5分）

理由：工程项目的特殊性和单件性决定了监理规划具体内容应具有针对性。（1.0分）

（3）不恰当。（0.5分）

理由：资金筹措计划是业主在项目决策阶段确定的。（1.0分）

(4) 不恰当。 (0.5分)

理由：施工阶段的监理规划只能协调施工阶段的进度控制。 (1.0分)

4. (本小题12.5分)

(1) 不妥之一：静态投资目标9610万元人民币。 (0.5分)

理由：施工阶段监理的投资控制目标不是静态投资目标。 (1.0分)

改正：施工阶段监理的投资控制目标为三个标段的合同价，即3652万元、3225万元、2733万元人民币。 (1.0分)

(2) 不妥之二：进度目标30个月。 (0.5分)

理由：施工阶段监理的进度控制目标不能按某一个标段确定。 (1.0分)

改正：监理单位在施工阶段监理的进度控制目标为三个标段的合同工期，即30个月、28个月、24个月。 (1.0分)

(3) 不妥之三：协助业主组织施工招标工作。 (0.5分)

理由：协助业主组织施工招标工作不是施工阶段的监理工作。 (1.0分)

改正：删除该项内容。 (1.0分)

(4) 不妥之四：审核工程概算。 (0.5分)

理由：审核工程概算不是施工阶段的监理工作。 (1.0分)

改正：删除该项内容。 (1.0分)

(5) 不妥之五：监理控制流程图。 (0.5分)

理由：主动控制是开环控制，被动控制是闭合控制。 (1.0分)

改正：图中开环控制与闭合控制对调，即第二行与第三行对调。 (1.0分)

## 案例三十八

### 【1997年试题四】

某工程项目业主与监理单位及承包商分别签订了施工阶段监理合同和工程施工合同。由于工期紧张，在设计单位仅交付地下室的施工图时，业主要求承包商进场施工，同时向监理单位提出对设计图纸质量把关的要求。

监理单位为满足业主要求，由项目土建监理工程师向业主直接报送监理规划，其部分内容如下：

①工程概况。

②监理工作范围和目标。

③项目监理机构的组织形式。

④设计方案评选方法及组织设计协调工作的监理措施。

⑤因设计图纸不全，拟按进度分阶段编写基础、主体、装修工程的施工监理措施。

⑥对施工合同进行监督管理。

⑦施工阶段监理工作制度等。

**问题：**

指出该监理规划的不妥之处，说明理由。

**答案：**

（本题4.5分）

（1）不妥之一：“由项目土建监理工程师向业主直接报送监理规划”。（0.5分）

理由：总监理工程师组织编写的监理规划完成后，经监理单位技术负责人审批签字后，由总监理工程师报送业主。（1.0分）

（2）不妥之二：“④”。（0.5分）

理由：施工阶段的监理规划中，不应包括设计监理的内容。（1.0分）

（3）不妥之三：“⑤”。（0.5分）

理由：监理措施不是监理规划的内容，而是监理实施细则的内容。（1.0分）

# 第二部分

# 招标投标与合同管理

## 案例一

**【2022 年试题四回忆版】**

某外商独资工程，实施过程中发生如下事件。

事件 1：建设单位与工程参建单位分别签订了项目管理服务合同、勘察设计合同、施工合同和工程监理合同。

事件 2：建设单位对设备采购和安装一并进行招标，招标文件中规定：①接受联合体投标；②最高投标限价为 1850 万元；③评标基准价为有效投标人报价算数平均值的 95%；④评标委员会向建设单位推荐 3 名中标候选人，由建设单位从中确定中标人。开标后，各投标人的报价及出现的状况见下表。

| 投标人 | 投标报价/万元 | 投标出现情况 |
| --- | --- | --- |
| A | 1540 | 联合体协议签章不全 |
| B | 1850 | — |
| C | 1800 | 投标截止时间前递交的修正报价为 1450 万元 |
| D | 1550 | 未在规定的时间内递交投标保证金 |
| E | 1500 | — |
| F | 1620 | 联合体一方中有一方的安全生产许可证过期 |
| G | 1600 | — |
| H | 1880 | — |

事件 3：主体工程施工需搭设高度 7.5m 的模板支撑体系，施工单位按批准的专项施工方案组织施工，并委派质量管理员兼任安全生产管理员。后因设计变更，模板支撑体系搭设高度需增至 8.2m，施工单位调整专项施工方案后继续施工。

事件 4：为满足钢结构吊装工程要求，施工单位向租赁公司租用了一台大型塔式起重机，并委托一家有相应塔式起重机安装资质的安装单位安装。安装完成后，施工单位和安装单位对该塔式起重机进行了验收。验收合格后，施工单位将塔式起重机交由钢结构吊装工程分包单位使用，并到有关部门办理了登记。

**问题：**

1. 针对事件 1，依据《民法典》合同编中典型合同分类，指出建设单位与工程参建单位签订的四个合同分别属于哪类合同。

2. 事件2中，评标委员会应否决的投标人有哪些？评标基准价是多少万元？招标文件中的规定④是否妥当？说明理由。

3. 指出事件3中施工单位做法的不妥之处，并写出正确做法。

4. 针对事件4指出施工单位做法的不妥之处，并写出正确做法。

**答案：**

1.（本小题4.0分）

①项目管理服务合同属于委托合同。（1.0分）

②勘察设计合同属于建设工程合同。（1.0分）

③施工合同属于建设工程合同。（1.0分）

④工程监理合同属于委托合同。（1.0分）

2.（本小题6.0分）

（1）应当否决投标人A、D、F、H。（2.0分）

（2）评标基准价为1520万元。（2.0分）

（3）规定④妥当。（1.0分）

理由：由建设单位从3名中标候选人中确定中标人符合招标投标法的规定。（1.0分）

3.（本小题7.0分）

（1）不妥之一：委派质量管理员兼任安全生产管理员。（1.0分）

正确做法：应配备专职安全生产管理员。（1.0分）

（2）不妥之二：施工单位调整专项施工方案后继续施工。（1.0分）

正确做法：模板支撑体系搭设高度增至8.2m，超过了8m，调整的专项施工方案经施工单位技术负责人审核签字并加盖单位公章、总监理工程师审查签字并加盖执业印章、施工单位组织专家论证通过后方可组织继续施工。（4.0分）

4.（本小题3.0分）

不妥之处：安装完成后，施工单位和安装单位对该塔式起重机进行了验收。（1.0分）

正确做法：施工总承包单位、分包单位、出租单位和安装单位共同进行验收，在验收前应当经有相应资质的检验检测机构监督检验合格。（2.0分）

## 案例二

**【2020年试题四】**

某依法必须招标的工程，建设单位采用公开招标方式选定施工单位，有A、B、C、D、E、F、G七家施工单位通过了资格预审。实施过程中发生如下事件。

事件1：在设计评标委员会组成方案时，建设单位提出：评标委员会由7人组成；建设单位主要负责人作为评标委员会主任委员，另指定建设单位的2位专家作为评标委员会成员，其余4位评标专家从依法建立的专家库中随机抽取。

事件2：施工招标文件规定，9月17日上午9:00开标，投标保证金为75万元。开标时经核查发现：①D单位的投标保证金分两次交纳，分别是9月16日交纳70万元，9月17日9:05交纳5万元；②F单位投标文件的密封破损；③G单位委托代理人的授权委托书未经法定代表人签字。

事件3：开标后，B单位向招标人递交了投标报价修正函，将原投标报价降低265.32万元。招标人接收后要求评标委员会据此评标。

事件4：开工前，施工单位向建设单位报送了工程开工报审表及相关资料。项目监理机构审查后认为：征地拆迁工作满足工程进度需要；施工单位现场管理及施工人员已到位，现场质量、安全生产管理体系已建立，施工机械具备使用条件，主要工程材料已落实。但因其他开工条件尚不具备，总监理工程师未签发《工程开工令》。

**问题：**

1. 针对事件1，指出建设单位所提要求的不妥之处，并说明理由。

2. 分别指出事件2中D单位、F单位和G单位的投标文件是否有效？并说明理由。

3. 指出事件3中的不妥之处，并说明理由。

4. 指出事件4中的不妥之处，并写出正确做法。

5. 针对事件4，根据《建设工程监理规范》，该工程还应具备哪些条件，总监理工程师方可签发《工程开工令》。

**答案：**

1. （本小题4.5分）

（1）不妥之一：建设单位主要负责人作为评标委员会主任委员。（0.5分）

理由：如果评标委员会设负责人，评标委员会负责人由评标委员会成员推举产生或者由招标人确定。（1.0分）

（2）不妥之二：指定建设单位的2位专家作为评标委员会成员。（0.5分）

理由：招标人代表不得超过评标委员会成员总数的1/3。（1.0分）

（3）不妥之三：抽取4位评标专家。（0.5分）

理由：技术、经济专家人数不得少于评标委员会成员总数的2/3。（1.0分）

2. （本小题4.5分）

（1）不妥之一：D单位的投标文件无效。（0.5分）

理由：投标截止时间前提交的投标保证金金额没有满足招标文件的要求。（1.0分）

（2）不妥之二：F单位的投标文件无效。（0.5分）

理由：投标文件密封破损视为未按招标文件要求进行密封。（1.0分）

（3）不妥之三：G单位的投标文件无效。（0.5分）

理由：授权委托书必须经法定代表人签章，否则投标文件无效。（1.0分）

3. （本小题3.0分）

（1）不妥之一：开标后，B单位向招标人递交了投标报价修正函。（0.5分）

理由：投标截止时间后，投标人不得修改、补充、替代已提交的投标文件。（1.0分）

（2）不妥之二：招标人接收后要求评标委员会据此评标。（0.5分）

理由：投标截止时间后，招标人不能接受B单位递交的投标报价修正函，并不能要求评标委员会据此评标。（1.0分）

4. （本小题4.0分）

（1）不妥之一：施工单位向建设单位报送了工程开工报审表及相关资料。（1.0分）

正确做法：施工单位向项目监理机构报送了工程开工报审表及相关资料。（1.0分）

（2）不妥之二：总监理工程师未签发《工程开工令》。（1.0 分）

正确做法：总监理工程师应书面通知施工单位尚需具备哪些条件才能签发《工程开工令》。（1.0 分）

5.（本小题 4.0 分）

（1）设计交底和图纸会审已完成。（1.0 分）

（2）施工组织设计已由总监理工程师签认。（1.0 分）

（3）进场道路及水、电、通信等已满足开工要求。（1.0 分）

（4）建设单位已在工程开工报审表中签署同意开工意见。（1.0 分）

# 案例三

## 【2020 年试题一】

某工程，施工合同价款为 3 亿元，工期 36 个月。实施过程中发生如下事件。

事件 1：在监理招标文件中，建设单位提出部分评审内容如下：①企业资质；②工程所在地类似工程业绩；③监理人员配备；④监理规划；⑤施工设备检测能力；⑥监理服务报价。

事件 2：监理招标文件规定，项目监理机构在配备专业监理工程师、监理员和行政文秘人员时，需综合考虑施工合同价款和工期因素。已知：上述人员配备定额分别为 0.5、0.4 和 0.1（人·年/千万元）。

事件 3：工程开工前，项目监理机构预测分析工程实施过程中可能出现的风险因素，并提出了风险应对建议：

①拟订货的某品牌设备故障率较高，建议更换生产厂家。

②工程紧邻学校，建议采取降噪措施以减小噪声对学生的影响。

③施工单位拟选择的分包单位无类似工程施工经验，建议更换分包单位。

④某专业工程施工难度大、技术要求高，建议选择有经验的专业分包单位。

⑤恶劣气候条件可能会严重影响工程，建议购买工程保险。

⑥由于工期紧、质量要求高，建议要求施工单位提供履约担保。

事件 4：某危险性较大的分项工程施工前，监理员编写了监理实施细则，报专业监理工程师审查后实施。

**问题：**

1. 指出事件 1 中监理招标评审内容的不妥之处，并写出相应正确的评审内容。

2. 针对事件 2，按施工合同价款计算的工程建设强度是多少（千万元/年）？需要配备的专业监理工程师、监理员和行政文秘人员的数量分别是多少？

3. 事件 3 中的风险应对建议，分别属于风险回避、损失控制、风险转移和风险自留应对策略中的哪一种？

4. 指出事件 4 中的不妥之处，并写出正确做法。

**答案：**

1.（本小题 6.0 分）

（1）不妥之一：“②工程所在地类似工程业绩”。（1.0 分）

正确评审内容：近5年类似工程业绩。（1.0分）
(2) 不妥之二：“④监理规划”。（1.0分）
正确评审内容：建设工程监理大纲。（1.0分）
(3) 不妥之三：“⑤施工设备检测能力”。（1.0分）
正确评审内容：试验检测仪器设备及其应用能力。（1.0分）

2. （本小题4.0分）
(1) 工程建设强度：(30000/1000)/(36/12)=10（千万元/年）（1.0分）
(2) 专业监理工程师：0.5×10=5（人）（1.0分）
(3) 监理员：0.4×10=4（人）（1.0分）
(4) 行政文秘人员：0.1×10=1（人）（1.0分）

3. （本小题6.0分）
①属于风险回避。（1.0分）
②属于损失控制。（1.0分）
③属于风险回避。（1.0分）
④属于风险转移。（1.0分）
⑤属于风险转移。（1.0分）
⑥属于风险转移。（1.0分）

4. （本小题4.0分）
(1) 不妥之一：“监理员编写了监理实施细则”。（1.0分）
正确做法：应由专业监理工程师编制监理实施细则。（1.0分）
(2) 不妥之二：“报专业监理工程师审查后实施”。（1.0分）
正确做法：监理实施细则应报总监理工程师审批后实施。（1.0分）

# 案例四

## 【2019年试题四】

某工程，采用公开招标方式进行工程监理招标。实施过程中发生如下事件。

事件1：建设单位提议：评标委员会由5人组成，包括建设单位代表1人、招标监管机构工作人员1人和评标专家库随机抽取的技术、经济专家3人。

事件2：评标时，评标委员会评审发现：A投标人为联合体投标，没有提交联合体共同投标协议；B投标人将造价控制监理工作转让给具有工程造价咨询资质的专业单位；C投标人拟派的总监理工程师代表不具备注册监理工程师执业资格；D投标人的投标报价高于招标文件设定的最高投标限价。评标委员会决定否决上述各投标人的投标。

事件3：监理合同订立过程中，建设单位提出应由监理单位负责下列四项工作：

①主持设计交底会议。

②签发《工程开工令》。

③签发《工程款支付证书》。

④组织工程竣工验收。

事件4：监理员巡视时发现，部分设备安装存在质量问题，即签发了《监理通知单》，要求施工单位整改。整改完毕后，施工单位回复了《整改工程报验表》，要求项目监理机构对整改结果进行复查。

**问题：**

1. 针对事件1，建设单位的提议有什么不妥？说明理由。

2. 针对事件2，分别指出评标委员会决定否决A、B、C、D投标人的投标是否正确，并说明理由。

3. 针对事件3，依据《建设工程监理合同（示范文本）》建设单位提出的四项工作分别由谁负责？

4. 针对事件4，分别指出监理员和施工单位的做法有什么不妥，并写出正确做法。

**答案：**

1.（本小题3.0分）

（1）不妥之一：招标监管机构工作人员1人。（0.5分）

理由：政府监督部门的工作人员不得担任评标委员会委员。（1.0分）

（2）不妥之二：评标专家库随机抽取的技术、经济专家3人。（0.5分）

理由：评标委员会成员中，技术、经济专家不得少于成员总数的2/3。（1.0分）

2.（本小题7.0分）

（1）否决A的投标正确。（0.5分）

理由：联合体投标的，必须提交联合体共同投标协议。（1.0分）

（2）否决B的投标正确。（0.5分）

理由：监理业务不得转让。（1.0分）

（3）否决C的投标不正确。（0.5分）

理由：总监理工程师代表的任职条件是具有工程类注册执业资格或具有中级及以上专业技术职称、3年及以上工程监理实践经验。（2.0分）

（4）否决D的投标正确。（0.5分）

理由：投标报价高于最高投标限价的投标文件应作无效标处理。（1.0分）

3.（本小题2.0分）

①由建设单位负责。（0.5分）

②由监理单位负责。（0.5分）

③由监理单位负责。（0.5分）

④由建设单位负责。（0.5分）

4.（本小题3.0分）

（1）监理员的不妥之处：发现质量问题，即签发了《监理通知单》。（0.5分）

正确做法：发现质量问题，应报告专业监理工程师，由专业监理工程师签发《监理通知单》，要求施工单位整改。（1.0分）

（2）施工单位的不妥之处：整改完毕后，施工单位回复了《整改工程报验表》。（0.5分）

正确做法：整改完毕后，施工单位应填写《监理通知回复单》报送项目监理机构，对整改结果进行复查。（1.0分）

# 案例五

## 【2018 年试题三】

某工程的桩基工程和内装饰工程属于依法必须招标的暂估价分包工程，施工合同约定由施工单位负责招标。施工单位通过招标选择了 A 单位分包桩基工程施工。工程实施过程中发生如下事件。

事件 1：开工前，项目监理机构审查了施工单位报送的《工程开工报审表》及相关资料。确认具备开工条件后，总监理工程师在《工程开工报审表》中签署了同意开工的审核意见，同时签发了《工程开工令》。

事件 2：项目监理机构在巡视时发现，有 A、B 两家桩基工程施工单位在现场施工，经调查核实，为了保证工程施工进度，A 单位安排 B 单位进场施工，且 A、B 两单位之间签了承包合同，承包合同中明确主楼区域外的桩基工程由 B 单位负责施工。

事件 3：建设单位负责采购的一批材料提前运抵现场后，临时放置在现场备用仓库。该批材料使用前，按合同约定进行了清点和检验，发现部分材料损毁。为此，施工单位向项目监理机构提出申请，要求建设单位重新购置损毁的工程材料，并支付该批工程材料检验费。

事件 4：在室内装饰工程招标工作启动后，施工单位在向项目监理机构报送的招标方案中提出：

①允许施工单位的参股公司参与投标。

②投标单位必须具有本地区类似工程业绩。

③招标控制价由施工单位最终确定。

④建设单位和施工单位共同确定中标人。

⑤由施工单位发出中标通知书。

⑥建设单位和施工单位共同与中标人签订合同。

**问题：**

1. 指出事件 1 中的不妥之处，并写出正确做法。

2. 事件 2 中，A、B 两单位之间签订的承包合同是否有效？说明理由。写出项目监理机构对该事件的处理程序。

3. 逐项回答事件 3 中施工单位的要求是否合理，并说明理由。

4. 逐项指出事件 4 的招标方案中的提法是否妥当，不妥之处说明理由。

**答案：**

1. （本小题 2.0 分）

不妥之处：总监理工程师在《工程开工报审表》中签署了同意开工的审核意见，同时签发了《工程开工令》。（1.0 分）

正确做法：总监理工程师在《工程开工报审表》中签署了同意开工的审核意见后，报送建设单位审核批准，总监理工程师方可签发《工程开工令》。（1.0 分）

2.（本小题5.5分）

（1）A、B两单位之间签订的承包合同无效。（0.5分）

理由：分包单位将分包工程再分包属于违法分包。（1.0分）

（2）处理程序：

①征得建设单位同意后，由总监理工程师签发《工程暂停令》，要求施工单位通过A分包单位指令B单位立即退场。（1.0分）

②要求施工单位对B单位已完工程质量进行检查、鉴定。（1.0分）

③专业监理工程师对B单位已完工程质量进行检查验收，如质量不合格，要求A单位整改，自检合格后，重新报验。（1.0分）

④征得建设单位同意后，由总监理工程师签发《工程复工令》。（1.0分）

3.（本小题3.0分）

（1）“要求建设单位重新购置损毁的工程材料”的要求合理。（0.5分）

理由：建设单位负责购买的材料进场前未通知施工单位清点和检验，施工单位不负责保管，材料损坏的风险由建设单位承担。（1.0分）

（2）“支付该批工程材料检验费”的要求合理。（0.5分）

理由：建设单位负责购买的材料在使用前，由施工单位负责检验试验，但检验试验费由建设单位承担。（1.0分）

4.（本小题7.0分）

①不妥。（0.5分）

理由：施工单位作为招标人，投标人与招标人不得存在利害关系。（1.0分）

②不妥。（0.5分）

理由：招标人不得以不合理条件限制或排斥投标人。（1.0分）

③不妥。（0.5分）

理由：招标控制价由施工单位确定，由建设单位最终审定。（1.0分）

④妥当。（0.5分）

⑤妥当。（0.5分）

⑥不妥。（0.5分）

理由：施工单位作为招标人，应由施工单位与中标人签订合同，并将分包合同副本报送发包人。（1.0分）

# 案例六

## 【2017年试题四】

依法必须招标的工程，建设单位采用公开招标方式选择监理单位承担施工监理任务，工程实施过程中发生如下事件。

事件1：在编制监理招标文件时，建设单位提出投标人除应具备规定的工程监理资质条件外，还必须满足下列条件：

①具有工程招标代理资质。

②不得组成联合体投标。

③已在工程所在地行政辖区内进行工商注册登记。

④属于混合股份制企业。

事件2：经评审，评标委员会推荐了3名中标候选人，并进行了排序。建设单位在收到评标报告5日后公示了中标候选人，同时，与中标候选人协商，要求重新报价。中标候选人拒绝了建设单位的要求。

事件3：中标监理单位与建设单位按照《建设工程监理合同（示范文本）》签订了建设工程监理合同，监理合同履行过程中，合同双方就以下四项工作是否可作为附加监理工作进行了协商：①工程建设过程中外部关系协调；②施工起重机械安全性检测；③施工合同争议处理；④竣工结算审查。

事件4：管道工程隐蔽后，项目监理机构对施工质量提出质疑，要求进行剥离复验。施工单位以该隐蔽工程已通过项目监理机构检验为由拒绝复验。项目监理机构坚持要求施工单位进行剥离复验，经复验该隐蔽工程质量合格。

**问题：**

1. 逐条指出事件1中建设单位针对投标人提出的条件是否妥当，说明理由。

2. 指出事件2中建设单位做法的不妥之处，说明理由。

3. 分别指出事件3中四项工作是否可作为附加监理工作？说明理由。

4. 针对事件4，施工单位、项目监理机构的做法是否妥当？说明理由。该隐蔽工程剥离所发生的费用由谁承担？

**答案：**

1.（本小题6.0分）

①不妥。（0.5分）

理由：招标人不得设定与履行监理合同无关的条件，并且国家已经取消了招标代理资质证书，这属于以不合理的条件限制或排斥投标人。（1.0分）

②妥当。（0.5分）

理由：招标人可以接受联合体投标，也可以拒绝联合体投标。（1.0分）

③不妥。（0.5分）

理由：招标人不得限制或排斥外地区的投标人。（1.0分）

④不妥。（0.5分）

理由：招标人不得以所有制形式限制或排斥投标人。（1.0分）

2.（本小题3.0分）

（1）不妥之一：收到评标报告5日后公示了中标候选人。（0.5分）

理由：招标人应当在收到评标报告后的3日内公示中标候选人。（1.0分）

（2）不妥之二：与中标候选人协商，要求重新报价。（0.5分）

理由：招标人不得与中标候选人就报价等实质性内容进行协商。（1.0分）

3.（本小题6.0分）

①可以作为附加工作。（0.5分）

理由：工程建设过程中的外部关系协调属于建设单位的工作，可作为附加工作委托监理单位完成。（1.0分）

②不可以作为附加工作。（0.5分）

理由：施工起重机械安全性检测属于应由施工单位委托法定检测机构的工作，只有属于建设单位的工作才可以作为附加工作。（1.0分）

③不可以作为附加工作。（0.5分）

理由：施工合同争议处理属于监理正常工作的范围。（1.0分）

④不可以作为附加工作。（0.5分）

理由：竣工结算审查属于监理正常工作的范围。（1.0分）

4.（本小题4.0分）

(1) 施工单位的做法不妥。（0.5分）

理由：施工单位不得拒绝监理机构重新检验的要求。（1.0分）

(2) 监理机构的做法妥当。（0.5分）

理由：对施工质量提出质疑时，应要求施工单位重新自行检验。（1.0分）

(3) 该隐蔽工程重新检验发生的费用由建设单位承担。（1.0分）

# 案例七

## 【2016年试题四】

某工程，建设单位委托监理单位承担施工招标代理和施工监理任务，工程实施过程中发生如下事件。

事件1：因工程技术复杂，该工程拟分两阶段招标。招标前，建设单位提出如下要求：

①投标人应在第一阶段投标截止日前提交投标保证金。

②投标人应在第一阶段提交的技术建议书中明确相应的投标报价。

③参加第二阶段的投标人必须在第一阶段提交技术建议书的投标人中产生。

④第二阶段的投标评审应将商务标作为主要评审内容。

事件2：建设单位与中标施工单位按照《建设工程施工合同（示范文本）》进行合同洽谈时，双方对下列工作的责任归属产生分歧，包括：①办理工程质量、安全监督手续；②建设单位采购的工程材料使用前的检验；③建立工程质量保证体系；④组织无负荷联动试车；⑤缺陷责任期届满后，主体结构工程合理使用年限内的质量保修。

事件3：建设单位采购的工程设备比原计划提前两个月到场，建设单位通知项目监理机构和施工单位共同进行了清点移交。施工单位在设备安装前，发现该设备的部分部件因保管不善受到损坏需要修理，还有部分配件采购数量不足。经协商，损坏的设备部件由施工单位修理，采购数量不足的配件由施工单位补充采购。为此，施工单位向建设单位提出费用补偿申请，要求补偿两个月的设备保管费、损坏部件修理费和配件采购费。

事件4：监理员在巡视中发现，由分包单位施工的幕墙工程存在质量缺陷，即签发《监理通知单》要求整改。经核验，该质量缺陷需进行返工处理，为此，分包单位编制了幕墙工程返工处理方案报送项目监理机构审查。

**问题：**

1. 逐项指出事件1中建设单位的要求是否妥当，并说明理由。

2. 逐项指出事件 2 中各项工作的责任归属。

3. 指出事件 3 中施工单位的不妥之处，并写出正确做法。施工单位提出的哪些费用补偿项是合理的？

4. 指出事件 4 中的不妥之处，并写出正确做法。

**答案：**

1. （本小题 6.0 分）

①不妥。（0.5 分）

理由：投标保证金应在第二阶段提交。（1.0 分）

②不妥。（0.5 分）

理由：第一阶段提交的是不包含报价的技术建议书。（1.0 分）

③妥当。（0.5 分）

理由：招标人应向在第一阶段提交技术建议书的投标人发送招标文件。（1.0 分）

④不妥。（0.5 分）

理由：只有技术复杂或者无法精确拟定技术规格的项目，才进行两阶段招标，所以第二阶段的投标评审仍应以最终技术方案和投标报价为主要评审内容。（1.0 分）

2. （本小题 5.0 分）

①由建设单位负责。（1.0 分）

②由施工单位负责。（1.0 分）

③由施工单位负责。（1.0 分）

④由建设单位负责。（1.0 分）

⑤由施工单位负责。（1.0 分）

3. （本小题 4.0 分）

（1）不妥之处：

①不妥之一：施工单位向建设单位提出费用补偿申请。（0.5 分）

正确做法：施工单位应向项目监理机构提出费用补偿申请。（1.0 分）

②不妥之二：要求补偿损坏部件修理费。（0.5 分）

正确做法：保管不善是施工单位的责任，损失应由施工单位承担。（1.0 分）

（2）合理的费用补偿：两个月的设备保管费和配件采购费。（1.0 分）

4. （本小题 4.5 分）

（1）不妥之一：监理员签发《监理通知单》。（0.5 分）

正确做法：监理员应报告专业监理工程师，由专业监理工程师签发《监理通知单》。（1.0 分）

（2）不妥之二：向分包单位签发《监理通知单》要求整改。（0.5 分）

正确做法：应向施工总承包单位签发《监理通知单》要求整改。（1.0 分）

（3）不妥之三：分包单位编制的处理方案报送项目监理机构审查。（0.5 分）

正确做法：分包单位将其编制的返工处理方案报送施工总承包单位，施工总承包单位审核后，报送项目监理机构审查签字。（1.0 分）

# 案例八

## 【2015 年试题四】

某政府投资项目，施工合同约定：生产设备由建设单位直接向设备制造厂商采购；幕墙工程属于依法必须招标的暂估价专业工程项目，由施工合同双方共同招标确定专业分包单位；材料费中应包含技术保密费、专利费、技术资料费等。

工程实施过程中发生如下事件。

事件 1：进行人工挖孔桩的桩基检测时，项目监理机构发现部分桩的实际承载力达不到设计要求。经查，确认是因地质勘查资料有误所致，施工单位按程序对这些桩进行了相应技术处理，并提出工期和费用索赔申请。

事件 2：施工过程中，施工单位按合同约定使用其拥有专利的新材料前，项目监理机构要求对新材料的验收标准组织专家论证。结算工程款时，施工单位要求建设单位支付新材料专利使用费。

事件 3：生产设备安装完毕后进行的单机无负荷试车不满足验收要求，经查，设备本身存在缺陷，须更换设备零部件。施工单位按约定程序向项目监理机构提出了零件拆除、重新购置和重新安装的费用索赔申请。施工合同中约定施工单位人员负责到场进行生产设备的清点、验收和接收，为此，建设单位建议施工单位直接向设备制造厂商提出费用索赔申请。

事件 4：幕墙分包工程招标工作启动前，施工单位向监理机构提交的施工招标方案：采用议标方式招标；投标单位应有安全生产许可证和满足分包工程试验检测资质要求的自有实验室；由中标单位与施工单位双方签订分包合同；中标单位如不服从施工单位管理导致生产安全事故发生的，应承担主要责任。

**问题：**

1. 针对事件 1，写出项目监理机构对部分桩的实际承载力达不到设计要求时的处理程序。

2. 事件 1 中，施工单位提出的工期和费用索赔是否成立？说明理由。

3. 事件 2 中，新材料验收标准应由哪家单位组织专家论证？指出施工单位要求支付新材料专利使用费是否成立，并说明理由。

4. 事件 3 中，施工单位提出的费用索赔申请中哪些可以获得批准？施工单位是否应采纳建设单位的建议？说明理由。

5. 指出事件 4 招标方案中的不妥之处，并说明理由。

**答案：**

1. （本小题 6.0 分）

（1）征得建设单位同意后，由总监理工程师签发《工程暂停令》。（1.0 分）

（2）要求施工单位报送事故调查报告和经设计单位认可的处理方案。（1.0 分）

（3）审查施工单位报送的处理方案。（1.0 分）

（4）对事故的处理过程和处理结果进行跟踪检查和验收。（1.0 分）

（5）验收合格后，征得建设单位同意，由总监理工程师签发《工程复工令》。（1.0 分）

（6）向建设单位提交质量事故说明报告，并将事故处理记录整理归档。（1.0分）

2.（本小题1.5分）

工期和费用索赔成立。（0.5分）

理由：地质勘查资料有误是建设单位应承担的责任，不属于施工单位责任。（1.0分）

3.（本小题3.0分）

（1）新材料验收标准应由施工单位组织专家论证。（1.0分）

（2）施工单位要求支付新材料专利使用费不成立。（1.0分）

理由：根据合同约定，专利使用费包含在材料费中。（1.0分）

4.（本小题3.5分）

（1）补偿的费用：零部件拆除费用、重新安装费用。（2.0分）

（2）不应采纳。（0.5分）

理由：施工单位与设备制造厂商无合同关系。（1.0分）

5.（本小题4.5分）

（1）不妥之一：采用议标方式招标。（0.5分）

理由：根据《招标投标法》的规定，招标方式包括公开招标和邀请招标两种，议标并不是法定方式。（1.0分）

（2）不妥之二：投标单位应有满足分包工程试验检测资质要求的自有实验室。（0.5分）

理由：招标人不得以不合理的条件限制或排斥投标人。（1.0分）

（3）不妥之三：由中标单位与施工单位双方签订分包合同。（0.5分）

理由：应由建设单位、施工单位和中标单位共同签订分包合同。（1.0分）

## 案例九

### 【2014年试题四】

某工程分A、B两个监理标段同时进行招标，建设单位规定参与投标的监理单位只能选择A或B标段进行投标。工程实施过程中，发生如下事件。

事件1：在监理招标时，建设单位提出：

①投标人必须具有工程所在地域类似工程监理业绩。

②应组织外地投标人考察施工现场。

③投标有效期自投标人送达投标文件之日起算。

④委托监理单位有偿负责外部协调工作。

事件2：拟投标的某监理单位在进行投标决策时，组织专家及相关人员对A、B两个标段进行了比较分析，确定的主要评价指标、相应权重及相对于A、B两个标段的竞争力分值见下表。

| 序号 | 评价指标 | 权重 | 标段的竞争力分值 | |
|---|---|---|---|---|
| | | | A | B |
| 1 | 总监理工程师能力 | 0.25 | 100 | 80 |

（续）

| 序号 | 评价指标 | 权重 | 标段的竞争力分值 | |
|---|---|---|---|---|
| | | | A | B |
| 2 | 监理人员配置 | 0.20 | 85 | 100 |
| 3 | 技术管理服务能力 | 0.20 | 100 | 80 |
| 4 | 项目效益 | 0.15 | 60 | 100 |
| 5 | 类似工程监理业绩 | 0.10 | 100 | 70 |
| 6 | 其他条件 | 0.10 | 80 | 60 |
| 合计 | | 1 | — | |

事件3：建设单位与A标段中标监理单位按《建设工程监理合同（示范文本）》签订了监理合同，并在合同专用条件中约定附加工作酬金为20万元/月。监理合同履行过程中，由于建设单位资金未到位致使工程停工，导致监理合同暂停履行，半年后恢复。监理单位暂停履行合同的善后工作时间为1个月，恢复履行的准备工作时间为1个月。

事件4：建设单位与施工单位按《建设工程施工合同（示范文本）》签订了施工合同，施工单位按合同约定将土方工程分包，分包单位在土方工程开工前，编制了深基坑工程专项施工方案并进行了安全验算，经分包单位技术负责人审核签字后，即报送监理机构。

**问题：**

1. 逐条指出事件1中建设单位的要求是否妥当，并对不妥之处说明理由。

2. 事件2中，分别计算A、B两个标段各项评价指标的加权得分及综合得分，并指出监理单位应优先选择哪个标段投标。

3. 计算事件3中监理单位可获得的附加工作酬金。

4. 指出事件4中有哪些不妥，并分别写出正确做法。

**答案：**

1. （本小题5.0分）

①不妥。（0.5分）

理由：不得以特定行政区域的监理业绩限制潜在投标人或投标人。（1.0分）

②不妥。（0.5分）

理由：招标人不得组织单个或部分潜在投标人踏勘现场。（1.0分）

③不妥。（0.5分）

理由：投标有效期应自投标截止之日起算。（1.0分）

④妥当。（0.5分）

2. （本小题5.0分）

（1）相对于A标段评价指标加权得分：（1.0分）

“1”得分100×0.25=25（分）。

“2”得分85×0.20=17（分）。

“3”得分100×0.20=20（分）。

“4”得分60×0.15=9（分）。

“5”得分100×0.10=10（分）。

“6”得分 80 ×0.10 =8（分）。

综合得分：25 +17 +20 +9 +10 +8 =89（分）。 （1.0 分）

（2）相对于 B 标段评价指标加权得分： （1.0 分）

“1”得分 80 ×0.25 =20（分）。

“2”得分 100 ×0.20 =20（分）。

“3”得分 80 ×0.20 =16（分）。

“4”得分 100 ×0.15 =15（分）。

“5”得分 70 ×0.10 =7（分）。

“6”得分 60 ×0.10 =6（分）。

综合得分：20 +20 +16 +15 +7 +6 =84（分）。 （1.0 分）

（3）应优先投标 A 标段，因其综合得分最高。 （1.0 分）

3. （本小题 2.0 分）

附加工作酬金 =（1 +1）×20 =40（万元）。 （2.0 分）

4. （本小题 3.0 分）

（1）不妥之一：深基坑工程专项施工方案由分包单位技术负责人审核签字后即报送项目监理机构。 （0.5 分）

正确做法：专项施工方案应经分包单位技术负责人审核签字后，报施工总承包单位技术负责人审核签字，然后才能报送项目监理机构。 （1.0 分）

（2）不妥之二：分包单位向项目监理机构报送专项施工方案。 （0.5 分）

正确做法：分包单位向总承包单位报送，再由总承包单位报送项目监理机构。（1.0 分）

## 案例十

### 【2013 年试题二】

某实施监理的工程，建设单位与施工总承包单位按《建设工程施工合同（示范文本）》签订了施工合同。工程实施过程中发生如下事件。

事件 1：主体结构施工时，建设单位收到用于工程的商品混凝土不合格的举报，立刻指令施工总承包单位暂停施工。经检测鉴定单位对商品混凝土的抽样检验及混凝土实体质量抽芯检测，质量符合要求。为此，施工总承包单位向项目监理机构提交了暂停施工后人员窝工及机械闲置的费用索赔申请。

事件 2：总承包单位按施工合同约定，将装饰工程分包给甲装饰分包单位，在装饰工程施工中，项目监理机构发现工程部分区域的装饰工程由乙装饰分包单位施工。经查实，施工总承包单位为按时完工，擅自将部分装饰工程分包给乙装饰分包单位。

事件 3：室内空调管道安装工程隐蔽前，施工总承包单位进行了自检，并在约定的时限内按程序书面通知项目监理机构验收。项目监理机构在验收前 6 小时通知施工总承包单位因故不能到场验收，施工总承包单位自行组织了验收，并将验收记录送交项目监理机构，随后进行工程隐蔽，进入下道工序施工。总监理工程师以“未经项目监理机构验收”为由下达了《工程暂停令》。

事件4：工程保修期内，建设单位为使用方便直接委托甲装饰分包单位对地下室进行了重新装修，在没有设计图纸的情况下，应建设单位要求，甲装饰分包单位在地下室承重结构墙上开设了两个1800mm×2000mm的门洞，造成一层楼面有多处裂缝，且地下室出现了严重渗水现象。

**问题：**

1. 事件1中，建设单位的做法是否妥当？项目监理机构是否应批准施工总承包单位的索赔申请？分别说明理由。

2. 写出项目监理机构对事件2的处理程序。

3. 事件3中，施工总承包单位和总监理工程师的做法是否妥当？分别说明理由。

4. 对于事件4中发生的质量问题，建设单位、监理单位、施工总承包单位和甲装饰分包单位四方中，哪方应承担责任？哪方不承担责任？分别说明理由。

**答案：**

1. （本小题3.0分）

（1）建设单位的做法不妥。（0.5分）

理由：在监理工作范围内，建设单位与施工单位之间涉及施工合同的联系活动，均应通过监理单位进行，即应由总监理工程师签发《工程暂停令》。（1.0分）

（2）应批准施工总承包单位的索赔申请。（0.5分）

理由：建设单位指令施工总承包单位暂停施工，经检测商品混凝土质量符合要求，所以，本次停工应由建设单位承担责任。（1.0分）

2. （本小题4.0分）

（1）征得建设单位同意后，由总监理工程师向施工总承包单位签发《工程暂停令》，停止乙分包单位的施工。（1.0分）

（2）要求施工总承包方报送乙装饰分包单位资质材料。（1.0分）

（3）如审查符合要求，由总监理工程师签字确认，征得建设单位同意后，总监理工程师签发《工程复工令》。（1.0分）

（4）如审查不符合要求，要求施工总承包单位指令乙施工单位退场，并对已完装修部位的工程质量进行验收；如质量不合格，要求施工总承包单位进行整改。（1.0分）

3. （本小题3.0分）

（1）施工总承包单位的做法妥当。（0.5分）

理由：监理工程师未能在验收前24小时提出延期要求的，承包人可自行组织验收，监理工程师应承认验收记录。（1.0分）

（2）总监理工程师的做法不妥当。（0.5分）

理由："未经项目监理机构验收"的责任在项目监理机构，所以，总监理工程师可以要求重新检验，但不能签发《工程暂停令》。（1.0分）

4. （本小题6.0分）

（1）建设单位应承担责任。（0.5分）

理由：工程已竣工验收合格后，如需变动承重结构，正确的做法是，由建设单位委托原设计单位或具有相应资质的设计单位出具设计方案，并经过相关审批后，方可变动。（1.0分）

（2）监理单位不应承担责任。（0.5分）

理由：工程已竣工验收合格，重新装修不属于原监理合同的监理范围。 (1.0 分)

(3) 施工总承包单位不承担责任。 (0.5 分)

理由：工程已竣工验收合格，重新装修不属于原施工总承包合同的范围。 (1.0 分)

(4) 装饰分包单位应承担责任。 (0.5 分)

理由：装饰分包单位应按经过正规程序给出的图样施工，否则不得组织施工。(1.0 分)

# 案例十一

## 【2013 年试题四】

某工程，监理单位承担了施工招标代理和施工监理任务。工程实施过程中发生如下事件。

事件 1：施工招标过程中，建设单位提出的部分建议如下：

①省外投标人必须在工程所在地承担过类似工程。

②投标人应在提交资格预审文件截止日前提交投标保证金。

③联合体中标的，可由联合体代表与建设单位签订合同。

④中标人可以将某些非关键性工程分包给符合条件的分包人完成。

事件 2：施工合同中约定，空调机组由建设单位采购，由施工单位选择专业分包单位安装。在空调机组订货时，生产厂商提出由其进行安装更能保证质量，且该生产厂商安装资质也符合国家要求。于是，建设单位要求施工单位与该生产厂商签订安装工程分包合同，但施工单位提出已与甲安装单位签订了安装工程分包合同。经协商，甲安装单位将部分安装工程分包给空调机组生产厂商。

事件 3：建设单位与施工单位按照《建设工程施工合同（示范文本）》进行工程价款结算时，双方对下列 5 项工作的费用产生了争议：

①办理施工场地交通、施工噪声有关手续。

②项目监理机构现场临时办公用房搭建。

③施工单位采购的材料在使用前的检验或试验。

④项目监理机构影响到正常施工的检查检验。

⑤设备单机无负荷试车。

事件 4：工程完工时，施工单位提出主体结构工程的保修期限为 20 年，并待工程竣工验收合格后向建设单位出具工程质量保修书。

**问题：**

1. 逐条指出事件 1 中监理单位是否应采纳建设单位提出的建议，并说明理由。

2. 分别指出事件 2 中建设单位和甲安装单位做法的不妥之处，并说明理由。

3. 事件 3 中各项工作所发生的费用分别应由谁承担?

4. 根据《建设工程质量管理条例》，说出事件 4 中施工单位的说法有哪些不妥之处，并说明理由。

**答案：**

1. (本小题 6.0 分)

①不应采纳。 (0.5 分)

理由：招标人不得以不合理的条件限制或排斥潜在投标人。（1.0分）

②不应采纳。（0.5分）

理由：投标人应在提交投标文件截止日前提交投标保证金。（1.0分）

③不应采纳。（0.5分）

理由：联合体中标的，联合体各方共同与招标人签订合同。（1.0分）

④应采纳。（0.5分）

理由：招标文件中可以规定非主体、非关键工作是否允许分包。（1.0分）

2.（本小题3.0分）

（1）建设单位的不妥之处：要求施工单位与生产厂商签订工程分包合同。（0.5分）

理由：建设单位不得指定分包单位。（1.0分）

（2）甲安装单位的不妥之处：将部分安装工程分包给空调机组生产厂商。（0.5分）

理由：甲安装单位是分包单位，分包单位将分包工程再分包属于违法分包。（1.0分）

3.（本小题5.0分）

①的费用由建设单位承担。（1.0分）

②的费用由建设单位承担。（1.0分）

③的费用由施工单位承担。（1.0分）

④如检查结果合格，发生的费用由建设单位承担；如检查结果不合格，发生的费用由施工单位承担。（1.0分）

⑤的费用由施工单位承担。（1.0分）

4.（本小题3.0分）

（1）不妥之一：主体结构工程的保修期限为20年。（0.5分）

理由：主体结构的最低保修期限为设计文件规定的该工程的合理使用年限。（1.0分）

（2）不妥之二：待工程竣工验收合格后向建设单位出具工程质量保修书。（0.5分）

理由：施工单位在向建设单位提交工程竣工报告时，应同时提交质量保修书。（1.0分）

# 案例十二

## 【2012年试题四】

某实施监理的工程，工程实施过程中发生以下事件。

事件1：甲施工单位将其编制的施工组织设计报送建设单位。建设单位考虑到工程的复杂性，要求项目监理机构审核该施工组织设计；施工组织设计经监理单位技术负责人审核签字后，通过专业监理工程师转交给甲施工单位。

事件2：甲施工单位依据建设工程施工合同将深基坑开挖工程分包给乙施工单位，乙施工单位将其编制的深基坑支护专项施工方案报送项目监理机构，专业监理工程师接收并审核批准该方案。

事件3：主体工程施工过程中，因不可抗力造成了损失。甲施工单位及时向项目监理机构提出索赔申请，并附有相关证明材料，要求补偿的经济损失如下：

①在建工程损失26万元。

②施工单位受伤人员医药费和补偿金共计4.5万元。

③施工机具损坏损失12万元。

④施工机械闲置和施工人员窝工损失共计5.6万元。

⑤工程清理和修复费用共计3.5万元。

事件4：甲施工单位组织工程竣工预验收后，向项目监理机构提交了《工程竣工报审表》。项目监理机构组织工程竣工验收后，向建设单位提交了《工程质量评估报告》。

**问题：**

1. 指出事件1中的不妥之处，并写出正确做法。

2. 指出事件2中，专业监理工程师做法的不妥之处，并写出正确做法。

3. 逐项分析事件3中，相关的经济损失是否应补偿给甲施工单位，分别说明理由。项目监理机构应批准的补偿金额为多少万元？

4. 指出事件4中的不妥之处，并写出正确做法。

**答案：**

1. （本小题4.5分）

（1）不妥之一：甲施工单位将其编制的施工组织设计报送建设单位。（0.5分）

正确做法：甲施工单位将其编制的施工组织设计报送项目监理机构。（1.0分）

（2）不妥之二：施工组织设计经监理单位技术负责人审核签字。（0.5分）

正确做法：施工组织设计应经总监理工程师审核签字。（1.0分）

（3）不妥之三：施工组织设计通过专业监理工程师转交给甲施工单位。（0.5分）

正确做法：施工组织设计经审核签字后，由项目监理机构报送建设单位。（1.0分）

2. （本小题3.0分）

（1）不妥之一：专业监理工程师接收乙施工单位报送的专项施工方案。（0.5分）

正确做法：乙施工二单位是分包单位，其编制的深基坑支护专项施工方案应通过甲施工单位报送项目监理机构。（1.0分）

（2）不妥之二：专业监理工程师审核批准了深基坑支护专项施工方案。（0.5分）

正确做法：深基坑支护专项施工方案编制完成后，首先应由分包单位技术负责人和总承包单位技术负责人审批签字，然后报送总监理工程师审核签字。（1.0分）

3. （本小题8.5分）

①在建工程损失26万元，应补偿给甲施工单位。（0.5分）

理由：不可抗力发生后，工程本身的损失应由建设单位承担。（1.0分）

②施工单位受伤人员医药费和补偿金4.5万元，不应补偿给施工单位。（0.5分）

理由：不可抗力发生后，双方人员的伤亡损失，分别由各自承担。（1.0分）

③施工机具损坏损失12万元，不应补偿给施工单位。（0.5分）

理由：不可抗力发生后，承包人机械设备损坏，由承包人承担。（1.0分）

④施工机械闲置和施工人员窝工损失5.6万元，不应补偿给施工单位。（0.5分）

理由：不可抗力发生后，承包人机械闲置和人员窝工损失，由承包人承担。（1.0分）

⑤工程清理和修复费用3.5万元，应补偿给施工单位。（0.5分）

理由：不可抗力发生后，工程所需清理和修复费用由建设单位承担。（1.0分）

应批准的补偿金额：26+3.5=29.5（万元）。（1.0分）

4.（本小题4.5分）

(1) 不妥之一：甲施工单位组织工程竣工预验收。（0.5分）

正确做法：应由总监理工程师组织专业监理工程师进行工程竣工预验收。（1.0分）

(2) 不妥之二：项目监理机构组织工程竣工验收。（0.5分）

正确做法：应由建设单位组织工程竣工验收。（1.0分）

(3) 不妥之三：竣工验收后，向建设单位提交了工程质量评估报告。（0.5分）

正确做法：工程竣工验收前，向建设单位提交工程质量评估报告。（1.0分）

# 案例十三

## 【2011年试题二】

某实施监理的工程，在招标与施工阶段发生如下事件。

事件1：招标代理机构提出，评标委员会由7人组成，包括建设单位纪委书记、工会主席、当地招标投标管理办公室主任，以及从评标专家库中随机抽取的4位技术、经济专家。

事件2：建设单位要求招标代理机构在招标文件中明确：投标人应在购买招标文件时提交投标保证金；中标人的投标保证金不予退还；中标人还需提交履约保函，保证金额为合同总额的20%。

事件3：施工中因地震导致：施工停工1个月；已建工程部分损坏；现场堆放的价值50万元的工程材料（施工单位负责采购）损毁；部分施工机械损坏，修复费用20万元；现场8人受伤，施工单位承担了全部医疗费24万元（其中建设单位受伤人员医疗费3万元、施工单位受伤人员医疗费21万元）；施工单位修复损坏工程支出10万元。施工单位按合同约定向项目监理机构提交了费用补偿和工程延期申请。

事件4：建设单位采购的大型设备运抵施工现场后，进行了清点移交。施工单位在安装过程中该设备一个部件损坏，经鉴定，部件损坏是由于本身存在质量缺陷造成的。

**问题：**

1. 指出事件1中评标委员会人员组成的不正确之处，并说明理由。
2. 指出事件2中建设单位要求的不妥之处，并说明理由。
3. 根据《建设工程施工合同（示范文本）》，分析事件3中建设单位和施工单位各自承担哪些经济损失。项目监理机构应批准的费用补偿和工程延期各是多少？（不考虑工程保险）
4. 就施工合同主体关系而言，事件4中设备部件损坏的责任应由谁承担，并说明理由。

**答案：**

1.（本小题4.5分）

(1) 不正确之一："招标代理机构提出评标委员会的组成。"（0.5分）

理由：应由招标人依法组建评标委员会。（1.0分）

(2) 不正确之二："评标委员会人员组成包括当地招标投标管理办公室主任"。（0.5分）

理由：评标委员会由招标人代表和有关技术、经济方面的专家组成，政府监督部门的工作人员不得担任评委。（1.0分）

(3) 不正确之三："从评标专家库中随机抽取4位技术、经济专家。" (0.5分)

理由：技术、经济专家不得少于成员总数的2/3，评标委员会由7人组成，技术、经济专家不得少于5人。 (1.0分)

2. (本小题4.5分)

(1) 不妥之一："投标人应在购买招标文件时提交投标保证金"。 (0.5分)

理由：投标保证金随投标文件在投标截止时间前提交招标人。 (1.0分)

(2) 不妥之二："中标人的投标保证金不予退还"。 (0.5分)

理由：招标人应在签订合同后的5日内，退还中标人和未中标人的投标保证金及其同期银行存款利率。 (1.0分)

(3) 不妥之三："履约保函的保证金额为合同总额的20%"。 (0.5分)

理由：履约保函不得超出中标合同金额的10%。 (1.0分)

3. (本小题5.0分)

(1) 建设单位应承担的经济损失：①已建工程的损坏；②现场堆放的价值50万元的工程材料的损毁；③建设单位受伤人员医疗费3万元；④修复损坏工程支出10万元。 (2.0分)

(2) 施工单位应承担的经济损失：①部分施工机械损坏的修复费20万元；②施工单位受伤人员医疗费21万元。 (1.0分)

(3) 应批准的费用补偿为63万元。 (1.0分)

(4) 应批准的工期延期为1个月。 (1.0分)

4. (本小题1.5分)

应由建设单位承担。 (0.5分)

理由：对施工合同而言，建设单位采购的设备，存在质量缺陷是建设单位应承担的责任，施工单位的检验不解除建设单位的任何合同责任。 (1.0分)

# 案例十四

## 【2011年试题二】

某实施监理的工程，甲施工单位选择乙施工单位分包基坑支护土方开挖工程。

施工过程中发生如下事件。

事件1：乙施工单位开挖土方时，因雨期下雨导致现场停工3天，在后续施工中，乙施工单位挖断了一处在建设单位提供的地下管线图中未标明的煤气管道，因抢修导致现场停工7天。为此，甲施工单位通过项目监理机构向建设单位提出工期延期10天和费用补偿2万元（合同约定，窝工综合补偿2000元/天）的请求。

事件2：为了赶工期，甲施工单位调整了土方开挖方案，并按约定程序进行了调整，总监理工程师在现场发现乙施工单位未按调整后的土方开挖方案施工，并造成围护结构变形超限，立即向甲施工单位签发《工程暂停令》，同时报告了建设单位。乙施工单位未执行指令仍继续施工，总监理工程师及时报告了有关主管部门，后因围护结构变形过大引发了基坑局部坍塌事故。

事件3：甲施工单位凭施工经验，未经安全验算就编制了高大模板工程专项施工方案，经项目经理签字后报总监理工程师审批的同时，就开始搭设高大模板，施工现场安全生产管理人员则由项目总工程师兼任。

事件4：甲施工单位为了便于管理，将施工人员的集体宿舍安排在本工程尚未竣工验收的地下车库内。

**问题：**

1. 指出事件1中挖断煤气管道事故的责任方，并说明理由。项目监理机构批准的工程延期和费用补偿各多少？说明理由。

2. 根据《建设工程安全生产管理条例》，分析事件2中，甲、乙施工单位和监理单位对基坑局部坍塌事故应承担的责任，并说明理由。

3. 指出事件3中甲施工单位的做法有哪些不妥，并写出正确的做法。

4. 指出事件4中甲施工单位的做法是否妥当，并说明理由。

**答案：**

1. （本小题4.5分）

（1）挖断煤气管道事故的责任方为建设单位。（0.5分）

理由：建设单位对地下管线资料的准确性负责。（1.0分）

（2）应批准的工程延期为7天，费用补偿为14000元。（1.0分）

理由：雨期下雨停工3天是施工单位能够合理预见的，停工3天的工期索赔和费用索赔不予批准；抢修煤气管道导致现场停工7天是建设单位应承担的责任事件，应予批准7天工期索赔和费用索赔 $7\times2000=14000$（元）。（2.0分）

2. （本小题4.5分）

（1）甲施工单位承担连带责任。（0.5分）

理由：甲施工单位是总承包单位，总承包单位与分包单位对分包工程的安全生产承担连带责任。（1.0分）

（2）乙施工单位承担主要责任。（0.5分）

理由：乙施工单位未按调整后的土方开挖方案施工，且未执行指令仍继续施工，导致生产安全事故，应由分包单位承担主要责任。（1.0分）

（3）监理单位不承担责任。（0.5分）

理由：施工单位拒不执行监理指令，总监理工程师及时报告了有关主管部门，说明监理单位已经履行了监理职责。（1.0分）

3. （本小题7.5分）

（1）不妥之一："编制的高大模板工程专项施工方案未经安全验算"。（0.5分）

正确做法：任何专项施工方案均应经安全验算，并应有计算书和相关图纸。（1.0分）

（2）不妥之二："专项施工方案未经施工单位技术负责人审批签字"。（0.5分）

正确做法：专项方案编制完成后，首先报送甲施工单位技术负责人审批签字。（1.0分）

（3）不妥之三："专项施工方案未经专家论证会论证就开始搭设高大模板"。（0.5分）

正确做法：高大模板工程专项施工方案应由施工单位组织专家论证会，施工单位根据论证报告修改完善后，方可组织实施。（1.0分）

（4）不妥之四："专项施工方案论证后未经建设单位技术负责人和总监理工程师签字，就开始搭设高大模板"。（0.5分）

正确做法：施工单位根据论证报告将方案修改完善后，由施工单位技术负责人和总监理工程师重新签字后，方可组织实施。（1.0分）

（5）不妥之五："施工现场安全生产管理人员由项目总工程师兼任"。（0.5分）

正确做法：专项施工方案在实施过程中，应设专职安全员进行现场监督。（1.0分）

4.（本小题1.5分）

甲施工单位的做法不妥。（0.5分）

理由：施工单位不得在工程尚未竣工验收的建筑物内设置员工集体宿舍。（1.0分）

# 案例十五

## 【2012年试题二】

某实施监理的工程，建设单位与甲施工单位签订施工合同，约定的承包范围包括A、B、C、D、E共5个子项目，其中，子项目A包括拆除废弃建筑物和新建工程两部分，拆除废弃建筑物分包给具有相应资质的乙施工单位。工程实施过程中发生下列事件。

事件1：由于拆除废弃建筑物的危险性较大，乙施工单位编制了专项施工方案，并组织召开了有甲施工单位与项目监理机构相关人员参加的专家论证会。会后乙施工单位将该施工方案送交项目监理机构，要求总监理工程师审批。总监理工程师认为该方案已通过专家论证，便签字同意实施。

事件2：建设单位要求乙施工单位在废弃建筑物拆除前7日内，将资质等级证明与专项施工方案报送工程所在地建设行政主管部门。

事件3：受金融危机影响，建设单位于2010年1月20日正式通知甲施工单位与监理单位，缓建尚未施工的子项目D和E。而此前，甲施工单位已按照批准的计划订购了用于子项目D和E的设备，并支付定金300万元。鉴于无法确定复工时间，建设单位于2010年2月10日书面通知甲施工单位解除施工合同。

**问题：**

1. 指出事件1中的不妥之处，写出正确做法。

2. 指出事件2中的建设单位的不妥之处，写出正确做法。

3. 事件3中，建设单位是否可以解除施工合同？说明理由。如果甲施工单位不同意解除合同而继续子项目D和E的施工，项目监理机构应做哪些工作？

4. 事件3中，若解除施工合同，根据《建设工程施工合同（示范文本）》的规定，甲施工单位应得到哪些费用补偿？

**答案：**

1.（本小题5.5分）

（1）不妥之一："乙施工单位编制了专项施工方案，并组织召开了有甲施工单位与项目监理机构相关人员参加的专家论证会"。（0.5分）

正确做法：乙施工单位编制专项施工方案后，应报乙施工单位技术负责人和甲施工单位技术负责人审批签字，然后报送总监理工程师审核签字，手续齐全后，由甲施工单位组织召开专家论证会。（2.0分）

（2）不妥之二："会后乙施工单位将该施工方案送交项目监理机构"。（0.5分）

正确做法：会后乙施工单位将该施工方案按专家论证会的要求修改，并经乙施工单位技术负责人签字后，报送甲施工单位。（1.0分）

（3）不妥之三："总监理工程师认为该方案已通过专家论证，便签字同意实施"。（0.5分）

正确做法：已通过专家论证的专项施工方案，首先由乙施工单位技术负责人和甲施工单位技术负责人审批签字后，再报送总监理工程师审核签字。（1.0分）

2.（本小题5.5分）

（1）不妥之一："建设单位要求乙施工单位将相关资料报送建设行政主管部门"。（0.5分）

正确做法：应由建设单位将相关资料报送工程所在地建设行政主管部门。（1.0分）

（2）不妥之二："要求在拆除前7日内将相关资料报送建设行政主管部门"。（0.5分）

正确做法：应在废弃建筑物拆除15日前，将相关资料报送建设行政主管部门。（1.0分）

（3）不妥之三："将资质等级证明与专项施工方案报送建设行政主管部门"。（0.5分）

正确做法：除资质等级证明与专项施工方案报送外，还应报送拟拆除建筑物的说明，可能危及毗邻建筑物的说明，废弃物的堆放、清除措施。（2.0分）

3.（本小题5.5分）

（1）可以解除施工合同。（0.5分）

理由：金融危机属于不可抗力事件，不可抗力事件发生后，合同目的不能实现的，任何一方当事人均可提出解除合同的要求。（1.0分）

（2）监理工作：

①征得建设单位同意后，由总监理工程师签发《工程暂停令》。（1.0分）

②与建设单位、施工单位协商合同解除的相关事项。（1.0分）

③对已完工程进行验收、计量。（1.0分）

④收集整理已完工程的监理档案资料。（1.0分）

4.（本小题5.0分）

（1）已完合格工程的全部工程款。（1.0分）

（2）施工人员的遣返费。（1.0分）

（3）施工机械的撤离费。（1.0分）

（4）已订购设备的定金300万元。（1.0分）

（5）已订购材料的相关损失。（1.0分）

# 案例十六

**【2008年试题四】**

某工程，建设单位委托具有相应资质的监理单位承担施工招标代理和施工阶段监理任务，拟通过公开招标方式分别选择建筑安装工程施工、装修工程设计和装修工程施工单位。

在工程实施过程中，发生如下事件。

事件1：监理单位编制建筑安装工程施工招标文件时，建设单位提出投标人资格必须满足以下要求：

①获得过国家级工程质量奖项。

②在项目所在地行政辖区内进行了工商注册登记。

③拥有国有股份。

④取得安全生产许可证。

事件2：建筑安装工程施工单位与建设单位按《建设工程施工合同（示范文本）》签订合同后，在施工中突遇合同中约定属不可抗力的事件，造成经济损失（见下表）和工地全面停工15天。由于合同双方均未投保，建筑安装工程施工单位在合同约定的有效期内，向项目监理机构提出了费用补偿和工程延期申请。

| 序号 | 项目 | 金额/万元 |
|---|---|---|
| 1 | 建筑安装工程施工单位采购的已运至现场待安装的设备修理费 | 5.0 |
| 2 | 现场施工人员受伤医疗补偿费 | 2.0 |
| 3 | 已通过工程验收的供水管爆裂修复费 | 0.5 |
| 4 | 建设单位采购的已运至现场的水泥损失费 | 3.5 |
| 5 | 建筑安装工程施工单位配备的停电时用于应急施工的发电机修复费 | 0.2 |
| 6 | 停工期间施工作业人员窝工费 | 8.0 |
| 7 | 停工期间必要的留守管理人员工资 | 1.5 |
| 8 | 现场清理费 | 0.3 |
| 合计 | | 21.0 |

事件3：施工过程中，总监理工程师发现施工单位刚开始采用的一项新工艺，未向项目监理机构报审。

事件4：在施工时，装修工程施工单位发现图纸错误，导致装修工程局部无法正常进行，虽然不会影响总工期，但造成了工人窝工等损失。装修工程施工单位向项目监理机构提出变更设计和费用索赔的申请。

**问题：**

1. 逐条指出事件1中监理单位是否应采纳建设单位提出的要求，分别说明理由。

2. 事件2中发生的经济损失分别由谁承担？建筑安装工程施工单位总共可获得费用补偿为多少万元？工程延期要求是否成立？

3. 写出总监理工程师对事件3的处理程序。

4. 根据《建设工程监理规范》的规定，写出事件4中项目监理机构处理变更设计和费用索赔的程序。

**答案：**

1.（本小题4.0分）

①的要求不应采纳。理由：以获得国家级工程质量奖项作为投标人必须满足的条件，属于以不合理的条件限制或排斥投标人。（1.0分）

②的要求不应采纳。理由：招标人不得非法限制或排斥外地区的投标人。（1.0分）

③的要求不应采纳。理由：招标人不得以所有制形式限制或排斥投标人。（1.0分）

④的要求应采纳。理由：安全生产许可证是施工企业组织施工必备证件。（1.0分）

2. （本小题6.0分）

（1）损失承担

1）建设单位承担：①施工单位采购的已运至现场待安装的设备修理费5.0万元；②已通过工程验收的供水管爆裂修复费0.5万元；③建设单位采购的已运至现场的水泥损失费3.5万元；④停工期间必要的留守管理人员工资1.5万元；⑤现场清理费0.3万元。（2.5分）

2）施工单位承担：①现场施工人员受伤医疗补偿费2.0万元；②施工单位配备的停电时用于应急的发电机修复费0.2万元；③停工期间施工作业人员窝工费8.0万元。（1.5分）

（2）可获得费用补偿为：5.0+0.5+3.5+1.5+0.3=10.8（万元）。（1.0分）

（3）工程延期要求成立。（1.0分）

3. （本小题4.0分）

（1）征得建设单位同意后，由总监理工程师签发《工程暂停令》。（1.0分）

（2）要求施工单位报送相应的施工工艺措施和证明材料。（1.0分）

（3）专业监理工程师审查合格后，由总监理工程师予以签认，必要时，可要求施工单位组织专题论证。（1.0分）

（4）征得建设单位同意后，由总监理工程师签发《工程复工令》。（1.0分）

4. （本小题11.0分）

（1）处理设计变更的程序：

①由总监理工程师组织专业监理工程师审查设计变更申请。（1.0分）

②审查同意后，通过建设单位转交原设计单位编制设计变更文件。（1.0分）

③收到设计变更文件后，对工程变更的费用和工期进行评估。（1.0分）

④总监理工程师就费用和工期评估情况与建设单位、施工单位协商。（1.0分）

⑤协商一致后，会签工程变更单。（1.0分）

⑥对工程变更的实施过程进行监督，实施结果进行验收。（1.0分）

（2）处理费用索赔的程序：

①受理施工单位提交的费用索赔意向通知书。（1.0分）

②收集与索赔有关的资料。（1.0分）

③受理施工单位提交的费用索赔报审表。（1.0分）

④审查费用索赔报审表。（1.0分）

⑤与建设单位、施工单位协商一致后，总监理工程师在施工合同约定的期限内签发《费用索赔报审表》，并报建设单位。（1.0分）

## 案例十七

【2008年试题四】

某实施监理工程，按照施工总承包合同约定，建设单位负责空调设备和部分工程材料的采购，施工总承包单位选择桩基施工和设备安装两家分包单位。

在施工过程中，发生如下事件：

事件1：在桩基施工时，专业监理工程师发现桩基施工单位与原申报批准的单位不一致。经调查，施工总承包单位为保证施工进度，擅自增加了一家桩基施工分包单位。

事件2：专业监理工程师对使用商品混凝土的现浇结构验收时，发现施工现场混凝土试块的强度不合格，拒绝签字。施工单位认为，建设单位提供的商品混凝土质量存在问题。经法定检测机构对现浇结构的实体进行检测，结果为商品混凝土质量不合格。

事件3：空调设备安装前，监理人员发现，建设单位与空调设备供货单位签订的合同中包括该设备的安装工作。经了解，建设单位认为供货单位具备设备安装资质，所以在直接征得设备安装分包单位书面同意后，与设备供货单位签订了供货和安装合同。

事件4：在给水管道验收时，专业监理工程师发现部分管道渗漏。经查，是由于设备安装单位使用的密封材料存在质量缺陷所致。

**问题：**

1. 写出项目监理机构对事件1的处理程序。

2. 针对事件2中现浇结构的质量问题，建设单位、监理单位和施工总承包单位是否应承担责任？说明理由。

3. 事件3中，分别指出建设单位和设备安装分包单位做法的不妥之处，说明理由，并写出正确做法。

4. 写出专业监理工程师对事件4中质量缺陷的处理程序。

**答案：**

1.（本小题4.0分）

（1）征得建设单位同意后，由总监理工程师向施工总承包单位签发《工程暂停令》，要求其停止新增桩基施工分包单位的施工。（1.0分）

（2）要求施工总承包单位提交新增桩基施工分包单位的《分包单位资格报审表》，并附相关资质材料。（1.0分）

（3）总监理工程师组织专业监理工程师对新增桩基施工分包单位的资格进行审查，如符合要求，由总监理工程师签认，并征得建设单位同意后，签发《工程复工令》。（1.0分）

（4）如审查不合格，指令施工总承包单位将该新增桩基分包单位立即退场，对其已施工的桩基工程进行鉴定验收，如存在质量问题，指令施工总承包单位整改。（1.0分）

2.（本小题4.5分）

（1）建设单位应承担责任。（0.5分）

理由：建设单位提供的商品混凝土质量不合格。（1.0分）

（2）监理单位不应承担责任。（0.5分）

理由：发现试块的强度不合格，拒绝签字，已经履行了监理职责。（1.0分）

（3）施工总承包单位不应承担责任。（0.5分）

理由：商品混凝土的强度在使用前是不能确定的，商品混凝土由建设单位采购，其质量不合格应由建设单位承担责任。（1.0分）

3.（本小题5.0分）

（1）建设单位做法的不妥之处：在直接征得设备安装分包单位书面同意后，与设备供货单位签订了供货和安装合同。（0.5分）

理由：建设单位与设备供货单位签订的合同中包括安装内容，已构成违约。（1.0分）

正确做法：要求监理单位对设备供货单位的安装资质进行审查；如符合要求，再通过监理单位与施工总承包单位协商。（1.0 分）

（2）安装分包单位做法的不妥之处：安装分包单位书面同意建设单位的要求。（0.5 分）

理由：安装分包单位与建设单位没有合同关系。（1.0 分）

正确做法：建设单位提出要求时，立即报告施工总承包单位。（1.0 分）

4.（本小题 3.0 分）

（1）向施工总承包单位签发《监理通知单》。（1.0 分）

（2）要求施工总承包单位指令安装单位整改。（1.0 分）

（3）对整改方案进行确认，对处理过程进行跟踪，对处理结果进行验收。（1.0 分）

# 案例十八

## 【2007 年试题二】

政府投资的某工程，监理单位承担了施工招标代理和施工监理任务。该工程采用无标底公开招标方式选定施工单位。工程实施中发生了下列事件。

事件 1：工程施工招标时，A、B、C、D、E、F、G 共 7 家投标单位通过资格预审，并在投标截止时间前提交了投标文件。评标时，发现 A 投标单位的投标文件虽加盖了公章，但没有投标单位法定代表人的签字，只有法定代表人授权书中被授权人的签字（招标文件中对是否可由被授权人签字没有具体规定）；B 投标单位的投标报价明显高于其他投标单位的投标报价，分析其原因是施工工艺落后造成的；C 投标单位以招标文件规定的工期 380 天作为投标工期，但在投标文件中明确表示如果中标，合同工期按定额工期 400 天签订；D 投标单位投标文件中的总价金额汇总有误。

事件 2：经评标委员会评审，推荐 G、F、E 投标单位为前 3 名中标候选人。在中标通知书发出前，建设单位要求监理单位分别找 G、F、E 投标单位重新报价，以价格低者为中标单位，按原投标报价签订施工合同后，建设单位与中标单位再以新报价签订协议书作为实际履行合同的依据。监理单位认为建设单位的要求不妥，并提出了不同意见，建设单位最终接受了监理单位的意见，确定 G 投标单位为中标单位。

事件 3：开工前，总监理工程师组织召开了第一次工地会议，并要求 G 单位及时办理施工许可证，确定工程水准点、坐标控制点，按政府有关规定及时办理施工噪声和环境保护等相关手续。

事件 4：开工前，设计单位组织召开了设计交底会，会议结束后，总监理工程师整理了一份《设计修改建议书》，提交给设计单位。

事件 5：施工开始前，G 单位向专业监理工程师报送了《施工测量成果报验表》，并附有测量放线控制成果及保护措施。专业监理工程师复核了控制桩的校核成果和保护措施后即予以签认。

**问题：**

1. 分别指出事件 1 中 A、B、C、D 投标单位的投标文件是否有效？说明理由。

2. 事件 2 中，建设单位的要求违反了招标投标有关法规的哪些具体规定？

3. 指出事件 3 中总监理工程师做法的不妥之处，并写出正确做法。
4. 指出事件 4 中设计单位和总监理工程师做法的不妥之处，并写出正确做法。
5. 事件 5 中，专业监理工程师还应检查、复核哪些内容？

**答案：**

1.（本小题 4.0 分）

（1）A 单位的投标文件有效。（0.5 分）
理由：招标文件对此没有规定的，法定代表人的授权人签字有效。（0.5 分）
（2）B 单位的投标文件有效。（0.5 分）
理由：报价明显高于其他投标单位的报价没有违反招标文件的规定。（0.5 分）
（3）C 单位的投标文件无效。（0.5 分）
理由：附有招标人无法接受的条件。（0.5 分）
（4）D 单位的投标文件有效。（0.5 分）
理由：投标人明显计算错误的，评标委员会可以要求该投标人澄清补正。（0.5 分）

2.（本小题 3.0 分）

（1）确定中标人前，招标人不得要求投标人变更投标文件实质性内容。（1.0 分）
（2）招标人与中标人按照招标文件和中标人的投标文件订立书面合同后，不得再行订立背离合同实质性内容的其他协议。（2.0 分）

3.（本小题 3.0 分）

（1）不妥之一：总监理工程师组织召开第一次工地会议。（0.5 分）
正确做法：由建设单位组织召开第一次工地会议。（0.5 分）
（2）不妥之二：要求施工单位办理施工许可证。（0.5 分）
正确做法：由建设单位办理施工许可证。（0.5 分）
（3）不妥之三：要求施工单位及时确定水准点与坐标控制点。（0.5 分）
正确做法：由建设单位确定水准点与坐标控制点。（0.5 分）

4.（本小题 2.0 分）

（1）不妥之一：设计单位组织召开交底会。（0.5 分）
正确做法：由建设单位组织召开设计交底会。（0.5 分）
（2）不妥之二：总监理工程师直接向设计单位提交《设计修改建议书》。（0.5 分）
正确做法：总监理工程师应提交给建设单位，由建设单位转交给设计单位。（0.5 分）

5.（本小题 2.0 分）

（1）检查施工单位专职测量人员的岗位证书及测量设备检定证书。（1.0 分）
（2）复核施工平面控制网、高程控制网和临时水准点的测量成果。（1.0 分）

## 案例十九

**【2006 年试题二】**

某工程，建设单位和施工单位按《建设工程施工合同（示范文本）》签订了施工合同，在施工合同履行过程中发生如下事件。

事件1：工程开工前，总监理工程师主持召开了第一次工地会议。会上，总监理工程师宣布了建设单位对其的授权，并对召开工地例会提出了要求。会后，项目监理机构起草了会议纪要，由总监理工程师签字后分发给有关单位，总监理工程师主持编制了监理规划，报送建设单位。

事件2：施工中，由于施工单位遗失工程某部位设计图纸，施工人员凭经验施工，现场监理员发现时，该部位的施工已经完毕。监理员报告了总监理工程师，总监理工程师到现场后，指令施工单位暂停施工，并报告建设单位。建设单位要求设计单位对该部位结构进行核算。经设计单位核算，该部位结构能够满足安全和使用功能的要求，设计单位电话告知建设单位，可以不作处理。

事件3：由于事件2的发生，项目监理机构认为施工单位未按图施工，该部位工程不予计量；施工单位认为停工造成了工期拖延，向项目监理机构提出了工程延期申请。

事件4：主体结构施工时，由于发生不可抗力事件，造成工程材料损坏，导致经济损失和工期拖延，施工单位按程序提出了工期和费用索赔。

事件5：施工单位为了确保安装质量，在施工组织设计原定检测计划的基础上，又委托一家检测单位加强安装过程的检测。安装工程结束时，施工单位要求项目监理机构支付其增加的检测费用，但被总监理工程师拒绝。

**问题：**

1. 指出事件1中的不妥之处，并写出正确做法。

2. 指出事件2中的不妥之处，并写出正确做法。该部位结构是否可以验收？为什么？

3. 事件3中，项目监理机构对该部位工程不予计量是否正确？说明理由。项目监理机构是否应该批准工程延期申请？为什么？

4. 事件4中，施工单位提出的工期和费用索赔是否成立？为什么？

5. 事件5中，总监理工程师的做法是否正确？为什么？

**答案：**

1. （本小题4.0分）

（1）不妥之一："总监理工程师主持召开第一次工地会议"。（0.5分）

正确做法：第一次工地会议应由建设单位主持。（0.5分）

（2）不妥之二："总监理工程师宣布建设单位对其的授权"。（0.5分）

正确做法：应由建设单位宣布对监理单位的授权。（0.5分）

（3）不妥之三："会议纪要由总监理工程师签字后分发给有关单位"。（0.5分）

正确做法：会议纪要由各方会签后分发。（0.5分）

（4）不妥之四："会后总监理工程师主持编制了监理规划，报送建设单位"。（0.5分）

正确做法：监理规划应在第一次工地会议前编制和报送。（0.5分）

2. （本小题6.5分）

（1）不妥之一：施工人员凭经验施工。（0.5分）

正确做法：图纸遗失后，立即报告项目监理机构，建设单位代为复制后，施工人员方可进行施工。（1.0分）

（2）不妥之二：监理员向总监理工程师汇报。（0.5分）

正确做法：监理员应向专业监理工程师汇报，专业监理工程师再向总监理工程师汇报无

图施工情况。 (1.0分)

(3) 不妥之三：设计单位电话告知建设单位。 (0.5分)

正确做法：设计单位应以书面形式通知建设单位可以不做处理。 (1.0分)

(4) 该部位结构可以验收。 (1.0分)

理由：经设计单位核算，该部位结构能够满足安全和使用功能的要求。 (1.0分)

3.（本小题3.0分）

(1) 不正确。 (0.5分)

理由：设计单位核算后认为结构能够满足安全和使用功能的要求，该部位可以进行质量验收，可以进行质量验收的部位应予以计量。 (1.0分)

(2) 不应批准工程延期。 (0.5分)

理由：无图施工导致停工是施工单位应承担的责任。 (1.0分)

4.（本小题3.0分）

(1) 工期索赔成立。 (0.5分)

理由：不可抗力导致工期损失应由建设单位承担。 (1.0分)

(2) 费用索赔成立。 (0.5分)

理由：不可抗力导致工程材料损坏应由建设单位承担。 (1.0分)

5.（本小题2.0分）

总监理工程师的做法正确。 (1.0分)

理由：为确保安装质量而采取的各类措施费用均已包含在合同价内。 (1.0分)

## 案例二十

### 【2005年试题五】

某工程，建设单位委托监理单位承担施工阶段和工程质量保修期的监理工作，建设单位与施工单位按《建设工程施工合同（示范文本）》签订了施工合同。基坑支护施工中，项目监理机构发现施工单位采用了一项新技术，未按已批准的施工技术方案施工。项目监理机构认为本工程使用该项新技术存在安全隐患，总监理工程师下达了《工程暂停令》，同时报告了建设单位。

施工单位认为该项新技术通过了有关部门的鉴定，不会发生安全问题，仍继续施工。于是监理机构报告了建设行政主管部门。施工单位在建设行政主管部门干预下才暂停了施工。

施工单位复工后，就此事引起的损失向监理机构提出索赔。建设单位也认为项目监理机构"小题大做"，致使工程延期，要求监理单位对此承担相应责任。

该工程施工完成后，施工单位按竣工验收的规定，向建设单位提交了竣工验收报告，建设单位未及时验收。在施工单位提交竣工验收报告后第45天时发生台风，致使工程已安装的门窗玻璃部分损坏。建设单位要求施工单位对损坏的门窗玻璃进行无偿修复，施工单位不同意无偿修复。

问题：

1. 指出施工单位做法的不妥之处，并说明理由。

2. 指出建设单位做法的不妥之处，并说明理由。

3. 对施工单位采用新的基坑支护施工方案，项目监理机构还应做哪些工作？

4. 施工单位不同意无偿修复是否正确？为什么？工程修复时监理工程师的主要工作内容有哪些？

**答案：**

1. （本小题4.5分）

（1）不妥之一：未按已批准的施工技术方案施工。（0.5分）

理由：施工单位应按已批准的施工技术方案组织施工，若采用新技术，其相关资料应经项目监理机构审批。（1.0分）

（2）不妥之二：总监理工程师下达《工程暂停令》后，施工单位仍继续施工。（0.5分）

理由：施工单位应当执行总监理工程师下达的《工程暂停令》。（1.0分）

（3）不妥之三：施工单位复工后，就此事引起的损失向监理机构提出索赔。（0.5分）

理由：采用新技术未经项目监理机构审查批准是施工单位应承担的责任。（1.0分）

2. （本小题4.5分）

（1）不妥之一：要求监理单位对此承担相应责任。（0.5分）

理由：监理单位已履行了监理职责，停工的责任在施工单位。（1.0分）

（2）不妥之二：不及时组织竣工验收。（0.5分）

理由：建设单位应当在收到竣工报告后的28天内组织竣工验收。（1.0分）

（3）不妥之三：要求施工单位对门窗玻璃进行无偿修复。（0.5分）

理由：建设单位在收到竣工报告后的28天内未组织竣工验收，自第29天起应承担一切意外风险导致工程的损失。（1.0分）

3. （本小题5.0分）

（1）要求施工单位报送新技术的相关资料及基坑支护施工方案。（1.0分）

（2）由总监理工程师组织专业监理工程师审查相关资料。（1.0分）

（3）必要时，要求施工单位组织专题论证。（1.0分）

（4）经审查、论证可行，总监理工程师签认。（1.0分）

（5）如施工方案不可行，要求施工单位仍按原批准的施工方案组织施工。（1.0分）

4. （本小题5.5分）

（1）正确。（0.5分）

理由：建设单位在收到竣工报告后的28天内未组织竣工验收，视为竣工报告已被认可，自第29天起一切意外风险导致工程的损失均由建设单位承担。（1.0分）

（2）工作内容：

①与施工单位共同清点损坏门窗玻璃的数量。（1.0分）

②对修复工程的费用进行评估后，与建设单位、施工单位进行协商。（1.0分）

③对修复过程进行监督检查，对修复结果进行验收，合格后予以签认。（1.0分）

④签署《工程款支付证书》，并报送建设单位。（1.0分）

# 案例二十一

## 【2004 年试题一】

某政府投资项目，建设单位通过招标选择了一具有相应资质的监理单位承担施工招标代理和施工阶段监理工作，并在监理中标通知书发出后第 45 天，与该监理单位签订了委托监理合同，之后双方又另行签订了一份监理酬金比监理中标价降低 10% 的协议。

在施工公开招标中，有 A、B、C、D、E、F、G、H 等施工单位报名投标，在资格预审中，经资格审查委员会审查均符合要求，但建设单位以 A 施工单位是外地企业为由不同意其参加投标，而监理单位坚持认为 A 施工单位有资格参加投标。

评标委员会由 5 人组成，其中当地建设行政管理部门的招标投标管理办公室主任 1 人、建设单位代表 1 人、政府提供的专家库中抽取的技术经济专家 3 人。

评标时发现，B 施工单位投标报价明显低于其他投标单位报价且未能合理说明理由；D 施工单位投标报价大写金额小于小写金额；F 施工单位投标文件提供的检验标准和方法不符合招标文件的要求；H 施工单位投标文件中某分项工程的报价有个别漏项；其他施工单位的投标文件均符合招标文件要求。

建设单位最终确定 G 施工单位中标，并按照《建设工程施工合同（示范文本）》与该施工单位签订了施工合同。工程按期进入安装调试阶段后，由于雷电引发了一场火灾。火灾结束后 48 小时内，G 施工单位向项目监理机构通报了火灾损失情况：工程本身损失 150 万元；总价值 100 万元的待安装设备彻底报废；G 施工单位人员烧伤所需医疗费及补偿费预计 15 万元，租赁的施工设备损坏赔偿 10 万元；其他单位临时停放在现场的一辆价值 25 万元的汽车被烧毁。另外，大火扑灭后，G 施工单位停工 5 天，造成其他施工机械闲置损失 2 万元及必要的管理保卫人员费用支出 1 万元，并预计工程所需清理、修复费用 20 万元，损失情况经项目监理机构审核属实。

**问题：**

1. 指出建设单位在监理招标和委托监理合同签订过程中的不妥之处，并说明理由。

2. 在招标资格预审中，监理单位认为 A 施工单位有资格参加投标是否正确？说明理由。

3. 指出施工招标评标委员会组成的不妥之处，并说明理由、写出正确做法。

4. 判别 B、D、F、H 四家施工单位的投标是否为有效标？说明理由。

5. 安装调试阶段发生的这场火灾是否属于不可抗力？指出建设单位和 G 施工单位应各自承担哪些损失或费用（不考虑保险因素）？

**答案：**

1. （本小题 3.0 分）

（1）不妥之一：“在监理中标通知书发出后第 45 天签订委托监理合同”。　（0.5 分）

理由：招标人与中标人应当在中标通知书发出后的 30 天内签订书面合同。　（1.0 分）

（2）不妥之二：“在签订委托监理合同后双方又另行签订了一份监理酬金比监理中标价降低 10% 的协议”。　（0.5 分）

理由：招标人和中标人依据招标文件和中标人的投标文件签订书面合同后，不得再另行

订立背离合同实质性内容的其他协议。（1.0分）

2.（本小题1.5分）

监理单位认为A施工单位有资格参加投标是正确的。（0.5分）

理由：A施工单位经资格预审符合要求，建设单位不得非法限制外地区、外系统的施工单位参加投标。（1.0分）

3.（本小题3.0分）

（1）不妥之一："当地建设行政管理部门的招标投标管理办公室主任1人"。（0.5分）

理由：政府监督部门的工作人员不得担任评标委员会委员。（0.5分）

正确做法：更换招标投标管理办公室主任。（0.5分）

（2）不妥之二："评标委员会由5人组成，技术经济专家3人"。（0.5分）

理由：评标委员会组成中，技术经济专家不得少于成员总数的2/3。（0.5分）

正确做法：在政府的专家名册中，再行随机抽取1名技术经济专家，替换招标投标管理办公室主任。（0.5分）

4.（本小题6.0分）

（1）B施工单位的投标为无效标。（0.5分）

理由：B施工单位投标报价明显低于其他投标单位报价且未能合理说明理由，评标委员会可以认定为低于其成本报价，作无效标处理。（1.0分）

（2）D施工单位的投标为有效标。（0.5分）

理由：D施工单位投标报价大写金额小于小写金额，以大写金额为准。（1.0分）

（3）F施工单位的投标为无效标。（0.5分）

理由：F施工单位投标文件提供的检验标准和方法不符合招标文件的要求，属于重大偏差，作无效标处理。（1.0分）

（4）H施工单位的投标为有效标。（0.5分）

理由：H施工单位投标文件中某分项工程的报价有个别漏项属于细微偏差，细微偏差不影响投标文件的有效性。（1.0分）

5.（本小题5.5分）

（1）安装调试阶段发生的火灾属于不可抗力。（1.0分）

（2）建设单位应承担的费用包括：

①工程本身损失150万元。（0.5分）

②待安装设备的损失100万元。（0.5分）

③其他单位临时停放在现场的汽车损失25万元。（0.5分）

④工程所需清理和修复费用合计20万元。（0.5分）

⑤必要的管理保卫人员费用支出1万元。（0.5分）

⑥停工5天的工期损失。（0.5分）

（3）G施工单位应承担的费用包括：

①G施工单位人员烧伤所需医疗费及补偿费预计15万元。（0.5分）

②租赁的施工设备损坏赔偿10万元。（0.5分）

③其他施工机械闲置损失2万元。（0.5分）

# 案例二十二

## 【2004 年试题四】

某实施监理的工业项目，通过招标，建设单位选择了甲、乙施工单位分别承担 A、B 标段工程的施工，并按照《建设工程施工合同（示范文本）》分别和甲、乙施工单位签订了施工合同。建设单位与乙施工单位在合同中约定，B 标段所需的部分设备由建设单位采购。乙施工单位按照正常的程序将 B 标段的安装工程分包给丙施工单位。

在施工过程中，发生了如下事件。

事件 1：建设单位在采购 B 标段的锅炉设备时，设备生产厂商提出由自己的施工队伍进行安装更能保证质量，建设单位便与设备生产厂商签订了供货和安装合同，并通知了监理单位和乙施工单位。

事件 2：总监理工程师根据现场反馈信息及质量记录分析，对 A 标段某部位隐蔽工程的质量有怀疑，随即指令甲施工单位暂停施工，并要求剥离检验。甲施工单位称：该部位隐蔽工程在隐蔽前已经专业监理工程师验收，若剥离检验，监理单位需赔偿由此造成的损失，并相应延长工期。

事件 3：专业监理工程师对 B 标段进场的配电设备进行检验时，发现由建设单位采购的某设备不合格，建设单位对该设备进行了更换，从而导致丙施工单位停工。因此，丙施工单位致函监理单位，要求补偿其被迫停工所遭受的损失并延长工期。

**问题：**

1. 请画出建设单位开始设备采购之前，该项目各主体之间的合同关系图。

2. 在事件 1 中，建设单位将设备交由厂商安装的做法是否正确？为什么？

3. 在事件 1 中，若乙施工单位同意由该设备生产厂商的施工队伍安装该设备，监理单位应该如何处理？

4. 在事件 2 中，总监理工程师的做法是否正确？为什么？试分析剥离检验的可能结果及总监理工程师相应的处理方法。

5. 在事件 3 中，丙施工单位的索赔要求是否应该向监理单位提出？为什么？总监理工程师对该索赔事件应如何处理。

**答案：**

1. （本小题 2.0 分）

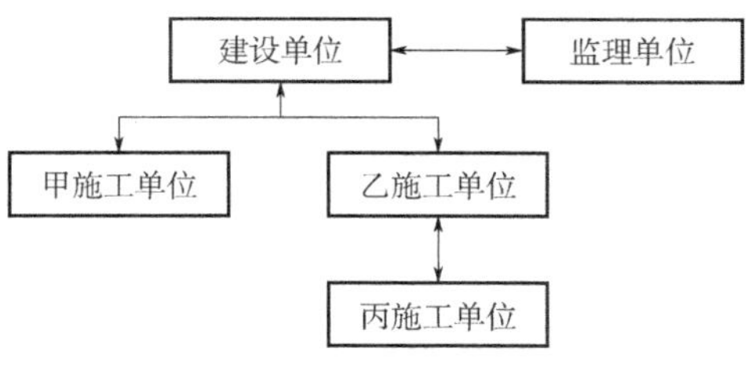


2. （本小题 1.5 分）

不正确。（0.5 分）

理由：建设单位与乙施工单位签订的合同中已包含锅炉设备安装的内容，建设单位另行发包锅炉设备安装已经构成违约。（1.0分）

3.（本小题3.0分）

（1）监理单位应对厂商的资格进行审查。（1.0分）

（2）如符合要求，协助建设单位变更与乙施工单位签订的合同。（1.0分）

（3）如不符合要求，协助建设单位变更与设备生产厂家签订的合同。（1.0分）

4.（本小题5.0分）

（1）总监理工程师的做法正确。（0.5分）

理由：总监理工程师有权要求施工单位对已经隐蔽的部位重新检验。（1.0分）

（2）重新检验质量合格的，建设单位承担由此发生的费用，延误的工期相应顺延，并支付合理的利润。（1.5分）

（3）重新检验质量不合格的，指令施工单位整改，自检合格后重新验收，由此增加的费用由施工单位承担，延误的工期不予顺延。（2.0分）

5.（本小题5.5分）

（1）不应向监理单位提出。（0.5分）

理由：丙施工单位与建设单位没有合同关系。（1.0分）

（2）处理程序：

①要求乙施工单位受理丙施工单位提出的索赔。（1.0分）

②审查乙施工单位提交的索赔资料，并进行现场核查。（1.0分）

③初步确定费用和工期索赔额度后，与乙施工单位和建设单位协商。（1.0分）

④协商一致后，由总监理工程师对索赔签字确认，并上报建设单位审批。（1.0分）

# 案例二十三

## 【2003年试题二】

某实施监理的工程，建设单位采用公开招标方式选定承包单位。在招标文件中对省内与省外投标人提出了不同的资格要求，并规定2002年10月30日为投标截止时间。甲、乙等多家承包单位参加投标，乙承包单位11月5日方提交投标保证金。11月3日招标办主持举行了开标会议。但本次招标由于招标人原因导致招标失败。

建设单位重新招标后确定甲承包单位中标，并签订了施工合同。施工开始后，建设单位要求提前竣工，并与甲承包单位协商签订了书面协议，写明了甲承包单位为保证施工质量采取的措施和建设单位应支付的赶工费用。施工过程中发生了混凝土工程质量事故，经调查组技术鉴定，认为是甲承包单位为赶工拆模过早，混凝土强度不足造成。该事故未造成人员伤亡，但导致直接经济损失148万元。

质量事故发生后，建设单位以甲承包单位的行为与投标书中的承诺不符，不具备履约能力，又不可能保证提前竣工为由，提出终止合同。甲承包单位认为事故是因建设单位要求赶工引起，不同意终止合同。建设单位按合同约定提请仲裁，仲裁机构裁定终止合同，甲承包单位决定向具有管辖权的法院提起诉讼。

**问题：**

1. 指出该工程招标投标过程中的不妥之处，并说明理由。招标人招标失败造成投标单位损失是否应给予补偿？说明理由。

2. 上述质量事故发生后，在事故调查前，总监理工程师应做哪些工作？

3. 上述质量事故的调查应由谁组织？监理单位是否应参加调查组？说明理由。

4. 上述质量事故的技术处理方案应由谁提出？技术处理方案核签后，总监理工程师应完成哪些工作？

5. 建设单位与甲承包单位所签协议是否具有与施工合同相同的法律效力？说明理由。具有管辖权的法院是否可依法受理甲承包单位诉讼请求？为什么？

**答案：**

1. （本小题6.0分）

不妥之处：

①不妥之一：对省内与省外投标人提出了不同的资格要求。（0.5分）

理由：招标人不得对潜在投标人实行歧视待遇。（1.0分）

②不妥之二：投标截止时间与开标时间不同。（0.5分）

理由：开标应当在投标截止时间的同一时间公开进行。（1.0分）

③不妥之三：招标办主持开标会。（0.5分）

理由：开标会议应由招标人主持。（1.0分）

④不妥之四：乙承包单位11月5日方提交投标保证金。（0.5分）

理由：投标保证金应在投标截止时间前提交。（1.0分）

2. （本小题2.0分）

（1）签发《工程暂停令》指令承包单位停止相关部位的施工。（1.0分）

（2）要求承包单位立即采取措施防止损失扩大，并保护现场。（1.0分）

3. （本小题4.0分）

（1）应由县级人民政府组织事故调查组进行事故调查。（1.0分）

理由：该事故未造成人员伤亡，直接经济损失未达到1000万元，属一般质量事故，应由县级人民政府组织事故调查组进行事故调查。（1.0分）

（2）监理单位应该参加。（1.0分）

理由：该事故是由于承包单位为赶工拆模过早造成的。（1.0分）

4. （本小题4.0分）

（1）该质量事故的技术处理方案应由承包单位提出。（1.0分）

（2）总监理工程师应完成的工作有：

①要求承包单位按技术处理方案对发生质量事故的工程部位进行处理。（1.0分）

②对技术处理方案的实施过程进行监督。（1.0分）

③对技术处理方案的实施结果组织验收。（1.0分）

5. （本小题3.0分）

（1）具有法律效力。（0.5分）

理由：施工中双方签订的补偿协议是合同的组成部分。（1.0 分）

（2）不予受理。（0.5 分）

理由：合同中已经约定了仲裁。（1.0 分）

# 案例二十四

【2003 年试题六】

监理单位承担了某工程的施工阶段监理任务，该工程由甲施工单位总承包。甲施工单位选择了经建设单位同意并经监理单位进行资质审查合格的乙施工单位作为分包。施工过程中发生了以下事件。

事件 1：专业监理工程师在熟悉图纸时，发现基础工程部分设计内容不符合国家有关工程质量标准和规范，总监理工程师随即致函设计单位要求改正并提出更改建议方案。设计单位研究后，口头同意了监理工程师的更改方案，总监理工程师随即将更改的内容写成监理指令通知甲施工单位执行。

事件 2：施工过程中，专业监理工程师发现乙施工单位施工的分包工程部分存在质量隐患，为此，总监理工程师同时向甲、乙两施工单位发出了整改通知。甲施工单位回函称：乙施工单位施工的工程是经建设单位同意进行分包的，所以本单位不承担质量责任。

事件 3：专业监理工程师在现场巡视时发现，甲施工单位在施工中使用了未经报验的建筑材料，若继续施工，该部位将被隐蔽。因此，立即向甲施工单位下达了暂停施工的指令（因甲施工单位的工作对乙施工单位有影响，乙施工单位也被迫停工）。同时，指示甲施工单位将该材料进行检验，并报告了总监理工程师。总监理工程师对该工序停工予以确认，并在合同约定的时间内报告了建设单位。检验报告出来后，证实材料合格，可以使用，总监理工程师随即指令甲施工单位恢复了正常施工。

事件 4：乙施工单位就上述停工自身遭受的损失向甲施工单位提出补偿要求，而甲施工单位称：此次停工系执行监理工程师的指令，乙施工单位应向建设单位提出索赔。

事件 5：对上述施工单位的索赔，建设单位称：本次停工系监理工程师失职造成，且事前未征得建设单位同意，因此，建设单位不承担任何责任，由于停工造成施工单位的损失应由监理单位承担。

**问题：**

1. 请指出事件 1 中总监理工程师行为的不妥之处，并说明理由。总监理工程师应如何正确处理？

2. 事件 2 中，甲施工单位的答复是否妥当？为什么？总监理工程师签发的整改通知是否妥当？为什么？

3. 专业监理工程师是否有权签发本次《工程暂停令》？为什么？下达《工程暂停令》的程序有无不妥之处？请说明理由。

4. 甲施工单位的说法是否正确？为什么？乙施工单位的损失应由谁承担？

5. 建设单位的说法是否正确？为什么？

**答案：**

1. （本小题7.0分）

（1）不妥之一：总监理工程师致函设计单位要求改正并提出更改建议方案。（0.5分）

理由：对设计图纸中的问题，应通过建设单位要求设计单位改正。（1.0分）

（2）不妥之二：设计单位口头同意了监理工程师的更改方案，总监理工程师随即将更改的内容写成监理指令通知甲施工单位执行。（0.5分）

理由：接到建设单位转交的设计变更图纸后，方可指令甲施工单位执行。（1.0分）

（3）总监理工程师处理：

①报告建设单位，通过建设单位要求设计单位编制设计变更文件。（1.0分）

②接到设计变更文件后，对变更工程的费用和工期进行评估，并与建设单位、施工单位进行协商。（1.0分）

③协商一致后，各方会签工程变更单。（1.0分）

④对变更工程的实施过程进行监督检查。（1.0分）

2. （本小题3.0分）

（1）甲施工单位的答复不妥当。（0.5分）

理由：总承包单位与分包单位就分包工程的质量承担连带责任。（1.0分）

（2）总监理工程师签发的整改通知不妥当。（0.5分）

理由：乙施工单位是分包单位，只能向甲施工单位签发整改通知单。（1.0分）

3. （本小题4.0分）

（1）无权签发《工程暂停令》。（0.5分）

理由：只能由总监理工程师签发《工程暂停令》。（1.0分）

（2）程序有不妥之处。（0.5分）

理由：专业监理工程师应报告总监理工程师，征得建设单位同意后，由总监理工程师签发《工程暂停令》；指令甲施工单位恢复正常施工前，也应征得建设单位同意。（2.0分）

4. （本小题2.5分）

（1）甲施工单位的说法不正确。（0.5分）

理由：乙施工单位与建设单位没有合同关系，并且停工的原因在甲施工单位。（1.0分）

（2）乙施工单位的损失应由甲施工单位承担。（1.0分）

5. （本小题1.5分）

不正确。（0.5分）

理由：指令施工单位停工是监理工程师在履行监理职责。（1.0分）

# 案例二十五

## 【2002年试题二】

某监理公司中标承担某项目施工监理及设备采购监理工作，该项目由A设计单位设计总承包、B施工单位施工总承包，其中幕墙工程的设计和施工任务分包给具有相应设计和施工资质的C公司，土方工程分包给D公司，主要设备由业主采购。

该项目总监理工程师组建了直线职能制监理组织机构，并分析了参建各方的关系，画出如下示意图。

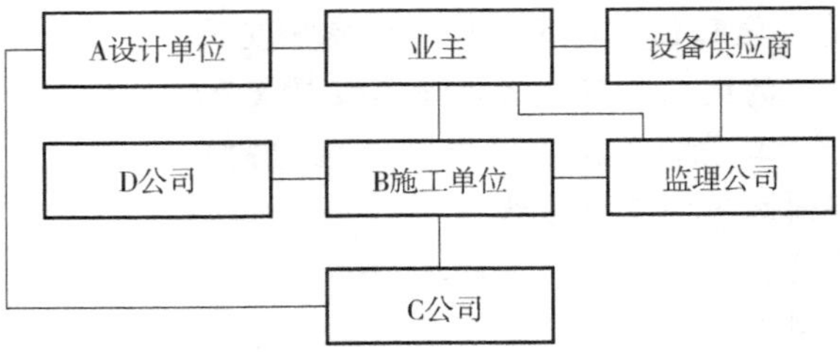


在工程的施工准备阶段，总监理工程师审查了施工总承包单位现场项目管理机构的质量管理体系和技术管理体系，并指令专业监理工程师审查施工分包单位的资格，分包单位为此报送了企业营业执照和资质等级证书两份资料。

**问题：**

1. 请画出直线职能制监理组织机构示意图，并说明在监理工作中这种组织形式容易出现的问题。

2. 在工程建设各方关系示意图上，标注各方之间关系（凡属合同关系的，按《合同法》注明是何种合同关系）。

3. C公司能否在幕墙工程变更设计单上以设计单位的名义签认？为什么？

4. 总监理工程师对总承包单位质量管理体系和技术管理体系的审查应侧重什么内容？

5. 专业监理工程师对分包单位进行资格审查时，分包单位还应提供哪些资料？

**答案：**

1.（本小题5.0分）

（1）绘图：（3.0分）

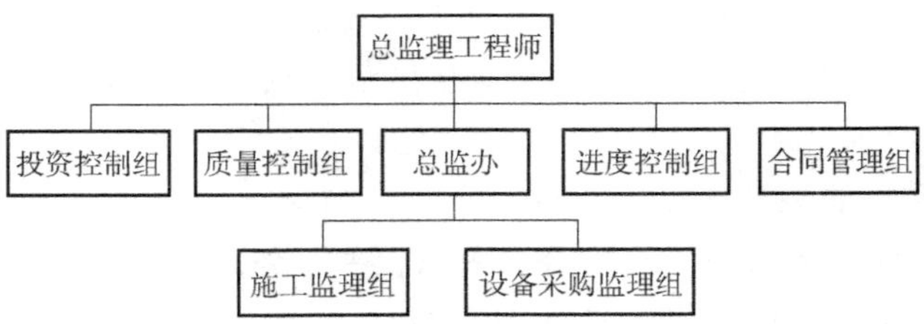


（2）易出现的问题：

职能部门与指挥部门易产生矛盾，信息传递路线长，不利于互通情报。（2.0分）

2.（本小题3.0分）

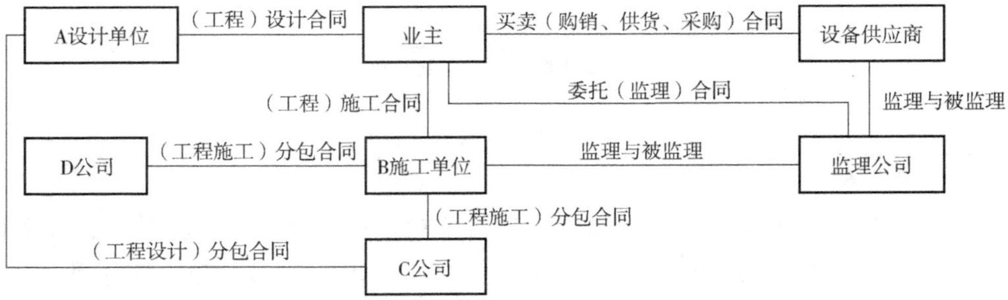

3. （本小题2.0分）

C公司不能在幕墙工程变更设计单上以设计单位的名义签认。（1.0分）

理由：C公司为设计分包单位，设计变更应通过设计总承包单位A办理。（1.0分）

4. （本小题4.0分）

应侧重审查：组织机构、管理制度、专职管理人员和特种作业人员的资格证、上岗证。

5. （本小题3.0分）

（1）安全生产许可证。（1.0分）

（2）专职管理人员和特种作业人员的资格证、上岗证。（1.0分）

（3）类似工程的业绩。（1.0分）

# 案例二十六

## 【2002年试题四】

某监理公司承担了一体育馆施工阶段（包括施工招标）的监理任务。经过施工招标，业主选定A工程公司为中标单位。在施工合同中双方约定：A工程公司将设备安装、配套工程和桩基工程的施工分别分包给B、C、D三家专业工程公司，业主负责采购设备。

该工程在施工招标和合同履行过程中发生了如下事件。

事件1：施工招标过程中共有6家公司竞标。其中F工程公司的投标文件在招标文件要求提交投标文件的截止时间后半小时送达；G工程公司的投标文件未密封。

事件2：桩基工程施工完毕，已按国家有关规定和合同约定做了检测验收。监理工程师怀疑其中5号桩的混凝土质量有问题，建议业主采用钻孔取样的方法进一步检验；D公司不配合，总监理工程师要求A公司给予配合，A公司以桩基是D公司施工为由拒绝配合。

事件3：桩的钻孔取样检验合格，A公司要求监理公司承担由此发生的全部费用，赔偿其窝工损失，并顺延所影响的工期。

事件4：业主采购的配套工程设备提前进场，A公司派人参加开箱清点，并向监理工程师提交因此增加的保管费支付申请。

事件5：C公司在配套工程设备安装过程中，发现附属工程设备材料库中部分配件丢失，要求业主重新采购供货。

**问题：**

1. 事件1中，评标委员会是否应该对这两家公司的投标文件进行评审？为什么？
2. 事件2中，A公司的做法是否妥当？为什么？
3. 事件3中，A公司的要求是否合理？为什么？
4. 事件4中，监理工程师是否应予以签认？为什么？
5. 事件5中，C公司的要求是否合理？为什么？

**答案：**

1. （本小题4.0分）

（1）不应对F工程公司的投标文件进行评审。（1.0分）

理由：投标截止时间后送达的投标文件，招标人应当拒收。（1.0分）

（2）不应对G工程公司的投标文件进行评审。（1.0分）

理由：未按照招标文件的要求予以密封的投标文件，招标人应当拒收。（1.0分）

2.（本小题3.0分）

A公司的做法不妥。（1.0分）

理由：工程分包不能解除承包人应承担的合同义务，总承包单位与分包单位就分包工程的质量承担连带责任。（2.0分）

3.（本小题3.0分）

A公司的要求不合理。（1.0分）

理由：施工单位所受的损失应向监理单位提出，而不是由监理单位承担。（2.0分）

4.（本小题3.0分）

应予以签认。（1.0分）

理由：业主供应的材料设备提前进场导致保管费用增加，应由业主承担。（2.0分）

5.（本小题3.0分）

C公司的要求不合理。（1.0分）

理由：C公司作为分包单位与业主没有合同关系，不能与业主发生工作关系，并且配件丢失的责任在分包单位。（2.0分）

# 案例二十七

【2001年试题二】

某工程项目采用预制钢筋混凝土管桩基础，业主委托某监理单位承担施工招标及施工阶段的监理任务。因该工程涉及土建施工、沉桩施工和管桩预制，所以业主对工程发包提出两种方案：一种是采用平行发包模式，即土建、沉桩、管桩制作分别发包；另一种是采用总分包模式，即由土建施工单位总承包，沉桩施工及管桩制作列入总承包范围再分包。

**问题：**

1. 施工招标阶段，监理单位的主要工作内容有哪几项？

2. 如果采用施工总分包模式，监理工程师应从哪些方面对分包单位进行管理？主要手段是什么？

3. 对管桩生产企业的资质考核在上述两种发包模式下，各应在何时进行？考核的主要内容是什么？

4. 在平行发包模式下，管桩运抵施工现场，沉桩施工单位可否视其为“甲供构件”？为什么？如何组织检查验收？

5. 如果现场检查出管桩不合格或管桩生产企业延期供货，对正确施工进度造成影响，试分析在上述两种发包模式下，可能会出现哪些主体之间的索赔？

**答案：**

1.（本小题4.0分）

（1）协助业主编制施工招标文件。（0.5分）

（2）协助业主编制标底。（0.5分）

(3) 发布招标公告。 (0.5分)

(4) 组织资格预审。 (0.5分)

(5) 组织标前会议。 (0.5分)

(6) 组织现场踏勘。 (0.5分)

(7) 组织开标、评标、定标。 (0.5分)

(8) 协助业主签约。 (0.5分)

2. (本小题3.5分)

(1) 管理的主要内容:

①审查施工总承包单位提交的分包人的资格。 (0.5分)

②通过施工总承包单位要求分包人参加相关施工会议。 (0.5分)

③检查分包人的施工设备、人员。 (0.5分)

④检查分包人的工程施工材料、作业质量。 (0.5分)

(2) 主要手段:

①对分包人违反合同规范的行为可指令总承包人停止分包施工。 (0.5分)

②对质量不合格的工程拒签与之有关的支付。 (0.5分)

③建议总承包人撤换分包单位。 (0.5分)

3. (本小题3.5分)

(1) 平行发包时在招标阶段组织考核;总分包模式下,在分包工程开工前考核。 (2.0分)

(2) 主要内容:①大证;②小证;③看业绩。 (1.5分)

4. (本小题4.0分)

(1) 可视为“甲供构件”。 (1.0分)

理由:沉桩单位与管桩生产企业无合同关系。 (1.0分)

(2) 应由监理工程师组织沉桩单位、管桩生产企业共同检查管桩质量、数量是否符合合同要求。 (2.0分)

5. (本小题3.0分)

(1) 在平行发包模式下:

①沉桩单位与业主之间的索赔。 (0.5分)

②土建施工单位与业主之间的索赔。 (0.5分)

③管桩生产企业与业主之间的索赔。 (0.5分)

(2) 在总分包发包模式下:

①业主与土建施工单位之间的索赔。 (0.5分)

②土建施工单位与管桩生产企业之间的索赔。 (0.5分)

③土建施工单位与沉桩单位之间的索赔。 (0.5分)

## 案例二十八

【2000年试题六】

某写字楼建设项目,业主委托某监理单位进行施工阶段(包括施工招标)监理。

该工程邀请甲、乙、丙三家施工企业进行总价投标，评标采用四项指标综合评分法。四项指标及权重分别为：业绩与信誉为0.10，施工管理能力为0.15，施工组织设计合理性为0.25，投标报价为0.50。各项指标均以100分为满分。

投标报价的评定方法如下：

（1）计算投标企业报价的平均值：$C_{平均}$=报价之和/企业个数。

（2）计算评标基准价格：$C_{基准}=0.6C_0+0.4C_{均}$（$C_0$为项目标底价格）。

（3）计算投标企业报价离差：$X=$（报价$-C_{基准}$）$/C_{基准}\times100\%$。

（4）按下式确定投标企业的投标报价得分$P$：

$$P=\begin{cases}100-400|X| & \text{当 } X>3\% \text{ 时}\\ 100-300|X| & \text{当 } 0<X\leqslant3\% \text{ 时}\\ 100 & \text{当 } X=0 \text{ 时}\\ 100-100|X| & \text{当 } -5\%\leqslant X<0 \text{ 时}\\ 100-200|X| & \text{当 } X<-5\% \text{ 时}\end{cases}$$

根据开标结果，该工程标底为5760万元。甲企业投标报价5689万元，乙企业投标报价5828万元，丙企业投标报价5709万元。

已知投标企业的其他指标得分见下表。

| 评标指标 | 甲投标企业 | 乙投标企业 | 丙投标企业 |
|---|---|---|---|
| 业绩与信誉 | 92 | 90 | 85 |
| 施工管理能力 | 96 | 90 | 80 |
| 施工组织设计 | 90 | 92 | 78 |
| 投标报价 |  |  | 99.24 |

**问题：**

1. 计算甲、乙两家投标企业的投标报价得分。

2. 计算各投标企业的综合评分，并确定第一中标候选人。

**答案：**

1.（本小题12.0分）

（1）投标企业报价的平均值为：(5689+5828+5709)/3=5742（万元）。（2.0分）

（2）评价标准价格为$C=0.6\times5760+0.4\times5742=5752.8$（万元）。（2.0分）

（3）报价离差：

①$X_{甲}=(5689-5752.8)/5752.8\times100\%=-1.11\%$。（2.0分）

②$X_{乙}=(5828-5752.8)/5752.8\times100\%=1.31\%$。（2.0分）

（4）报价得分：

$P_{甲}=100-100\times1.11\%=98.89$（分）。（2.0分）

$P_{乙}=100-300\times1.31\%=96.07$（分）。（2.0分）

2.（本小题8.0分）

（1）甲企业：$0.10\times92+0.15\times96+0.25\times90+0.5\times98.89=95.55$（分）。（2.0分）

（2）乙企业：$0.10\times90+0.15\times90+0.25\times92+0.5\times96.07=93.54$（分）。（2.0分）

（3）丙企业：0.10×85+0.15×80+0.25×78+0.5×99.24=89.62（分）。　（2.0 分）

第一中标候选人为甲投标企业。　（2.0 分）

# 案例二十九

## 【1999 年试题二】

某港口的码头工程，在施工设计图纸没有完成前，业主通过招标选择了一家总承包单位承包该工程的施工任务。由于设计工作尚未完成，承包范围内待实施的工程虽然性质明确，但工程量还难以确定，双方商定拟采用总价合同形式签订施工合同，以减少双方的风险。施工合同签订前，业主委托了一家监理单位拟协助业主签订施工合同和进行施工阶段监理。监理工程师查看了业主（建设方）和施工单位（乙方）草拟的施工合同条件，发现合同中有以下一些条款：

（1）乙方按监理工程师批准的施工组织设计或施工方案组织施工，乙方不应承担因此引起的工期延误和费用增加的责任。

（2）建设方向乙方提供施工场地的工程地质和地下主要管网线路资料，供乙方参考使用。

（3）乙方不能将工程转包，但允许分包，也允许分包单位将分包的工程再次分包给其他施工单位。

（4）监理工程师应当对乙方提交的施工组织设计进行审批或提出修改意见。

（5）无论监理工程师是否参加隐蔽工程的验收，当其提出对已经隐蔽的工程重新检验的要求时，乙方应按要求进行剥露，并在检验合格后重新进行覆盖或者修复。检验如果合格，建设方承担由此发生的经济支出，赔偿乙方的损失并相应顺延工期。检验如果不合格，乙方则应承担发生的费用，工期不予顺延。

（6）乙方按协议条款约定的时间应向监理工程师提交实际完成工程量的报告。监理工程师接到报告 3 天内按乙方提供的实际完成的工程量报告核实工程量（计量）并在计量 24 小时前通知乙方。

**问题：**

1. 业主与施工单位选择的总价合同形式是否恰当？为什么？

2. 请逐条指出以上合同条款中的不妥之处，应如何改正？

3. 若检验工程质量不合格，应对影响工程质量的哪些主要因素进行分析？

**答案：**

1.（本小题 2.0 分）

不恰当。　（1.0 分）

理由：设计工作尚未完成，工程量不能准确计算，签订总价合同对双方的风险较大，应采用单价合同。　（1.0 分）

2.（本小题 10.5 分）

（1）的不妥之处："乙方不应承担因此引起的工期延误和费用增加的责任"。　（0.5 分）

改正：乙方应承担因施工组织设计或施工方案本身的缺陷而引起的工期延误和费用增加

的责任。（1.0分）

或：监理工程师对施工组织设计方案或施工方案的批准，不能解除乙方在施工合同中的任何合同责任和义务。

(2) 的不妥之处："建设方向乙方提供资料，供乙方参考使用"。（0.5分）

改正：建设方应保证工程地质和地下主要管网线路资料的真实、准确、齐全。（1.0分）

(3) 的不妥之处：

①"乙方不能将工程转包，但允许分包"。（0.5分）

改正：主体工程不能分包，其他分部分项工程可以分包。（1.0分）

②"允许分包单位将分包的工程再次分包给其他施工单位"。（0.5分）

改正：分包单位不得将分包工程再次分包。（1.0分）

(4) 的不妥之处："监理工程师应当对施工组织设计进行审批"。（0.5分）

改正：乙方应在开工前向监理工程师提交《施工组织设计报审表》附施工组织设计及相关资料。（1.0分）

(5) 的不妥之处："检验如果合格，建设方承担由此发生的经济支出，赔偿乙方的损失并相应顺延工期"。（0.5分）

改正：如果检验合格，建设方承担由此发生的费用，延误的工期相应顺延，并向乙方支付合理的利润。（1.0分）

(6) 的不妥之处："按乙方提供的实际完成的工程量报告核实工程量"。（0.5分）

改正：监理工程师依据设计图纸，对乙方完成的质量合格工程进行计量。（1.0分）

3.（本小题2.5分）

(1) 施工人员。（0.5分）

(2) 施工机械。（0.5分）

(3) 工程材料。（0.5分）

(4) 施工方法。（0.5分）

(5) 施工环境。（0.5分）

# 案例三十

## 【1999年试题五】

某单位为解决职工住房，新建一座住宅楼，地上20层地下2层，钢筋混凝土剪力墙结构，业主与施工单位、监理单位分别签订了施工合同、监理合同。施工单位（总承包单位）将土方开挖、外墙涂料与防水工程分别分包给专业性公司，并签订了分包合同。

施工合同中说明：建筑面积为21586$m^2$，建设工期为450天，1996年9月1日开工，1997年12月26日竣工，工程造价为3165万元。

合同约定结算方法：合同价款调整范围为业主认定的工程量增减、设计变更和洽商以及外墙涂料、防水工程的材料费。调整依据为本地区工程造价管理部门公布的价格调整文件。

合同履行过程中发生下述几种情况。

事件1：总承包单位于8月25日进场，进行开工前的准备工作。原订9月1日开工，因业主办理伐树手续而延误至6日才开工，总承包单位要求工期顺延6天。

事件2：土方公司在基础开挖中遇有地下文物，采取了必要的保护措施。为此，总承包单位请土方公司向业主要求索赔。

事件3：在基础回填过程中，总承包单位已按规定取土样，试验合格。监理工程师对填土质量表示异议，责成总承包单位再次取样复验，结果合格。总承包单位要求监理单位支付试验费。

事件4：总承包单位对混凝土搅拌设备的加水计量器进行改进研究，在本公司实验室内进行试验，改进成功用于本工程，总承包单位要求此项试验费由业主支付。

事件5：结构施工期间，总承包单位经总监理工程师同意，更换了原项目经理，组织管理一度失调，导致封顶时间延误8天。总承包单位以总监理工程师同意为由，要求给予适当工期补偿。

事件6：监理工程师检查厕浴间防水工程，发现有漏水房间，逐一记录并要求防水公司整改。防水公司整改后向监理工程师进行了口头汇报，监理工程师即签证认可。事后发现仍有部分房间漏水，需进行返工。

事件7：在做屋面防水时，经中间检查发现施工不符合设计要求，防水公司也自认为难以达到合同规定的质量要求，就向监理工程师提出终止合同的书面申请。

事件8：在进行结算时，总承包单位根据投标书，要求外墙涂料费用按发票价计取，业主认为应按合同条件中约定计取，为此发生争议。

**问题：**

1. 事件1的要求是否成立？根据是什么？
2. 事件2的此种做法是否正确？为什么？
3. 事件3的支付要求是否正确？为什么？
4. 事件4中，监理工程师是否应予批准？为什么？
5. 事件5中，总监理工程师是否应予批准？为什么？
6. 事件6中，返修的经济损失由谁承担？监理工程师有什么错误？
7. 事件7中，监理工程师应如何协调处理？
8. 事件8中，监理工程师应支持哪种意见？为什么？

**答案：**

1.（本小题2.0分）

总承包单位要求工期顺延6天不成立。（1.0分）

理由：尽管伐树手续延误是非施工单位原因造成的，但工期只延误5天。（1.0分）

2.（本小题2.0分）

不正确。（1.0分）

理由：土方公司为分包单位，与业主没有合同关系。（1.0分）

3.（本小题2.0分）

不正确。（1.0分）

理由：总承包单位应向监理单位提出，要求业主支付试验费。（1.0分）

4.（本小题2.0分）

不应批准。（1.0分）

理由：施工单位的改进研究不是业主应承担的责任事件。（1.0 分）

5. （**本小题** 2.0 分）

不应批准。（1.0 分）

理由：组织管理一度失调是总承包单位应承担的责任。（1.0 分）

6. （**本小题** 3.0 分）

（1）返修的经济损失由防水公司承担。（1.0 分）

（2）错误之处：

①“要求防水公司整改”。（1.0 分）

②“防水公司口头汇报后，监理工程师即签证认可”。（1.0 分）

7. （**本小题** 3.0 分）

（1）拒绝接受分包单位的申请。（1.0 分）

（2）要求总承包单位受理，并与分包单位协商。（1.0 分）

（3）要求总承包单位对不合格工程提交处理方案，并进行返工处理。（1.0 分）

8. （**本小题** 2.0 分）

应支持业主意见。（1.0 分）

理由：合同协议书的效力优于投标书。（1.0 分）

# 案例三十一

**【1998 年试题二】**

某项工程建设项目，业主与施工单位按《建设工程施工合同（示范文本）》签订了工程施工合同，工程未进行投保。在工程施工过程中，遭受暴风雨不可抗力的袭击，造成了相应的损失，施工单位及时向监理工程师提出索赔要求，并附索赔有关的资料和证据。索赔报告的基本要求如下：

①遭暴风雨袭击是因非施工单位原因造成的损失，故应由业主承担赔偿责任。

②给已建分部工程造成破坏，损失计 18 万元，应由业主承担修复的经济责任。

③施工单位人员因此灾害数人受伤，医疗费用和补偿金总计 3 万元，业主应给予赔偿。

④施工单位正在使用的机械受到损坏，造成损失 8 万元，由于现场停工造成台班费损失 4.2 万元，业主应负担赔偿和修复的经济责任。工人窝工费 3.8 万元，业主应予支付。

⑤因暴风雨造成现场停工 8 天，要求合同工期顺延 8 天。

**问题：**

1. 监理工程师接到施工单位提交的索赔申请后，应进行哪些工作？（请详细分条列出）

2. 不可抗力发生后的损失承担的原则是什么？对施工单位提出的要求如何处理？（请逐条回答）

**答案：**

1. （**本小题** 5.0 分）

（1）审核承包人的索赔申请。（1.0 分）

（2）对索赔资料进行现场核对。（1.0 分）

（3）剔除不合理部分，保留合理部分。（1.0分）

（4）将费用索赔和工期索赔的审核结果提交业主审批。（1.0分）

（5）根据业主的审批结果，签发费用索赔审批表和工期延期审批表。（1.0分）

2.（本小题11.0分）

（1）不可抗力风险承担原则：

①工程本身的损害、因工程损害导致第三方人员伤亡和财产损失以及运至施工场地用于施工的材料和待安装的设备的损害，由发包人承担。（1.0分）

②承发包双方人员的伤亡损失，分别由各自负责。（1.0分）

③承包人机械设备损坏及停工损失，由承包人承担。（1.0分）

④停工期间，承包人应工程师要求留在施工场地的必要管理人员及保卫人员的费用由发包人承担。（1.0分）

⑤工程所清理、修复费用，由发包人承担。（1.0分）

⑥延误的工期相应再次顺延。（1.0分）

（2）处理方法：

①按风险分担的原则处理。（1.0分）

②应予批准。（1.0分）

③不应批准。（1.0分）

④不应批准。（1.0分）

⑤应予批准。（1.0分）

# 案例三十二

## 【1997年试题五】

由于承包商不具备防水施工技术，故合同约定：地下防水工程可以分包。在承包商尚未确定防水分包单位的情况下，业主代表为保证工期和工程质量，自行选择了一家专门承包防水施工业务的施工单位，承担防水工程施工任务（尚未签订正式合同），并书面通知总监理工程师和承包商，已确定分包单位进场时间，要求配合施工。

**问题：**

1. 指出以上哪些做法不妥？说明理由。

2. 总监理工程师接到业主通知后应如何处理？

**答案：**

1.（本小题4.5分）

（1）不妥之一：业主代表自行选择了一家专门承包防水施工业务的施工单位。（0.5分）

理由：应由总承包单位选择专业防水分包单位。（1.0分）

（2）不妥之二：尚未签订正式合同，已确定分包单位进场时间。（0.5分）

理由：签订正式合同后，方可确定分包单位进场时间。（1.0分）

（3）不妥之三：要求配合施工。（0.5分）

理由：总监理工程师与分包单位不能发生直接的工作关系，承包商与分包单位的关系是管理与被管理的工作关系。（1.0分）

2.（本小题5.0分）

（1）总监理工程师接到业主通知后，首先，签发该分包意向无效的书面监理通知，尽可能采取措施阻止分包单位进场，避免问题进一步复杂化。（1.0分）

（2）应及时与业主沟通，明确指定分包属于违法行为，暂停该防水单位进场。（1.0分）

（3）与承包商协商是否同意该防水单位作为分包单位。（1.0分）

（4）如承包商同意，则要求承包商提交分包单位资格报审表及相关资料，审查合格后由总监理工程师签署意见。（1.0分）

（5）如承包商不同意，建议业主由承包商另行选择合格的分包单位。（1.0分）

# 第三部分

# 质量与安全

## 案例一

**【2022 年试题二回忆版】**

某工程，实施过程中发生如下事件。

事件 1：项目监理机构收到施工单位报送的施工控制测量成果报验表后，安排监理员检查、复核报验表所附的测量设备检定证书、高程控制网和临时水准点的测量成果等内容，并签署意见。

事件 2：建设单位对施工单位正在使用的保温材料质量提出质疑，立刻指令施工单位暂停施工。经复检，保温材料的质量符合要求。为此，施工单位向项目监理机构提交了暂停施工造成的人员窝工及机械闲置的费用索赔申请。

事件 3：项目监理机构审查施工单位提交的混凝土预制板厚度检测数据报告时，发现施工单位绘制的 2、5、7、11 四个月的混凝土预制板厚度直方图属非正常型，如下图所示。

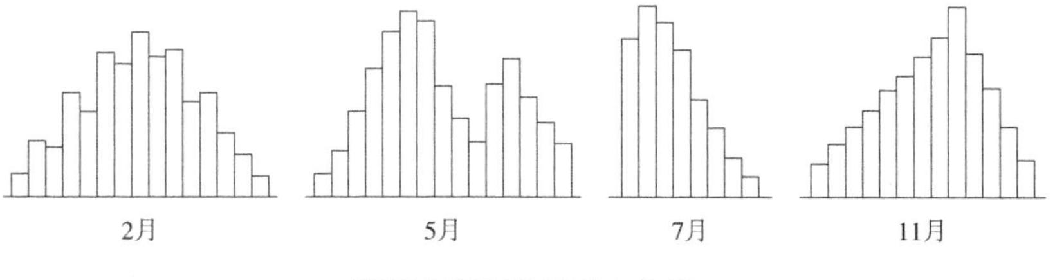


混凝土预制板厚度直方图

事件 4：总监理工程师检查项目监理机构整理的危险性较大分部分项工程安全管理档案时，发现只有监理实施细则、专项巡视检查的相关资料。为此，总监理工程师要求依据《危险性较大的分部分项工程安全管理规定》，补充完善安全管理档案所需资料。

**问题：**

1. 针对事件 1，指出项目监理机构的不妥之处，写出正确做法。项目监理机构对施工控制测量成果的检查、复测还应包括哪些内容？

2. 事件 2 中，建设单位的做法是否妥当？项目监理机构是否批准施工单位的索赔申请？分别说明理由。

3. 事件 3 中，2、5、7、11 四个月的直方图分别属于哪种非正常型？分别说明形成原因。

4. 针对事件 4，项目监理机构应补充哪些资料？

答案：

1.（本小题6.0分）

（1）不妥之处：

①不妥之一：安排监理员检查、复核。（0.5分）

理由：应由专业监理工程师检查、复核测量成果。（1.0分）

②不妥之二：监理员签署意见。（0.5分）

理由：应由专业监理工程师签署意见。（1.0分）

（2）还应包括：

①施工单位测量人员资格。（1.0分）

②平面控制网。（1.0分）

③控制桩的保护措施。（1.0分）

2.（本小题4.0分）

（1）建设单位的做法不妥当。（1.0分）

理由：建设单位的指令应当通过项目监理机构下达。（1.0分）

（2）项目监理机构应当批准施工单位的索赔申请。（1.0分）

理由：重新检验保温材料的质量符合质量要求，责任应当由建设单位承担。（1.0分）

3.（本小题8.0分）

（1）（2月份直方图属于）折齿型。（1.0分）

原因：分组组数不当或组距不当。（1.0分）

（2）（5月份直方图属于）双峰型。（1.0分）

原因：两种不同方法或设备或两组工人生产，数据混在一起整理产生。（1.0分）

（3）（7月份直方图属于）绝壁型。（1.0分）

原因：①数据收集不正常；②有意识去掉下限数据；③检测过程中人为因素。（1.0分）

（4）（11月份直方图属于）缓坡型。（1.0分）

原因：对上下限控制太严格。（1.0分）

4.（本小题2.0分）

①专项施工方案审查资料。（1.0分）

②验收及整改资料。（1.0分）

## 案例二

【2021年试题三】

事件1：为控制工程质量，项目监理机构巡视工作内容有：①施工单位现场管理人员到位情况；②特种作业人员持证上岗情况；③按批准施工组织设计施工情况。

事件2：监理人员巡视发现：①施工项目技术负责人兼任安全员；②本工程已完工的地下一层有工人居住；③正在使用的脚手架连墙件被拆除。

事件3：施工过程中，施工单位对现场拟用承重结构的钢筋取样试验后，报项目监理机构确认，监理人员确认后，通知施工单位报送检测机构。

事件4：项目监理机构收到施工单位提交的节能分部验收申请后，总监理工程师组织施工单位项目负责人和项目技术负责人验收，并检查以下内容：①所含分项质量是否符合规定；②有关安全、节能、环保和主要使用功能抽样结果是否符合规定。

**问题：**

1. 针对事件1，监理机构巡视还包括哪些内容？
2. 针对事件2，施工单位不妥之处，说明理由？
3. 针对事件3，指出不妥之处，写出正确做法？
4. 针对事件4，还有哪些人员参加验收，项目监理机构还应检查哪些内容？

**答案：**

1. （本小题6.0分）

（1）施工单位是否按工程设计文件、工程建设标准、（专项）施工方案施工。（3.0分）

（2）使用的工程材料、构配件和设备是否合格。（2.0分）

（3）施工质量管理人员是否到位。（1.0分）

2. （本小题6.0分）

（1）不妥之一：施工项目技术负责人兼任安全员。（1.0分）

理由：施工单位应当设立安全生产管理机构，配备专职安全生产管理人员。（1.0分）

（2）不妥之二：本工程已完工的地下一层有工人居住。（1.0分）

理由：施工单位不得在尚未竣工的建筑物内设置员工集体宿舍。（1.0分）

（3）不妥之三：正使用的脚手架连墙件被拆除。（1.0分）

理由：连墙件必须随脚手架逐层拆除，严禁将正在使用的脚手架拆除。（1.0分）

3. （本小题4.0分）

不妥之处：施工单位对现场拟用承重结构的钢筋取样试验后，报项目监理机构确认，监理人员确认后，通知施工单位报送检测机构。（2.0分）

正确做法：施工人员对承重结构的钢筋，应当在监理人员监督下现场取样、封样，并送具有相应资质等级的质量检测单位进行检测。（2.0分）

4. （本小题4.0分）

（1）参加人员：

①设计单位项目负责人。（1.0分）

②施工单位技术、质量部门负责人。（1.0分）

（2）检查内容：

①质量控制资料应当完整。（1.0分）

②观感质量应符合要求。（1.0分）

# 案例三

## 【2020年试题三】

某工程，甲施工单位按合同约定将开挖深度为5m的深基坑工程分包给乙施工单位。工程实施过程中发生如下事件。

事件1：乙施工单位编制的深基坑工程专项施工方案经项目经理审核签字后报甲施工单位审批，甲施工单位认为该深基坑工程已超过一定规模，要求乙施工单位组织召开专项施工方案专家论证会，并派甲施工单位技术负责人以论证专家身份参加专家论证会。

事件2：深基坑工程专项施工方案经专家论证，需要进行修改。乙施工单位项目经理根据专家论证报告中的意见对专项施工方案进行修改完善后立即组织实施。

事件3：监理人员在巡视中发现，主体混凝土结构表面存在严重蜂窝、麻面。经检测，混凝土强度未达到设计要求。总监理工程师向甲施工单位签发了《工程暂停令》，要求报送质量事故调查报告。

**问题：**

1. 根据《危险性较大的分部分项工程安全管理规定》，指出事件1中的不妥之处，写出正确做法。

2. 根据《危险性较大的分部分项工程安全管理规定》，指出事件2中的不妥之处，写出正确做法。

3. 针对事件3，根据《建设工程监理规范》，写出项目监理机构的后续处理程序。

**答案：**

1. （本小题8.0分）

（1）不妥之一：专项施工方案经项目经理审核签字后报甲施工单位审批。（1.0分）

正确做法：专项施工方案应当由乙施工单位技术负责人审核签字并加盖单位公章后，方可报甲施工单位审批。（1.0分）

（2）不妥之二：甲施工单位要求乙施工单位组织召开专家论证会。（1.0分）

正确做法：甲、乙施工单位技术负责人均应审核签字并加盖单位公章，报总监理工程师审查签字并加盖执业印章后，由甲施工单位组织召开专家论证会。（3.0分）

（3）不妥之三：甲施工单位技术负责人以专家身份参加专家论证会。（1.0分）

正确做法：甲施工单位技术负责人不得以专家身份参加专家论证会。（1.0分）

2. （本小题7.0分）

（1）不妥之一：专项施工方案经专家论证，需要进行修改。（1.0分）

正确做法：论证报告应当明确“修改后通过”，还是“不通过”需要修改。（1.0分）

（2）不妥之二：修改完善后立即组织实施。（1.0分）

正确做法：

①如论证报告结论为“修改后通过”，则乙施工单位修改完善，并履行相关审批手续后方可实施，修改情况及时告知专家。（2.0分）

②如论证报告结论为“不通过”需要修改，则由乙施工单位修改，重新履行相关审批手续，并重新由甲施工单位组织专家论证会。（2.0分）

3. （本小题5.0分）

（1）要求施工单位报送经设计单位认可的处理方案。（1.0分）

（2）审查施工单位报送的处理方案，认可后签字确认。（1.0分）

（3）对事故的处理过程和处理结果进行跟踪检查和验收。（1.0分）

（4）验收合格后，征得建设单位同意，由总监理工程师签发《工程复工令》。（1.0分）

（5）向建设单位提交质量事故的书面报告，并将事故处理记录整理归档。（1.0分）

# 案例四

## 【2019 年试题三】

某工程，实施过程中发生如下事件。

事件 1：项目监理机构收到施工单位报送的《分包单位资格报审表》后，审核了分包单位的营业执照和企业资质等级证书。

事件 2：总监理工程师怀疑施工单位正在加工的一批钢筋存在质量问题，要求施二单位停止加工，并按规定进行重新检验，重新检验结果表明该批钢筋质量合格。为此，施工单位向建设单位提交了钢筋重新检验导致的检验、人员窝工和机械闲置的费用索赔报告。建设单位认为发生上述费用是由于施工单位执行项目监理机构指令导致的，拒绝施工单位的费用索赔。

事件 3：专业监理工程师巡视时，发现已经验收合格并覆盖的隐蔽工程管道所在区域出现渗漏现象，遂要求施工单位对该隐蔽部位进行剥离、重新检验，施工单位以该隐蔽工程已经验收合格为由，拒绝剥离和重新检验。

事件 4：工程竣工验收后，施工单位向建设单位提交的工程质量保修书中所列的保修期限为：①地基基础工程和主体结构工程为设计文件规定的合理使用年限；②有防水要求的地下室及外墙面防渗漏为 3 年；③供热与供冷系统为 3 个采暖期、供冷期；④电气管线、给水排水管道工程为 1 年。

**问题：**

1. 针对事件 1，项目监理机构对分包单位资格审核还应包括哪些内容？

2. 针对事件 2，分别指出施工单位和建设单位的做法有什么不妥，并写出正确做法。

3. 针对事件 3，分别指出专业监理工程师和施工单位的做法是否妥当，并说明理由。

4. 针对事件 4，施工单位的做法是否妥当？写出正确做法。按照《建设工程质量管理条例》，逐条指出工程质量保修书中所列的保修期限是否妥当，并说明理由。

**答案：**

1. （本小题 4.0 分）

还应审查：

①安全生产许可文件。（1.0 分）

②类似工程业绩。（1.0 分）

③专职管理人员的资格。（1.0 分）

④特种作业人员的资格。（1.0 分）

2. （本小题 4.0 分）

（1）不妥之一：施工单位向建设单位提交费用索赔报告。（1.0 分）

正确做法：施工单位应当向项目监理机构提交索赔报告及相关证明材料。（1.0 分）

（2）不妥之二：建设单位拒绝施工单位的索赔要求。（1.0 分）

正确做法：隐蔽工程复验结果合格，建设单位应同意施工单位的索赔请求。（1.0 分）

3. （本小题3.0分）

（1）专业监理工程师做法妥当。（0.5分）

理由：项目监理机构对隐蔽工程质量有疑问时，有权要求剥离复验。（1.0分）

（2）施工单位的做法不妥当。（0.5分）

理由：施工单位不得拒绝项目监理机构的复验要求。（1.0分）

4. （本小题7.5分）

（1）不妥。（0.5分）

理由：施工单位在向建设单位提交工程竣工报告时，应同时提交质量保修书。（1.0分）

（2）

①妥当。（0.5分）

理由：地基基础工程和主体结构工程为设计文件规定的合理使用年限，符合《建设工程质量管理条例》的规定。（1.0分）

②不妥。（0.5分）

理由：根据《建设工程质量管理条例》的规定，有防水要求的地下室及外墙面防渗漏最低保修期限为5年。（1.0分）

③妥当。（0.5分）

理由：根据《建设工程质量管理条例》的规定，供热与供冷系统，最低保修期限为2个采暖期、供冷期。（1.0分）

④不妥。（0.5分）

理由：根据《建设工程质量管理条例》的规定，电气管线、给水排水管道工程最低保修期限为2年。（1.0分）

## 案例五

**【2018年试题二】**

某工程，实施过程中发生如下事件。

事件1：监理机构发现某分项工程混凝土强度未达到设计要求。经分析，造成该质量问题的主要原因有：①工人操作技能差；②砂石含泥量大；③养护效果差；④气温过低；⑤未进行施工交底；⑥搅拌机失修。

事件2：对于深基坑工程，项目经理将组织编写的专项施工方案直接报送项目监理机构审核的同时，即开始组织基坑开挖。

事件3：施工中发现地质情况与地质勘查报告不符，施工单位提出工程变更申请。项目监理机构审查后，认为该工程变更涉及设计文件修改，在提出审查意见后将工程变更申请报送建设单位。建设单位委托原设计单位修改了设计文件。项目监理机构收到修改的设计文件后，立即要求施工单位据此安排施工，并在施工前组织了设计交底。

事件4：建设单位收到某材料供应商的举报，称施工单位已用于工程的某批装饰材料为不合格产品。据此，建设单位立即指令施工单位暂停施工，指令项目监理机构见证施工单位对该批材料进行取样检测。经检测，该批材料为合格产品。为此，施工单位向项目监理机构提交了暂停施工后的人员窝工和机械闲置的费用索赔申请。

**问题：**

1. 针对事件1中的质量问题，绘制包含人员、机械、材料、方法、环境五大因果分析图，并将①～⑥项原因分别归入五大原因之中。

2. 指出事件2中的不妥之处，写出正确做法。

3. 指出事件3中项目监理机构做法的不妥之处，写出正确的处理程序。

4. 事件4中，建设单位的做法是否妥当？项目监理机构是否应批准施工单位提出的索赔申请？分别说明理由。

**答案：**

1. （本小题4.0分）

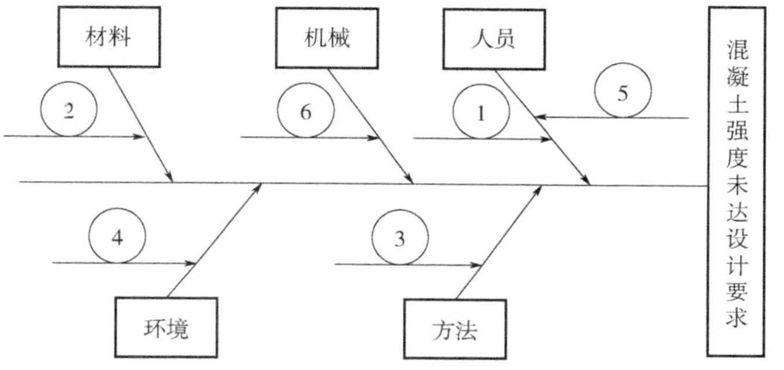


2. （本小题4.0分）

（1）不妥之一：项目经理将专项施工方案直接报送项目监理机构。（0.5分）

正确做法：专项施工方案编制完成后，首先报送施工单位技术负责人审核签字后，才能报送项目监理机构。（1.0分）

（2）不妥之二：专项施工方案报送的同时，即开始组织基坑开挖。（0.5分）

正确做法：深基坑专项施工方案必须组织专家论证后，由施工单位技术负责人签字、加盖公章和总监理工程师签字、加盖执业印章后，才能组织基坑开挖。（2.0分）

3. （本小题7.0分）

（1）不妥之一：收到修改的设计文件后，立即要求施工单位据此安排施工。（1.0分）

处理程序：

①收到修改的设计文件后，对变更工程的费用和工期进行评估。（1.0分）

②与建设单位、施工单位进行协商。（1.0分）

③会签工程变更单。（1.0分）

④对变更工程的实施进行监督。（1.0分）

（2）不妥之二：在施工前组织了设计交底。（1.0分）

处理程序：收到修改的设计文件后，参加建设单位组织的设计交底会。（1.0分）

4. （本小题5.0分）

（1）建设单位的做法不妥。（0.5分）

理由：在监理工作范围内，与施工合同有关的指令应通过项目监理机构下达；装饰材料是否进行见证取样检测由项目监理机构决定。（2.0分）

（2）应批准施工单位提出的索赔申请。（0.5分）

理由：该批装饰材料经检测合格，由此增加的费用由建设单位承担，延误的工期相应顺延，并向施工单位支付合理的利润。（2.0分）

# 案例六

## 【2018年试题三】

某工程，实施过程中发生如下事件。

事件1：为控制工程质量，项目监理机构确定的巡视内容包括：

①施工单位是否按工程设计文件进行施工。

②施工单位是否按批准的施工组织设计、(专项) 施工方案进行施工。

③施工现场管理人员，特别是施工质量管理人员是否到位。

事件2：专业监理工程师收到施工单位报送的施工控制测量成果报验表后，检查、复核了施工单位测量人员的资格证书及测量设备检定证书。

事件3：项目监理机构在巡视中发现，施工单位正在加工的一批钢筋未经报验，随即签发了《工程暂停令》，要求施工单位暂停钢筋加工，办理见证取样检测及完善报验手续。施工单位质检员对该批钢筋取样后将样品送至项目监理机构，项目监理机构确认样品后要求施工单位将试样送检测单位检验。

事件4：在质量验收时，专业监理工程师发现某设备基础的预埋件的位置偏差过大，即向施工单位签发了《监理通知单》要求整改。施工单位整改完成后电话通知项目监理机构进行检查，监理员检查确认整改合格后，即同意施工单位进行下道工序施工。

**问题：**

1. 针对事件1，项目监理机构对工程质量的巡视还应包括哪些内容？
2. 针对事件2，专业监理工程师还应检查、复核哪些内容？
3. 分别指出事件3中施工单位和项目监理机构做法的不妥之处，写出正确做法。
4. 分别指出事件4中施工单位和监理员做法的不妥之处，写出正确做法。

**答案：**

1. (本小题5.0分)

(1) 施工单位是否按工程建设标准施工。（1.0分）

(2) 使用的工程材料、设备和构 (配) 件是否合格。（3.0分）

(3) 特种作业人员是否持证上岗。（1.0分）

2. (本小题4.0分)

(1) 施工平面控制网、高程控制网和临时水准点的测量成果。（3.0分）

(2) 控制桩的保护措施。（1.0分）

3. (本小题7.0分)

(1) 施工单位：

①不妥之一：施工单位的钢筋未经报验，即开始加工。（0.5分）

正确做法：钢筋应按程序报验，经专业监理工程师审核签字后，方可加工。（1.0分）

②不妥之二：该批钢筋取样后将样品送至项目监理机构。 (0.5分)

正确做法：该批钢筋取样应由监理人员进行现场见证。 (1.0分)

(2) 监理机构：

①不妥之一：钢筋未经报验，随即签发了《工程暂停令》。 (0.5分)

正确做法：钢筋未经报验，应签发《监理通知单》。 (1.0分)

②不妥之二：确认样品后要求施工单位将试样送检测单位检验。 (0.5分)

正确做法：在监理人员的现场见证下，要求施工单位重新取样、封样、送检。(2.0分)

4. (本小题3.0分)

(1) 施工单位的不妥之处：整改完成后电话通知项目监理机构进行检查。 (0.5分)

正确做法：整改完成后，填写《监理通知回复单》，报送项目监理机构复查。 (1.0分)

(2) 监理员的不妥之处：监理员检查确认整改合格后，即同意下道工序施工。 (0.5分)

正确做法：监理员应报告专业监理工程师，经专业监理工程师检查确认整改合格后，方可允许施工单位进行下道工序施工。 (1.0分)

# 案例七

## 【2016年试题二】

某工程，实施过程中发生如下事件。

事件1：一批工程材料进场后，施工单位审查了材料供应商提供的质量证明文件，并按规定进行了检验，确认材料合格后，施工单位项目技术负责人在《工程材料、设备、构配件报审表》中签署意见后，连同质量证明文件一起报送项目监理机构审查。

事件2：工程开工后不久，施工项目经理与施工单位解除劳动合同后离职，致使施工现场的实际管理工作由项目副经理负责。

事件3：项目监理机构审查施工单位报送的分包单位资格报审材料时发现，其《分包单位资格报审表》附件仅附有分包单位的营业执照、安全生产许可证和类似工程业绩，随即要求施工单位补充报送分包单位的其他相关资格证明材料。

事件4：施工单位编制了高大模板工程的专项施工方案，并组织专家论证、审核后报送项目监理机构审批。总监理工程师审核签字后即交由施工单位实施。施工过程中，专业监理工程师巡视发现，施工单位未按专项施工方案组织施工，且存在安全事故隐患，便立刻报告了总监理工程师。总监理工程师随即与施工单位进行沟通，施工单位解释：为保证施工工期，调整了原专项施工方案中确定的施工顺序，保证不存在安全问题。总监理工程师现场察看后认可施工单位的解释，故未要求施工单位采取整改措施。结果，由于上述隐患导致发生了安全事故。

**问题：**

1. 指出事件1中施工单位的不妥之处，写出正确做法。
2. 针对事件2，项目监理机构和建设单位应如何处置？
3. 事件3中，施工单位还应补充报送分包单位的哪些资格证明材料？
4. 指出事件4中的不妥之处，写出正确做法。

**答案：**

1. （本小题3.0分）

（1）不妥之一：施工单位项目技术负责人在《工程材料、设备、构（配）件报审表》中签署意见。（0.5分）

正确做法：应由施工单位项目负责人在《工程材料、设备、构（配）件报审表》中签字。（1.0分）

（2）不妥之二：连同质量证明文件一起报送项目监理机构审查。（0.5分）

正确做法：除质量证明文件外，还应附工程材料清单和自检结果。（1.0分）

2. （本小题6.0分）

（1）项目监理机构处置：

①立即报告建设单位。（1.0分）

②签发《监理通知单》。（1.0分）

③要求施工单位重新委派项目经理。（1.0分）

（2）建设单位的处置：

①要求项目监理机构审查重新委派项目经理的资格条件。（1.0分）

②如审查合格，办理项目经理的变更手续。（1.0分）

③如审查不合格，通过监理机构要求施工单位重新委派资格合格的项目经理。（1.0分）

3. （本小题3.0分）

（1）企业资质等级证书。（1.0分）

（2）专职管理人员的资格证书。（1.0分）

（3）特种作业人员的资格证书。（1.0分）

4. （本小题9.5分）

（1）不妥之一：施工单位编制了高大模板工程的专项施工方案，并组织专家论证、审核后报送项目监理机构审批。（0.5分）

正确做法：高大模板工程的专项施工方案编制完成后、专家论证前，专项施工方案应当通过施工单位审核和总监理工程师审查。（2.0分）

（2）不妥之二：总监理工程师审核签字后即交由施工单位实施。（0.5分）

正确做法：施工单位依据专家论证报告修改完善高大模板工程专项施工方案后，应当由施工单位技术负责人审核签字、加盖单位公章，并由总监理工程师审查签字、加盖执业印章后方可实施。（2.0分）

（3）不妥之三：施工单位未按专项施工方案组织施工。（0.5分）

正确做法：施工单位应当严格按照经审查批准的专项施工方案组织施工。（1.0分）

（4）不妥之四：擅自调整了原专项施工方案中确定的施工顺序。（0.5分）

正确做法：高大模板工程的专项施工方案确需调整的，修改后的专项施工方案应当重新审核和论证。（1.0分）

（5）不妥之五：总监理工程师现场察看后认可施工单位的解释，故未要求施工单位采取整改措施。（0.5分）

正确做法：总监理工程师应签发《监理通知单》，要求施工单位整改。（1.0分）

# 案例八

## 【2016 年试题三】

某工程，实施过程中发生如下事件。

事件 1：工程开工前，施工项目部编制的施工组织设计经项目技术负责人签字并加盖项目经理部印章后，作为《施工组织设计/（专项）施工方案报审表》的附件报送项目监理机构，专业监理工程师审查签认后即交由施工单位实施。

事件 2：项目监理机构收到施工单位提交的地基与基础分部工程验收申请后，总监理工程师组织施工单位项目负责人和项目技术负责人进行了验收，并核查了下列内容：①该分部工程所含分项工程质量是否验收合格；②有关安全、节能、环境保护的材料和主要使用工程部位的抽样检验结果是否符合规定。

事件 3：主体结构工程施工过程中，项目监理机构对两种不同强度等级的预拌混凝土坍落度数分别进行统计，得到如下图所示的坍落度控制图。

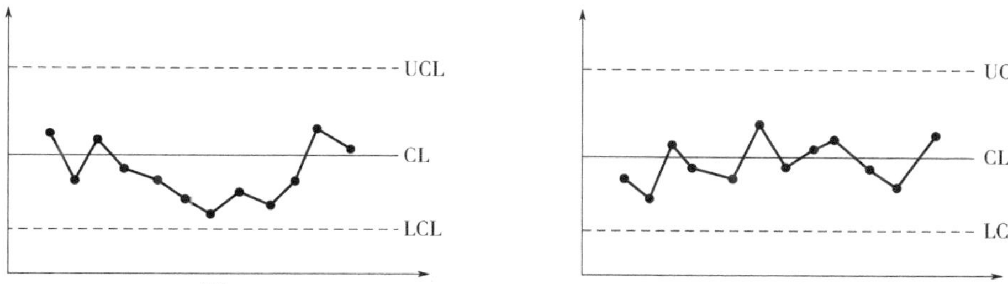


图a　　图b

事件 4：建设单位要求项目监理机构在整理监理文件资料后，将需归档保存的监理文件资料直接移交城建档案管理机构。

**问题：**

1. 指出事件 1 中的不妥之处，写出正确做法。

2. 针对事件 2，还有哪些人员应参加验收？验收核查的内容还应包括哪些？

3. 事件 3 中，根据预拌混凝土坍落度控制图，分别判断图 a、图 b 所示生产过程是否正常，并说明理由。

4. 指出事件 4 中建设单位要求的不妥之处，并写出监理文件资料归档的正确做法。

**答案：**

1.（本小题 6.0 分）

（1）不妥之一：施工组织设计经项目技术负责人签字并加盖项目经理部印章后，报送项目监理机构。（1.0 分）

正确做法：施工组织设计应经施工单位技术负责人审核签认并加盖施工单位公章后，与施工组织设计报审表一并报送项目监理机构。（2.0 分）

（2）不妥之二：专业监理工程师审查签认后即交由施工单位实施。（1.0 分）

正确做法：应由总监理工程师组织专业监理工程师进行审查。符合要求的，由总监理工程师签认后，报送建设单位。（2.0 分）

2.（本小题5.0分）

(1) 参加人员：

①设计单位项目负责人。（1.0 分）

②勘察单位项目负责人。（1.0 分）

③施工单位技术、质量部门负责人。（1.0 分）

(2) 核查内容：

①质量控制资料是否完整。（1.0 分）

②观感质量验收是否符合要求。（1.0 分）

3.（本小题4.0分）

图 a 异常。（1.0 分）

理由：连续 7 个点出现在中心线一侧。（1.0 分）

图 b 正常。（1.0 分）

理由：点随机排列。（1.0 分）

4.（本小题4.0分）

(1) 不妥之处：将需归档保存的监理文件资料直接移交城建档案管理机构。（1.0 分）

(2) 正确做法：监理文件资料整理完成后，项目监理机构向监理单位移交，监理单位向建设单位移交，建设单位汇总全部工程资料后向城建档案管理机构移交。（3.0 分）

## 案例九

### 【2015 年试题三】

某工程，施工过程中发生如下事件。

事件 1：项目监理机构收到施工单位报送的施工控制测量成果报验表后，安排监理员检查、复核报验表所附的测量人员资格证书、施工平面控制网和临时水准点的测量成果，并签署意见。

事件 2：施工单位在编制搭设高度为 28m 的脚手架工程专项施工方案的同时，项目经理即安排施工人员开始搭设脚手架，并兼任施工现场安全生产管理人员，总监理工程师发现后立即向施工单位签发了《监理通知单》，要求整改。

事件 3：在脚手架拆除过程中发生坍塌事故，造成施工人员 3 人死亡、5 人重伤、7 人轻伤。事故发生后，总监理工程师立即签发《工程暂停令》，并在 2 小时后向监理单位负责人报告了事故情况。

事件 4：由建设单位负责采购的一批钢筋进场后，施工单位发现其规格型号与合同约定不符，项目监理机构按程序对这批钢筋进行了处置。

**问题：**

1. 写出事件 1 中的不妥之处，说明理由。项目监理机构对施工控制测量成果的检查、复核还应包括哪些内容?

2. 指出事件2中施工单位做法的不妥之处，写出正确做法。

3. 指出事件2中总监理工程师做法的不妥之处，写出正确做法。

4. 根据《生产安全事故报告和调查处理条例》，确定事件3中的事故等级，并指出总监理工程师做法的不妥之处，写出正确做法。

5. 事件4中，项目监理机构应如何处置该批钢筋?

**答案:**

1. （本小题7.5分）

（1）不妥之处:

①不妥之一：安排监理员检查、复核。 (0.5分)

理由：应由专业监理工程师检查、复核测量成果。 (1.0分)

②不妥之二：检查、复核测量成果的内容。 (0.5分)

理由：除检查、复核测量人员资格证书、施工平面控制网和临时水准点外，还应检查、复核测量设备、高程控制网等。 (1.0分)

③不妥之三：监理员签署意见。 (0.5分)

理由：应由专业监理工程师签署意见。 (1.0分)

（2）还应包括:

①测量设备的检定证书。 (1.0分)

②高程控制网。 (1.0分)

③控制桩的保护措施。 (1.0分)

2. （本小题4.0分）

①不妥之一：施工单位在编制专项施工方案的同时，开始搭设脚手架。 (0.5分)

正确做法：脚手架专项施工方案编制完成后，附安全验算结果，报经施工单位技术负责人和总监理工程师审批签字后，方可组织搭设。 (2.0分)

②不妥之二：安排施工人员兼任施工现场安全生产管理人员。 (0.5分)

正确做法：施工现场应配备专职安全生产管理人员。 (1.0分)

3. （本小题2.5分）

不妥之处：向施工单位签发《监理通知单》。 (0.5分)

正确做法：总监理工程师应向施工单位签发《工程暂停令》，并报告建设单位。 (2.0分)

4. （本小题2.5分）

（1）此事故等级为较大事故。 (1.0分)

（2）不妥之处：在事故发生2小时后向监理单位负责人报告。 (0.5分)

正确做法：应在事故发生后立即向监理单位负责人报告。 (1.0分)

5. （本小题3.0分）

（1）报告建设单位，通过建设单位与设计单位协商。 (1.0分)

（2）如设计单位同意该批钢筋可以用于本工程，则按设计变更的程序处理。 (1.0分)

（3）如设计单位不同意，则通过建设单位要求供货厂商限期撤出施工现场。 (1.0分)

# 案例十

## 【2014 年试题二】

某工程，实施过程中发生如下事件。

事件 1：施工单位向项目监理机构报送的实验室资料包括：

①实验室的资质等级及试验范围。

②试验项目及试验方法。

③实验室技术负责人资格证书。

专业监理工程师审查后认为报送的资料不全，要求施工单位补充。

事件 2：建设单位采购的一批材料进场后，施工单位未向项目监理机构报验即准备用于工程，项目监理机构发现后立即制止并要求报验。检验结果表明这批材料质量不合格。施工单位要求建设单位支付该批材料检验费用，建设单位拒绝支付。

事件 3：施工过程中某工程部位发生一起质量事故，需加固补强。施工单位编写了质量事故调查报告和相关处理方案，征得建设单位同意后即开始加固补强。

事件 4：竣工验收阶段，施工单位完成自检工作后，填写了工程竣工验收报审表，并将全部竣工资料报送项目监理机构申请竣工验收。总监理工程师认为施工过程中均按要求进行了验收，即签署了工程竣工验收报审表，并向建设单位提交了工程质量评估报告。建设单位收到工程质量评估报告后，即将该工程正式投入使用。

**问题：**

1. 针对事件 1，专业监理工程师要求补充的内容有哪些？

2. 分别指出事件 2 中施工单位和建设单位做法的不妥之处，并说明理由。项目监理机构应如何处置这批材料？

3. 分别指出事件 3 中施工单位和建设单位做法的不妥之处。写出项目监理机构处理该事件的正确做法。

4. 事件 4 中，指出总监理工程师做法的不妥之处，写出正确做法。建设单位的做法是否正确？说明理由。

**答案：**

1. （本小题 3.0 分）

（1）试验人员资格证书。（1.0 分）

（2）法定计量部门对试验设备出具的计量检定证明。（1.0 分）

（3）实验室管理制度。（1.0 分）

2. （本小题 5.0 分）

（1）施工单位不妥之处：该批材料未向项目监理机构报验即准备用于工程。（0.5 分）

理由：建设单位供应的材料使用前，应由施工单位负责检验。（1.0 分）

（2）建设单位不妥之处：拒绝支付材料检验费用。（0.5 分）

理由：建设单位采购的材料，其检验费用由建设单位承担。（1.0 分）

（3）项目监理机构的处置：要求施工单位不得使用该批材料，通过建设单位要求供货

厂商限期将这批材料撤出施工现场。（2.0分）

3.（本小题5.0分）

（1）施工单位不妥之处：未向监理机构报送质量事故调查报告和处理方案。（1.0分）

（2）建设单位不妥之处：未经设计单位认可和监理单位审核签字，建设单位就同意加固补强处理方案。（1.0分）

（3）项目监理机构处理：

①审查施工单位报送的质量事故调查报告和经设计等单位同意的处理方案。（1.0分）

②跟踪检查处理过程，复查处理结果。（1.0分）

③及时向建设单位提交质量事故书面报告，并将事故处理记录归档保存。（1.0分）

4.（本小题4.0分）

（1）总监理工程师做法的不妥之处：总监理工程师认为施工过程中均按要求进行了验收，即签署了工程竣工验收报审表。（0.5分）

正确做法：总监理工程师应组织工程竣工预验收，工程竣工预验收合格后，方可签署单位工程竣工验收报审表。（1.0分）

（2）建设单位的做法不正确。（0.5分）

理由：建设单位收到工程质量评估报告后，应组织工程验收，验收合格并备案后方可使用该工程。（2.0分）

# 案例十一

## 【2013年试题二】

某工程，实施过程中发生如下事件。

事件1：总监理工程师主持编写项目监理规划后，在建设单位主持的第一次工地会议上报送建设单位代表，并介绍了项目监理规划的主要内容，会议结束时，建设单位代表要求项目监理机构起草会议纪要，总监理工程师以“谁主持会议谁起草”为由，拒绝起草。

事件2：基础工程经专业监理工程师验收合格后已隐蔽，但总监理工程师怀疑隐蔽的部位有质量问题，要求施工单位将其剥离后重新检验，并由施工单位承担由此发生的全部费用，延误的工期不予顺延。

事件3：现浇钢筋混凝土构件拆模后，出现蜂窝、麻面等质量缺陷，总监理工程师立即向施工单位下达了《工程暂停令》，随后提出了质量缺陷的处理方案，要求施工单位整改。

事件4：专业监理工程师巡视时发现，施工单位未按批准的大跨度屋盖模板支撑体系专项施工方案组织施工，随即报告总监理工程师。总监理工程师征得建设单位同意后，及时下达了《工程暂停令》，要求施工单位停工整改。为赶工期，施工单位未停工整改仍继续施工。于是，总监理工程师书面报告了政府有关主管部门，书面报告发出的当天，屋盖模板支撑体系整体坍塌，造成人员伤亡。

事件5：按施工合同约定，施工单位选定甲分包单位承担装饰工程施工，并签订了分包合同。装饰工程施工过程中，因施工单位资金周转困难，未能按分包合同约定支付甲分包单位的工程款。为了不影响工期，甲分包单位向项目监理机构提出了支付申请。项目监理机构受理并征得建设单位同意后，即向甲分包单位签发了支付证书。

**问题：**

1. 事件1中，总监理工程师的做法有哪些不妥之处？写出正确做法。

2. 事件2中，总监理工程师的要求是否妥当？说明理由。

3. 事件3中，总监理工程师的做法有哪些不妥之处？写出正确做法。

4. 根据《建设工程安全生产管理条例》，指出事件4中施工单位和监理单位是否应承担责任？说明理由。

5. 事件5中，项目监理机构做法的不妥之处？说明理由。

**答案：**

1. （本小题4.5分）

（1）不妥之一：监理规划在第一次工地会议上报送建设单位代表。（0.5分）

正确做法：监理规划应在召开第一次工地会议前报送建设单位代表。（1.0分）

（2）不妥之二：项目监理规划编写后报送建设单位代表。（0.5分）

正确做法：项目监理规划在编写完成后必须经监理单位技术负责人审批核准，方可报送建设单位。（1.0分）

（3）不妥之三：以“谁主持会议谁起草”为由，拒绝起草会议纪要。（0.5分）

正确做法：第一次工地会议的会议纪要应由项目监理机构负责起草。（1.0分）

2. （本小题4.0分）

（1）“要求施工单位将其剥离后重新检验”妥当。（0.5分）

理由：总监理工程师有权对施工单位提出隐蔽工程复验要求。（1.0分）

（2）“由施工单位承担由此发生的全部费用，工期不予顺延”不妥当。（0.5分）

理由：如果重新检验合格，建设单位承担由此发生的全部费用，延误的工期相应顺延，并向施工单位支付合理的利润；如果重新检验不合格，施工单位承担发生的全部费用，延误的工期不予顺延。（2.0分）

3. （本小题3.0分）

（1）不妥之一：出现蜂窝、麻面等质量缺陷，总监理工程师立即向施工单位下达了《工程暂停令》。（0.5分）

正确做法：对施工过程中出现的质量缺陷，总监理工程师或专业监理工程师应及时下达《监理通知单》，要求施工单位整改。（1.0分）

（2）不妥之二：总监理工程师随后提出了质量缺陷的处理方案。（0.5分）

正确做法：要求施工单位提出质量缺陷的处理方案。（1.0分）

4. （本小题3.0分）

（1）施工单位应承担责任。（0.5分）

理由：发生安全事故原因在于施工单位未按照批准的施工方案组织施工、拒不执行总监理工程师的停工指令。（1.0分）

（2）监理单位不承担责任。（0.5分）

理由：施工单位未停工整改，总监理工程师及时向有关主管部门报告，说明监理单位已履行了监理职责。（1.0分）

5. （本小题3.0分）

（1）不妥之一：项目监理机构受理甲分包单位支付申请。（0.5分）

理由：建设单位与分包单位没有合同关系，项目监理机构不得与分包单位发生直接工作联系，不得受理甲分包单位支付申请。（1.0分）

（2）不妥之二：向甲分包单位签发了支付证书。（0.5分）

理由：建设单位未经总承包单位同意，不得以任何形式向分包单位支付工程款。（1.0分）

# 案例十二

## 【2012年试题三】

某工程，监理单位承担其中A、B、C三个施工标段的监理任务。A标段施工由甲施工单位承担，B、C标段施工由乙施工单位承担。

工程实施过程中发生以下事件。

事件1：A标段基础工程完工并经验收后，基础局部出现开裂。总监理工程师立即向甲施工单位下达《工程暂停令》，经调查分析，该质量事故是由于设计不当所致。

事件2：建设单位负责供应的一批钢材运抵A标段现场后，项目监理机构查验了该批钢材的质量证明文件，并按规定进行了抽检。

事件3：B、C两个标段5、6、7三个月混凝土试块抗压强度统计数据的直方图如下图所示。

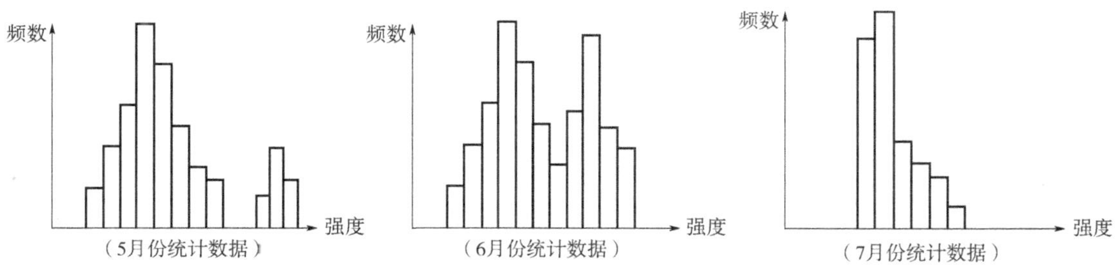


事件4：专业监理工程师巡视时发现，乙施工单位的专职安全生产管理人员离岗，临时由甲施工单位的安全生产管理人员兼管B、C标段现场安全。

事件5：C标段工程设计中采用隔震抗震新技术，为此，项目监理机构组织了设计技术交底会。针对该项新技术，乙施工单位拟在施工中采用相应的新工艺。

### 问题

1. 针对事件1，写出项目监理机构处理基础工程质量事故的程序。
2. 事件2中，项目监理机构应查验钢材的哪些质量证明文件？
3. 事件3中，指出5、6、7三个月的直方图分别属于哪种类型，并分别说明其形成原因。
4. 事件4中，专业监理工程师应如何处理所发现的情况？
5. 事件5中，项目监理机构组织设计技术交底会是否妥当？针对乙施工单位拟采用的新工艺，写出项目监理机构的处理程序。

答案：

1.（本小题5.0分）

（1）总监理工程师签发《工程暂停令》，要求施工单位提交工程质量事故调查报告和经设计单位确认的处理方案。（1.0分）

（2）总监理工程师审查签认质量事故处理方案。（1.0分）

（3）对质量事故处理过程进行监督，对处理结果进行验收。（1.0分）

（4）验收合格后，征得建设单位同意，由总监理工程师签发《工程复工令》。（1.0分）

（5）及时向建设单位提交质量事故书面报告，并将处理记录归档保存。（1.0分）

2.（本小题3.0分）

（1）出厂合格证。（1.0分）

（2）出厂检测报告。（1.0分）

（3）进场复试报告。（1.0分）

3.（本小题6.0分）

（1）5月份的直方图属于孤岛型。（1.0分）

形成原因：由于原材料发生变化或者他人顶班作业造成。（1.0分）

（2）6月份的直方图属于双峰型。（1.0分）

形成原因：由于使用两种不同的方法或两台设备或两组工人进行生产，然后将两方面数据混在一起整理产生。（1.0分）

（3）7月份的直方图属于绝壁型。（1.0分）

形成原因：由于数据收集不正常，可能有意识地去掉了下限以下的数据，或是在检测过程中存在某种人为因素干扰所造成。（1.0分）

4.（本小题2.0分）

（1）专业监理工程师向乙施工单位签发《监理通知单》，要求乙施工单位安排专职安全生产管理人员上岗。（1.0分）

（2）专业监理工程师向甲施工单位签发《监理通知单》，说明专职安全生产管理人员不得兼管B、C标段现场安全。（1.0分）

5.（本小题6.0分）

（1）项目监理机构组织设计技术交底会不妥。（1.0分）

理由：应由建设单位组织召开设计交底会。（1.0分）

（2）处理程序：

①要求施工单位报送新工艺的质量认证材料和相关验收标准。（1.0分）

②专业监理工程师审查质量认证材料和相关验收标准的适用性。（1.0分）

③必要时，应要求施工单位组织专题论证。（1.0分）

④审查、论证合格后，由总监理工程师签认。（1.0分）

# 案例十三

【2011年试题四】

某实施监理的工程，施工单位按合同约定将打桩工程分包。施工过程中发生如下事件。

事件1：打桩工程开工前，分包单位向专业监理工程师报送了分包单位资格报审表及相关资料。专业监理工程师仅审查了营业执照、企业资质等级证书，认为符合条件后即通知施工单位同意分包单位进场施工。

事件2：专业监理工程师在现场巡视时发现，施工单位正在加工的一批钢筋未报验，立即进行了处理。

事件3：主体工程施工过程中，专业监理工程师发现已浇筑的钢筋混凝土工程出现质量问题，经分析有以下原因：

①现场施工人员未经培训。

②浇筑顺序不当。

③振捣器性能不稳定。

④雨天进行钢筋焊接。

⑤施工现场狭窄。

⑥钢筋锈蚀严重。

事件4：施工单位因违规作业发生一起质量事故，造成直接经济损失180万元。该事故发生后，总监理工程师签发《工程暂停令》。事故调查组进行调查后，出具事故调查报告，项目监理机构接到事故调查报告后，按程序对该质量事故进行了处理。

**问题：**

1. 提出事件1中专业监理工程师的做法有哪些不妥，说明理由。

2. 针对事件2，专业监理工程师应如何处理？

3. 将项目监理机构针对事件3分析的①～⑥项原因分别归入影响工程质量的五大要因（人员、机械、材料、方法、环境）之中，并绘制因果分析图。

4. 按损失严重程度划分，事件4中的质量事故属于哪一类？写出项目监理机构接到事故调查报告后对该事故的处理程序。

**答案：**

1.（本小题4.5分）

（1）不妥之一：专业监理工程师接收了分包单位资格报审表及相关资料。（0.5分）

理由：分包单位与建设单位没有合同关系，专业监理工程师不得与分包单位发生工作关系，不得接收分包单位资格报审表及相关资料。（1.0分）

（2）不妥之二：专业监理工程师仅审查了营业执照、企业资质等级证书。（0.5分）

理由：专业监理工程师还应审查分包单位的安全生产许可证、管理人员和特种作业人员的资格证书和上岗证书、类似工程的业绩。（1.0分）

（3）不妥之三：专业监理工程师通知施工单位同意分包单位进场施工。（0.5分）

理由：专业监理工程师对分包单位资格审查后，应提出审查意见，符合要求的，应由总监理工程师签字确认后，方可通知施工单位同意分包单位进场施工。（1.0分）

2.（本小题5.0分）

（1）签发《监理通知单》，要求停止使用该批钢筋。（1.0分）

（2）要求施工单位按程序报验。（1.0分）

（3）审查该批钢筋的质量证明资料合格后，进行见证取样、平行检验。（1.0分）

（4）符合要求时，指令施工单位继续施工。（1.0分）

(5) 如不符合要求，指令施工单位限期清出施工现场。 (1.0分)

3. （本小题6.0分）

①属于人的因素。 (0.5分)

②属于方法的因素。 (0.5分)

③属于机械的因素。 (0.5分)

④属于环境的因素。 (0.5分)

⑤属于环境的因素。 (0.5分)

⑥属于材料的因素。 (0.5分)

画图如下。 (3.0分)

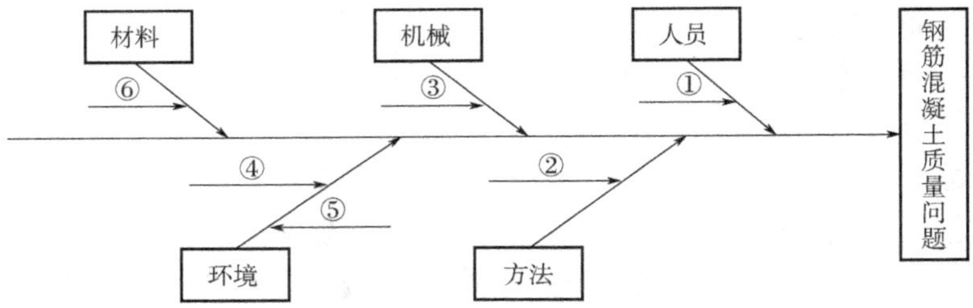


4. （本小题5.0分）

(1) 属于一般质量事故。 (1.0分)

(2) 处理程序：

①要求施工单位报送经设计等相关单位认可的处理方案。 (1.0分)

②对质量事故的处理过程进行跟踪检查，对处理结果进行验收。 (1.0分)

③验收合格后，征得建设单位同意后，由总监理工程师签发《工程复工令》。 (1.0分)

④及时向建设单位提交质量事故书面报告，并应将处理记录整理归档。 (1.0分)

# 案例十四

## 【2009年试题四】

某实行监理的工程，实施过程中发生下列事件。

事件1：建设单位于2005年11月底向中标的监理单位发出监理中标通知书，监理中标价为280万元；建设单位与监理单位协商后，于2006年1月10日签订了委托监理合同。监理合同约定：合同价为260万元；因非监理单位原因导致监理服务期延长，每延长一个月增加监理费8万元；监理服务自合同签订之日起开始，服务期26个月。建设单位通过招标确定了施工单位，并与施工单位签订了施工承包合同，合同约定：开工日期为2006年2月10日，施工总工期为24个月。

事件2：由于吊装作业危险性较大，施工项目部编制了专项施工方案，并送现场监理员签收。吊装作业前，起重机司机使用风速仪检测到风力过大，拒绝进行吊装作业。施工项目经理便安排另一名起重机司机进行吊装作业，监理员发现后立即向专业监理工程师汇报，该专业监理工程师回答说：这是施工单位内部的事情。

事件3：监理员将施工项目部编制的专项施工方案交给总监理工程师后，发现现场吊装作业起重机发生故障。为了不影响进度，施工项目经理调来另一台起重机，该起重机比施工方案确定的起重机吨位稍小，但经安全检测可以使用。监理员立即将此事向总监理工程师汇报，总监理工程师以专项施工方案未经审查批准就实施为由，签发了停止吊装作业的指令。施工项目经理签收暂停令后，仍要求施工人员继续进行吊装。总监理工程师报告了建设单位，建设单位负责人称工期紧迫，要求总监理工程师收回吊装作业暂停令。

事件4：由于施工单位的原因，施工总工期延误5个月，监理服务期达30个月。监理单位要求建设单位增加监理费32万元，而建设单位认为监理服务期延长是施工单位造成的，监理单位对此负有责任，不同意增加监理费。

**问题：**

1. 指出事件1中建设单位做法的不妥之处，写出正确做法。
2. 指出事件2中专业监理工程师的不妥之处，写出正确做法。
3. 指出事件2和事件3中施工项目经理在吊装作业中的不妥之处，写出正确做法。
4. 分别指出事件3中建设单位、总监理工程师工作中的不妥之处，写出正确做法。
5. 事件4中，监理单位要求建设单位增加监理费是否合理？说明理由。

**答案：**

1. （本小题3.0分）

（1）不妥之一："2006年1月10日签订委托监理合同"。（0.5分）

正确做法：建设单位于2005年11月底向中标的监理单位发出监理中标通知书，应在发出监理中标通知书后的30天内签订监理合同。（1.0分）

（2）不妥之二："监理合同约定：合同价为260万元"。（0.5分）

正确做法：监理中标价为280万元，监理合同价也应为280万元。（1.0分）

2. （本小题1.5分）

回答"这是施工单位内部的事情"不妥。（0.5分）

正确做法：应及时制止施工单位的吊装作业，如施工单位拒不执行，应及时向总监理工程师汇报。（1.0分）

3. （本小题4.5分）

（1）不妥之一："安排另一名司机进行吊装作业"。（0.5分）

正确做法：风力过大，应停止吊装作业。（1.0分）

（2）不妥之二："施工项目经理调来另一台起重机，擅自变更吊装方案"。（0.5分）

正确做法：施工项目经理调来另一台起重机属于变更吊装专项方案，应经施工单位技术负责人审批后报送总监理工程师审核签认，方可组织吊装。（1.0分）

（3）不妥之三："签收《工程暂停令》后仍要求继续吊装作业"。（0.5分）

正确做法：项目经理应执行总监理工程师的指令，停止吊装作业。（1.0分）

4. （本小题3.0分）

（1）建设单位的不妥之处："要求总监理工程师收回吊装作业暂停令"。（0.5分）

正确做法：建设单位应支持总监理工程师的决定。（1.0分）

（2）总监理工程师的不妥之处："未及时报告政府主管部门"。（0.5分）

正确做法：施工单位拒不停工整改，总监理工程师应及时报告政府主管部门。（1.0分）

5. （本小题1.5分）

要求增加监理费合理。（0.5分）

理由：非监理单位的原因导致监理服务期限延长，监理单位有权按监理合同中的相关约定要求建设单位增加监理费。（1.0分）

# 案例十五

## 【2009年试题三】

某实行监理的工程，建设单位与总承包单位按《建设工程施工合同（示范文本）》签订了施工合同，总承包单位按合同约定将一专业工程分包。施工过程中发生下列事件。

事件1：工程开工前，总监理工程师在熟悉设计文件时发现部分设计图纸有误，即向建设单位进行了口头汇报。建设单位要求总监理工程师组织召开设计交底会，并向设计单位指出设计图纸中的错误，在会后整理会议纪要。在工程定位放线期间，总监理工程师指派专业监理工程师审查《分包单位资格报审表》及相关资料，安排监理员到现场复验总承包单位报送的原始基准点、基准线和测量控制点。

事件2：由建设单位负责采购的一批材料，因规格、型号与合同约定不符，施工单位不予接收保管，建设单位要求项目监理机构协调处理。

事件3：专业监理工程师现场巡视时发现，总承包单位在某隐蔽工程施工时，未通知项目监理机构即进行隐蔽。

事件4：工程完工后，总承包单位在自查自评的基础上填写了工程竣工报验单，连同全部竣工资料报送项目监理机构，申请竣工验收。总监理工程师认为施工过程均按要求进行了验收，便签署了竣工报验单，并向建设单位提交了竣工验收报告和质量评估报告，建设单位收到该报告后，即将工程投入使用。

**问题：**

1. 分别指出事件1中，建设单位、总监理工程师的不妥之处，写出正确做法。
2. 事件1中，专业监理工程师在审查分包单位的资格时，应审查哪些内容？
3. 针对事件2，项目监理机构应如何协调处理？
4. 针对事件3，写出总承包单位的正确做法。
5. 分别指出事件4中，总监理工程师、建设单位的不妥之处，写出正确做法。

**答案：**

1. （本小题6.0分）

（1）建设单位的不妥之处：

①不妥之一："要求总监理工程师组织召开设计交底会"。（0.5分）

正确做法：设计交底会应由建设单位组织。（1.0分）

②不妥之二："要求总监理工程师整理会议纪要"。（0.5分）

正确做法：设计交底会的会议纪要应由设计单位负责整理。（1.0分）

（2）总监理工程师的不妥之处：

①不妥之一："总监理工程师发现图纸有误，向建设单位进行了口头汇报"。（0.5分）

正确做法：总监理工程师发现图纸有误，应以书面形式向建设单位进行汇报。(1.0分)

②不妥之二："总监理工程师安排监理员到现场复验总承包单位报送的原始基准点、基准线和测量控制点"。(0.5分)

正确做法：应由专业监理工程师到现场复验总承包单位报送的原始基准点、基准线和测量控制点。(1.0分)

2.（本小题4.0分）

(1) 营业执照、资质等级证书。(1.0分)

(2) 安全生产许可文件。(1.0分)

(3) 专职管理人员和特种作业人员的资格证、上岗证。(1.0分)

(4) 已完工程业绩。(1.0分)

3.（本小题4.0分）

(1) 与施工单位协商保管该批材料。(1.0分)

(2) 通过建设单位与设计单位协商。(1.0分)

(3) 若经设计单位书面确认可以使用，则按工程变更的程序处理。(1.0分)

(4) 若不能使用，应要求供货厂家退货。(1.0分)

4.（本小题3.0分）

(1) 总承包单位在工程隐蔽前48小时，以书面形式通知项目监理机构验收。(1.0分)

(2) 专业监理工程师组织相关人员验收合格后，总承包单位方可将工程隐蔽。(1.0分)

(3) 若项目监理机构没有组织验收，也未在验收24小时之前提出延期验收要求，总承包单位可自行组织验收。(1.0分)

5.（本小题6.0分）

(1) 总监理工程师的不妥之处。

①不妥之一："认为施工过程均按要求进行了验收，便签署了竣工报验单"。(0.5分)

正确做法：总监理工程师应组织相关人员进行工程竣工预验收，发现质量问题，要求施工总承包单位整改。(1.0分)

②不妥之二："向建设单位提交竣工验收报告"。(0.5分)

正确做法：预验收合格后，应由总承包单位向建设单位提交工程竣工报告。(1.0分)

③不妥之三："向建设单位提交质量评估报告"。(0.5分)

正确做法：工程质量评估报告应经监理单位技术负责人和总监理工程师签字后方可提交建设单位。(1.0分)

(2) 建设单位的不妥之处："建设单位收到该报告后，即将工程投入使用"。(0.5分)

正确做法：建设单位应在收到工程竣工报告后，组织勘察、设计、施工、监理等单位进行竣工验收，验收合格后方可使用。(1.0分)

## 案例十六

**【2008年试题三】**

某工程，建设单位委托监理单位承担施工阶段监理任务。在施工过程中，发生如下事件。

事件1：专业监理工程师检查钢筋电焊接头时，发现存在质量问题见下表，随即向施工单位签发了《监理通知单》要求整改。施工单位提出：是否整改应视常规批量抽检结果而定。在专业监理工程师见证下，施工单位选择有质量问题的钢筋电焊接头作为送检样品，经施工单位技术负责人封样后，由专业监理工程师送往预先确定的实验室，经检测，结果合格。于是，总监理工程师同意施工单位不再对该批电焊接头进行整改。在随后的月度工程款支付申请时，施工单位将该检测费用列入工程进度款中要求一并支付。

| 序号 | 质量问题 | 数量 |
| --- | --- | --- |
| 1 | 裂纹 | 8 |
| 2 | 气孔 | 20 |
| 3 | 夹渣 | 54 |
| 4 | 咬边 | 104 |
| 5 | 焊瘤 | 14 |

事件2：专业监理工程师在检查混凝土试块强度报告时，发现下部结构有一个检验批内的混凝土试块强度不合格，经法定检测单位对相应部位实体进行测定，强度未达到设计要求。经设计单位验算，实体强度不能满足结构安全的要求。

事件3：对于事件2，相关单位提出了加固处理方案并得到参建各方的确认。施工单位为赶工期，采用了未经项目监理机构审批的下部结构加固、上部结构同时施工的方案进行施工。总监理工程师发现后及时签发了《工程暂停令》，施工单位未执行总监理工程师的指令继续施工，造成上部结构倒塌，导致现场施工人员1死2伤的安全事故。

**问题：**

1. 事件1中，采用排列图法列表计算质量问题累计频率，并分别指出哪些是主要质量问题、次要质量问题和一般质量问题。

2. 指出事件1中施工单位的提法及施工单位与项目监理机构做法的不妥之处，写出正确做法或说明理由。

3. 按《建设工程监理规范》的规定，写出项目监理机构对事件2的处理程序。

4. 根据《建设工程安全生产管理条例》的规定，分析事件3中监理单位、施工单位是否承担法律责任？

**答案：**

1. （本小题6.0分）

（1）列表计算。（3.0分）

| 序号 | 存在的问题 | 数量 | 频率（%） | 累计频率（%） |
| --- | --- | --- | --- | --- |
| 1 | 咬边 | 104 | 52.0 | 52.0 |
| 2 | 夹渣 | 54 | 27.0 | 79.0 |
| 3 | 气孔 | 20 | 10.0 | 89.0 |
| 4 | 焊瘤 | 14 | 7.0 | 96.0 |
| 5 | 裂纹 | 8 | 4.0 | 100.0 |
| 合计 |  | 200 | 100 |  |

(2) 质量问题：①主要质量问题：咬边和夹渣；②次要质量问题：气孔；③一般质量问题：焊瘤和裂纹。 (3.0分)

2.（本小题9.0分）

(1) 不妥之一："施工单位提出，是否整改应视常规批量抽检结果而定"。 (0.5分)

理由：施工单位应按监理工程师的要求对电焊接头的外观质量缺陷进行整改。(1.0分)

(2) 不妥之二："施工单位选择有质量问题的钢筋电焊接头作为送检样品"。 (0.5分)

理由：送检样品应按相关标准规范的要求随机抽取。 (1.0分)

(3) 不妥之三："送检样品经施工单位技术负责人封样"。 (0.5分)

理由：送检样品应由监理工程师负责封样。 (1.0分)

(4) 不妥之四："送检样品由专业监理工程师送往预先确定的试验室"。 (0.5分)

理由：送检样品封样后，由施工单位送往预先确定的试验室。 (1.0分)

(5) 不妥之五："总监理工程师同意施工单位不再对该批电焊接头进行整改"。 (0.5分)

理由：尽管力学性能试验合格，但仍应对电焊接头外观质量进行整改。 (1.0分)

(6) 不妥之六："施工单位将检测费用列入工程进度款中要求一并支付"。 (0.5分)

理由：见证取样的试验费用属于检验试验费，已包含在合同价内。 (1.0分)

3.（本小题6.0分）

(1) 征得建设单位同意后，由总监理工程师签发《工程暂停令》。 (1.0分)

(2) 要求施工单位报送质量事故调查报告和经设计单位认可的处理方案。 (1.0分)

(3) 总监理工程师组织审查事故调查报告和处理方案。 (1.0分)

(4) 对质量事故的处理过程进行跟踪检查，对处理结果进行验收。 (1.0分)

(5) 验收合格后，征得建设单位同意后，由总监理工程师签发《工程复工令》。 (1.0分)

(6) 及时向建设单位提交质量事故书面报告，并应将事故处理记录整理归档。 (1.0分)

4.（本小题3.0分）

(1) 监理单位应承担法律责任。 (0.5分)

理由：施工单位未执行总监理工程师的指令继续施工，总监理工程师未及时向政府有关主管部门报告。 (1.0分)

(2) 施工单位应承担法律责任。 (0.5分)

理由：施工单位采用了未经项目监理机构审批的施工方案，且未执行总监理工程师的指令，造成上部结构倒塌的安全事故。 (1.0分)

# 案例十七

## 【2007年试题三】

某工程，建设单位通过公开招标与甲施工单位签订了施工总承包合同，依据合同，甲施工单位通过招标将钢结构工程分包给乙施工单位。施工过程中发生了下列事件。

事件1：甲施工单位项目经理安排技术员兼施工现场安全员，并安排其负责编制深基坑支护与降水工程专项施工方案，项目经理对该施工方案进行安全验算后即组织现场施工，并将施工方案及验算结果报送项目监理机构。

事件2：乙施工单位采购的特殊规格钢板，因供应商未能提供出厂合格证明，乙施工单位按规定要求进行了检验，检验合格后向项目监理机构报验。为不影响工程进度，总监理工程师要求甲施工单位在监理人员的见证下取样复检，复验结果合格后，同意该批钢板进场使用。

事件3：为满足钢结构吊装施工的需要，甲施工单位向设备租赁公司租用了一台大型塔式起重机，委托一家有相应资质的安装单位进行安装。安装完成后，由甲、乙施工单位对该塔式起重机共同进行验收，验收合格后投入使用，并到有关部门办理了登记。

事件4：钢结构工程施工中，专业监理工程师在现场发现乙施工单位使用的高强螺栓未经报验，存在严重的质量隐患，即向乙施工单位签发了《工程暂停令》，并报告了总监理工程师。甲施工单位得知后也要求乙施工单位立刻停工整改。乙施工单位为赶工期，边施工边报验。项目监理机构及时报告了有关主管部门。报告发出的当天，发生了因高强螺栓不符合质量标准导致的钢梁高空坠落事故，造成1人重伤，直接经济损失4.6万元。

**问题：**

1. 指出事件1中，甲施工单位项目经理做法的不妥之处，写出正确做法。

2. 事件2中，总监理工程师的处理是否妥当？说明理由。

3. 指出事件3中塔式起重机验收中的不妥之处。

4. 指出事件4中专业监理工程师做法的不妥之处，说明理由。

5. 事件4中的质量事故，甲施工单位和乙施工单位各承担什么责任？说明理由。监理单位是否有责任？说明理由。该事故属于哪一类工程质量事故？简述处理此事故的依据。

**答案：**

1.（本小题6.0分）

（1）不妥之一：安排技术员兼施工现场安全员。（0.5分）

正确做法：应配备专职安全生产管理人员。（1.0分）

（2）不妥之二：安排其负责编制深基坑支护与降水工程专项施工方案。（0.5分）

正确做法：项目经理组织相关人员编制深基坑支护与降水工程专项施工方案。（1.0分）

（3）不妥之三：项目经理对该施工方案进行安全验算后即组织现场施工。（0.5分）

正确做法：深基坑支护与降水工程专项施工方案编制完成后，应报送施工单位技术负责人审批签字。（1.0分）

（4）不妥之四：将施工方案及验算结果报送项目监理机构。（0.5分）

正确做法：施工单位技术负责人审批签字后，方可报送总监理工程师审核签字，然后由施工单位组织专家论证会。（1.0分）

2.（本小题2.0分）

不妥。（1.0分）

理由：没有出厂合格证明的原材料不得进场使用。（1.0分）

3.（本小题2.0分）

不妥之处：甲、乙施工单位参加了验收。（1.0分）

理由：甲、乙施工单位、出租单位和安装单位均应参加验收。（1.0分）

4. （本小题2.0分）

不妥之处：专业监理工程师向乙施工单位签发《工程暂停令》。（1.0分）

理由：应由总监理工程师向甲施工单位签发《工程暂停令》。（1.0分）

5. （本小题7.5分）

（1）各方责任：

①甲施工单位承担连带责任。（0.5分）

理由：总承包单位与分包单位就分包工程的质量和安全承担连带责任。（1.0分）

②乙施工单位承担主要责任。（0.5分）

理由：质量事故是由于乙施工单位不服从甲施工单位管理造成的。（1.0分）

③监理单位不承担责任。（0.5分）

理由：施工单位拒不停工整改，监理单位及时向主管部门进行了报告，监理单位已履行了监理职责。（1.0分）

（2）事故属于一般质量事故。（1.0分）

（3）处理依据：

①质量事故的实况资料。（0.5分）

②有关的合同文件。（0.5分）

③有关的技术文件和档案。（0.5分）

④相关的建设法规。（0.5分）

# 案例十八

## 【2006年试题二】

某工程，建设单位委托监理单位承担施工阶段的监理任务，总承包单位按照施工合同约定选择了设备安装分包单位。在合同履行过程中发生如下事件。

事件1：工程开工前，总承包单位在编制施工组织设计时认为修改部分施工图设计可以使施工更方便、质量和安全更易保证，遂向项目监理机构提出了设计变更的要求。

事件2：专业监理工程师检查主体结构施工时发现总承包单位在未向项目监理机构报审危险性较大的预制构件起重吊装专项方案的情况下已自行施工，且现场没有管理人员。于是，总监理工程师下达了《监理通知单》。

事件3：专业监理工程师在现场巡视时，发现设备安装分包单位违章作业，有可能导致发生重大质量事故。总监理工程师口头要求总承包单位暂停分包单位施工，但总承包单位未予执行。总监理工程师随即向总承包单位下达了《工程暂停令》，总承包单位在向设备安装分包单位转发《工程暂停令》前，发生了设备安装质量事故。

**问题：**

1. 针对事件1中总承包单位提出的设计变更要求，写出项目监理机构的处理程序。

2. 根据《建设二程安全生产管理条例》规定，事件2中起重吊装专项方案需经哪些人签字后方可实施？

3. 指出事件2中总监理工程师的做法是否妥当？说明理由。

4. 事件3中总监理工程师是否可以口头要求暂停施工？为什么？

5. 就事件3中所发生的质量事故，指出建设单位、监理单位、总承包单位和设备安装分包单位各自应承担的责任，说明理由。

**答案：**

1. （本小题5.0分）

（1）总监理工程师组织专业监理工程师审查设计变更要求。（1.0分）

（2）如审查后同意：

①将审查意见提交给建设单位审批。（1.0分）

②通过建设单位要求设计单位编制设计变更文件。（1.0分）

③收到设计变更文件后，总监理工程师对变更工程的费用和工期进行评估，并与建设单位、总承包单位协商一致后，会签《工程变更单》。（1.0分）

（3）若审查后不同意，应要求施工单位按原设计图纸施工。（1.0分）

2. （本小题1.0分）

专项施工方案需经总承包单位技术负责人、总监理工程师签字。（1.0分）

3. （本小题3.0分）

不妥。（1.0分）

理由：未报审危险性较大的预制构件起重吊装专项方案的情况下已自行施工，且现场没有管理人员，总监理工程师应下达《工程暂停令》并及时报告建设单位。（2.0分）

4. （本小题3.0分）

可以口头要求暂停施工。（1.0分）

理由：紧急情况下，总监理工程师可以口头下达暂停施工指令，但在规定的时间内应书面确认。（2.0分）

5. （本小题8.0分）

（1）建设单位不承担责任。（1.0分）

理由：分包单位违章作业不是建设单位应承担的责任事件。（1.0分）

（2）监理单位不承担责任。（1.0分）

理由：对分包单位违章作业，监理单位已履行了监理职责。（1.0分）

（3）总承包单位承担连带责任。（1.0分）

理由：总承包单位与分包单位就分包工程的质量承担连带责任，并且总承包单位没有立即执行总监理工程师的口头指令。（1.0分）

（4）分包单位应承担主要责任。（1.0分）

理由：分包单位的违章作业是导致质量事故的直接原因。（1.0分）

## 案例十九

### 【2005年试题三】

某工程，建设单位与甲施工单位按照《建设工程施工合同（示范文本）》签订了施工合同。经建设单位同意，甲施工单位选择了乙施工单位作为分包单位。

在合同履行中，发生了如下事件。

事件1：在合同约定的工程开工日前，建设单位收到甲施工单位报送的《工程开工报审表》后即予处理：考虑到施工许可证已获政府主管部门批准，且甲施工单位的施工机具和施工人员已经进场，便审核签认了《工程开工报审表》并通知了项目监理机构。

事件2：在施工过程中，甲施工单位的资金出现困难，无法按分包合同约定支付乙施工单位的工程款。乙施工单位向项目监理机构提出了支付申请。项目监理机构受理并征得建设单位同意后，即向乙施工单位签发了付款凭证。

事件3：专业监理工程师在巡视中发现，乙施工单位施工的某部位存在质量隐患，专业监理工程师随即向甲施工单位签发了整改通知。甲施工单位回函称建设单位已直接向乙施工单位付款，因而本单位对乙施工单位施工的工程质量不承担责任。

事件4：甲施工单位向建设单位提交了工程竣工验收报告后，建设单位于2003年9月20日组织勘察、设计、施工、监理等单位竣工验收，工程竣工验收通过，各单位分别签署了质量合格文件。建设单位于2004年3月办理了工程竣工备案。因使用需要，建设单位于2003年10月初要求乙施工单位按其示意图在已验收合格的承重墙上开车库门洞，并于2003年10月底正式将该工程投入使用。2005年2月该工程给水排水管道大量漏水，经监理单位组织检查，确认是因开车库门施工时破坏了承重结构所致。建设单位认为工程还在保修期，要求甲施工单位无偿修理。建设行政主管部门对责任单位进行了处罚。

**问题：**

1. 指出事件1中，建设单位做法的不妥之处，说明理由。

2. 指出事件2中，项目监理机构做法的不妥之处，说明理由。

3. 在事件3中，甲施工单位的说法是否正确？为什么？

4. 指出事件4中，建设单位做法的不妥之处，说明理由。

5. 根据《建设工程质量管理条例》，建设行政主管部门是否应该对建设单位、监理单位、甲施工单位和乙施工单位进行处罚？并说明理由。

**答案：**

1. （本小题3.0分）

（1）不妥之一："建设单位收到《工程开工报审表》后即予处理"。（0.5分）

理由：建设单位不应接收《工程开工报审表》，应要求施工单位向项目监理机构报送《工程开工报审表》。（1.0分）

（2）不妥之二："审核签认了《工程开工报审表》并通知了项目监理机构"。（0.5分）

理由：开工报审表应由总监理工程师签署审查意见，并报建设单位。（1.0分）

2. （本小题3.0分）

（1）不妥之一："项目监理机构受理乙施工单位的支付申请"。（0.5分）

理由：乙施工单位是分包单位，与建设单位没有合同关系，项目监理机构不应受理乙施工单位的支付申请。（1.0分）

（2）不妥之二："即向乙施工单位签发了付款凭证"。（0.5分）

理由：未经施工总承包单位同意，建设单位不得向分包单位支付任何款项。（1.0分）

3. （本小题1.5分）

不正确。（0.5分）

理由：总承包单位与分包单位就工程质量承担连带责任。(1.0分)

4.（本小题7.5分）

(1) 不妥之一："建设单位于2003年9月20日组织勘察、设计、施工、监理等单位竣工验收"。(0.5分)

理由：建设单位应在收到勘察、设计、施工、监理等单位分别签署了质量合格文件，并收到施工单位提交的工程质量保修书后，方可最终竣工验收。(1.0分)

(2) 不妥之二："建设单位于2004年3月办理了工程竣工备案"。(0.5分)

理由：应在验收合格后15日内办理备案手续。(1.0分)

(3) 不妥之三："要求按其示意图在已验收合格的承重墙上开车库门洞"。(0.5分)

理由：在已验收合格的承重墙上开车库门洞属于变动承重结构，应经原设计单位或具有相应资质等级的设计单位提出设计方案后，方可进行。(1.0分)

(4) 不妥之四："于2003年10月底正式将该工程投入使用"。(0.5分)

理由：变动承重结构的，应在施工完成后重新验收，验收合格后方可使用。(1.0分)

(5) 不妥之五："要求甲施工单位无偿修理"。(0.5分)

理由：工程已验收合格，擅自在承重墙上开车库门洞不属于正常使用，不属于工程质量的保修范围。(1.0分)

5.（本小题6.0分）

(1) 对建设单位应予处罚。(0.5分)

理由：建设单位未在竣工验收合格后的15日内办理备案，未经原设计单位出具设计方案，擅自在承重墙上开车库门。(1.0分)

(2) 对监理单位不应处罚。(0.5分)

理由：工程已验收合格，擅自在承重墙上开车库门洞责任在建设单位。(1.0分)

(3) 对甲施工单位不应处罚。(0.5分)

理由：工程已验收合格，总承包单位与分包单位的分包合同关系已经终止，擅自在承重墙上开车库门洞责任在建设单位。(1.0分)

(4) 对乙施工单位应予处罚。(0.5分)

理由：乙施工单位在没有设计方案和设计图纸的情况下，擅自施工违反了《建筑法》和《建设工程质量管理条例》的规定。(1.0分)

## 案例二十

### 【2004年试题三】

某工程项目，建设单位与施工总承包单位按《建设工程施工合同（示范文本）》签订了施工承包合同，并委托某监理公司承担施工阶段的监理任务。施工总承包单位将桩基工程分包给一家专业施工单位。

开工前：

(1) 总监理工程师组织监理人员熟悉设计文件时发现部分图纸设计不当，即通过计算修改了该部分图纸，并直接签发给施工总承包单位。

（2）在工程定位放线期间，总监理工程师又指派测量监理员复核施工总承包单位报送的原始基准点、基准线和测量控制点。

（3）总监理工程师审查了分包单位直接报送的资格报审表等相关资料。

（4）在合同约定开工日期前的5天，施工总承包单位书面提交了延期10天开工申请，总监理工程师不予批准。

钢筋混凝土施工过程中监理人员发现：

（1）按合同约定由建设单位负责采购了一批钢筋，虽供货方提供了质量合格证，但在使用前的抽检试验中材质检验不合格。

（2）在钢筋绑扎完毕后，施工总承包单位未通知监理人员检查就准备浇筑混凝土。

（3）该部位施工完毕后，混凝土浇筑时留置的混凝土试块试验结果没有达到设计要求的强度。

竣工验收时：总承包单位完成了自查、自评工作，填写了工程竣工报验单，并将全部竣工资料报送项目监理机构，申请竣工验收。总监理工程师认为施工过程中均按要求进行了验收，即签署了竣工报验单，并向建设单位提交了质量评估报告。建设单位收到监理单位提交的质量评估报告后，即将该工程正式投入使用。

**问题：**

1. 对总监理工程师在开工前所处理的几项工作是否妥当进行评价，并说明理由。如果有不妥当之处，写出正确做法。

2. 对施工过程中出现的问题，监理人员应分别如何处理？

3. 指出竣工验收时，总监理工程师在执行验收程序方面的不妥之处，写出正确做法。

4. 建设单位收到监理单位提交的质量评估报告即将该工程正式投入使用的做法是否正确？说明理由。

**答案：**

1. （本小题5.5分）

（1）不妥。（0.5分）

理由：总监理工程师无权修改图纸。（0.5分）

正确做法：对图纸中存在的问题通过建设单位向设计单位提出意见和建议。（0.5分）

（2）不妥。（0.5分）

理由：测量复核不属于测量监理员的工作职责。（0.5分）

正确做法：应指派专业监理工程师进行测量复核。（0.5分）

（3）不妥。（0.5分）

理由：不应受理分包单位报审的相关资料。（0.5分）

正确做法：对施工总承包单位报送的分包单位资格报审表审查合格后，予以签认。（0.5分）

（4）妥当。（0.5分）

理由：施工总承包单位应在开工前7日提出延期开工申请。（0.5分）

2. （本小题11.0分）

（1）处理：

①签发《监理通知单》要求承包单位停止使用该批钢筋。（1.0分）

②报告建设单位该批材料不合格。（1.0分）

③通过建设单位要求供货单位限期将该批材料清出施工现场，重新供应合格的钢材。（1.0分）

（2）处理：指令施工单位停止混凝土的浇筑，要求施工单位按程序报验。

①签发《监理通知单》要求承包单位停止混凝土的浇筑。（1.0分）

②要求承包单位对钢筋隐蔽工程按程序报验。（1.0分）

③如验收合格，要求承包单位继续施工。（1.0分）

④如验收不合格，要求承包单位整改自检合格后，重新报验。（1.0分）

（3）处理：

①征得建设单位同意后，由总监理工程师签发《工程暂停令》，要求承包单位停止相关部位的施工。（1.0分）

②要求承包单位请具有资质的法定检测单位进行该部分混凝土结构的检测鉴定。（1.0分）

③如不能满足设计要求，通过设计单位核算仍不能满足结构安全的，应要求承包单位提交经设计单位认可的处理方案。（1.0分）

④对处理过程进行监督，对处理结果进行验收。（1.0分）

3.（本小题2.0分）

不妥之处：未组织竣工预验收。（1.0分）

理由：收到竣工验收报审表及竣工资料后，总监理工程师应组织专业监理工程师进行竣工预验收，发现问题，要求整改，整改合格后，项目监理机构编制工程质量评估报告，经总监理工程师和监理单位技术负责人签字后，报建设单位审核。（1.0分）

4.（本小题2.0分）

不正确。（1.0分）

理由：建设单位应组织勘察、设计、施工、监理等单位的项目负责人进行工程验收，验收合格后方可使用。（1.0分）

# 案例二十一

## 【2002年试题四】

某桥梁工程，其基础为钻孔桩。该工程的施工任务由甲公司总承包，其中桩基础施工分包给乙公司，建设单位委托丙公司监理施工，丙公司任命的总监理工程师具有多年桥梁设计工作经验。

施工前甲公司复核了该工程的原始基准点、基准线和测量控制点，并经专业监理工程师审核批准。

该桥1号桥墩的桩基础施工完毕后，设计单位发现：整体桩位（桩的中心线）沿桥梁中线偏移，偏移量超出规范允许的误差。经检查发现，造成桩位偏移的原因是桩位施工图尺寸与总平面图尺寸不一致。因此，甲公司向项目监理机构报送了处理方案，要点如下：

（1）补桩。

（2）承台的结构钢筋适当调整，外形尺寸做部分改动。

总监理工程师根据自己多年的桥梁设计工作经验，认为甲公司的处理方案可行，因此予以批准。乙公司随即提出索赔意向通知，并在补桩施工完成后第 5 天向项目监理机构提交了索赔报告，其内容如下：

①要求赔偿整改期间机械、人员的窝工损失。

②增加的补桩应予以计量、支付。

乙公司索赔理由如下：

①甲公司负责桩位测量放线，乙公司按给定的桩位负责施工，桩体没有质量问题。

②桩位的施工放线成果已由现场监理工程师签认。

**问题：**

1. 总监理工程师批准上述处理方案，在工作程序方面是否妥当？说明理由。并简述监理工程师处理施工过程中工程质量问题工作程序的要点。

2. 专业监理工程师在桩位偏移这一质量问题中是否有责任？说明理由。

3. 写出施工前专业监理工程师对 A 公司报送的施工测量成果应检查、复核什么内容？

4. 乙公司提出的索赔要求，总监理工程师应如何处理？说明理由。

**答案：**

1. （本小题 8.0 分）

（1）工作程序不妥。（1.0 分）

理由：涉及设计变更的，应通过建设单位要求设计单位编制设计变更文件；施工单位提交的处理方案应经设计单位认可。（2.0 分）

（2）处理质量问题的工作程序要点：

①签发《监理通知单》，需要加固补强的，应由总监理工程师签发《工程暂停令》。（1.0 分）

②审查施工单位提交的经设计单位认可的处理方案。（1.0 分）

③对变更工程的费用和工期进行评估，并与建设单位、施工单位进行协商。（1.0 分）

④对处理过程进行监督，对处理结果进行验收。（1.0 分）

⑤及时向建设单位提交质量问题报告，处理记录整理归档。（1.0 分）

2. （本小题 2.0 分）

没有责任。（1.0 分）

理由：施工图尺寸与总平面图尺寸不一致的责任在设计单位。（1.0 分）

3. （本小题 2.0 分）

①施工单位测量人员的资格证书及测量设备检定证书。（1.0 分）

②施工平面控制网、高程控制网和临时水准点的测量成果及控制桩的保护措施。（1.0 分）

4. （本小题 2.0 分）

处理：不予受理分包单位直接提出的索赔，但应受理总承包单位转交的索赔。（1.0 分）

理由：分包单位和建设单位没有合同关系，分包单位应向总承包单位提出索赔，总承包单位再向监理单位提出索赔。（1.0 分）

# 案例二十二

## 【2001 年试题三】

某工业厂房工程于2018年3月12日开工，2018年10月27日竣工验收合格。该厂房供热系统于2020年4月出现部分管道漏水，业主检查发现原施工单位所用管材与其向监理工程师报验的管材不符。全部更换厂房供热管道需人民币100万元，这将造成该厂部分车间停产，损失人民币50万元。

业主就此事件提出如下要求。

（1）要求施工单位全部返工更换厂房供热管道，并赔偿停产损失的60%（计人民币30万元）。

（2）要求监理公司对全部返工工程免费监理，并对停产损失承担连带赔偿责任，赔偿停产损失的40%（计人民币20万元）。

施工单位答复如下：

该厂房供热系统已超过国家规定的保修期，不予保修，也不同意返工，更不同意赔偿停产损失。

监理单位答复如下：

监理工程师已对施工单位报验的管材进行了检查符合质量标准，已履行了监理职责。施工单位擅自更换管材，由施工单位负责，监理单位不承担任何责任。

**问题：**

1. 依据现行法律和行政法规，请指出业主的要求和施工单位、监理单位的答复中各有哪些错误，为什么？

2. 简述施工单位和监理单位各应承担哪些责任？为什么？

**答案：**

1. （本小题12.0分）

（1）业主要求错误之处：

①错误之一：要求施工单位赔偿停产损失的60%。（0.5分）

理由：施工单位所用管材与其向监理工程师报验的管材不符，这是施工单位应承担的责任事件，应由施工单位承担全部停产损失。（1.0分）

②错误之二：监理单位承担连带赔偿责任。（0.5分）

理由：监理单位没有与施工单位串通，不承担连带赔偿责任。（1.0分）

③错误之三：监理单位赔偿停产损失的40%。（0.5分）

理由：监理单位累计赔偿总额不应超过监理报酬总额（扣除税金）。（1.0分）

（2）施工单位答复的错误之处：

①错误之一：不予保修。（0.5分）

理由：施工单位擅自更换材料与保修期无关。（1.0分）

②错误之二：不予返工。（0.5分）

理由：管道漏水是由于施工单位更换材料造成，应予返工处理。（1.0分）

③错误之三：不同意支付停产损失。（0.5分）

理由：管道漏水是施工单位应承担的责任事件，应支付停产损失。（1.0分）

（3）监理单位答复中的错误之处：

①错误之一：已履行了监理职责。（0.5分）

理由：实施监理过程中，未能发现更换管材，属于监理失职。（1.0分）

②错误之二：监理单位不承担任何责任。（0.5分）

理由：不按照监理合同约定履行监理职责或监理失职，给建设单位造成损失的，应向建设单位赔偿。（1.0分）

2.（本小题4.0分）

（1）施工单位应承担的责任：行政处罚、赔偿责任。（1.0分）

理由：擅自更换管材违反了法律法规的规定和合同的约定。（1.0分）

（2）监理单位应承担的责任：行政处罚、赔偿责任。（1.0分）

理由：监理失职违反了法律法规的规定和合同的约定。（1.0分）

# 案例二十三

## 【2000年试题二】

某单位工程为单层钢筋混凝土排架结构，共有60根柱子，32m跨度空腹屋架，监理工程师批准的网络计划如下图所示（时间单位：月）。

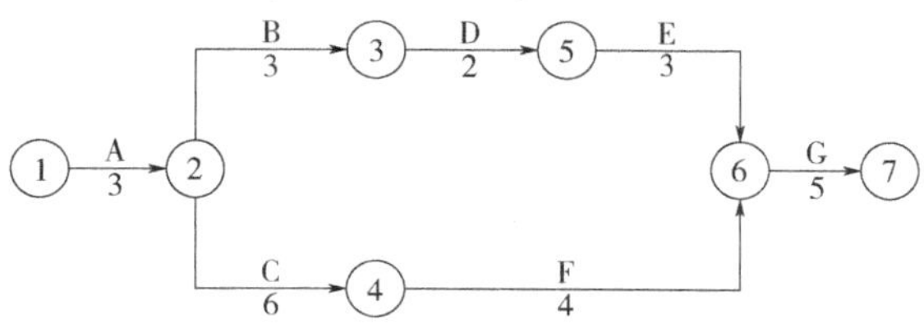


该工程施工合同二期为18个月，质量标准要求为优良。施工合同中规定，土方工程单价为16元/$m^3$，土方估算工程量为22000$m^3$；混凝土工程单价为320元/$m^3$，混凝土估算工程量为1800$m^3$。当土方工程和混凝土工程的工程量，任何一项增加超出该项原估算工程量的15%时，该项超出部分结算单价可进行调整，调整系数为0.9。

在施工过程中，监理工程师发现刚拆模的钢筋混凝土柱子存在工程质量问题。在发现有质量问题的10根柱子中，有6根蜂窝、露筋较严重；有4根蜂窝、麻面轻微，且截面尺寸小于设计要求。截面尺寸小于设计要求的4根柱子经设计单位验算，可以满足结构安全和使用功能要求，可不加固补强。

在工程按计划进度进行到第4个月时，业主、监理工程师与承包方协商，增加一项工作K，其持续时间为2个月，该工作安排在C工作结束以后开始，E工作开始前结束。由于K工作的增加，增加了土方工程量3500$m^3$，增加了混凝土工程量200$m^3$。

工程竣工后，承包方组织了该单位工程的预验收，在组织正式竣工验收前，业主已提前使用该工程。业主使用中发现房屋面漏水，要求承包方修理。

**问题：**

1. 监理工程师对发现有质量问题的10根柱子分别应任何处理？

2. 承包方因增加了K工作提出了顺延工期2个月的要求，该要求是否合理？说明理由。

3. 由于增加了K工作，相应的工程量有所增加，承包方提出对增加工程量的结算费用为：

（1）土方工程：3500×16=56000（元）。

（2）混凝土工程：200×320=64000（元）。

合计：120000元。

该费用是否合理？监理工程师对这笔费用应签证多少？

4. 在工程未正式验收前，业主提前使用是否可认为该单位已通过工程验收？对出现的质量问题，承包方是否承担保修责任？

**答案：**

1.（本小题5.0分）

（1）6根柱子蜂窝、露筋较严重的处理：

①要求施工单位提出经设计单位认可的处理方案。（1.0分）

②审核质量问题调查报告和处理方案，并签署意见。（1.0分）

③对处理过程进行跟踪检查，对处理结果进行验收。（1.0分）

④根据监理回复单对缺陷复查，处理记录整理归档。（1.0分）

（2）4根柱子蜂窝、麻面轻微的处理：不做处理。（1.0分）

2.（本小题4.0分）

提出顺延工期2个月的要求不合理。（1.0分）

理由：原计算工期3+6+4+5=18（月），增加K工作后的新计算工期3+6+2+3+5=19（月），只能提出19-18=1（月）的顺延工期要求。（3.0分）

3.（本小题9.0分）

（1）不合理。（1.0分）

（2）应签证：

①土方工程：

增量：3500/22000=15.91%>15%。（1.0分）

超出15%以上的工程量，执行新价：16×0.9=14.4（元/$m^3$）。（1.0分）

原价量：22000×15%=3300（$m^3$）。（1.0分）

新价量：3500-3300=200（$m^3$）。（1.0分）

增加费用：3300×16+200×14.4=55680（元）。（1.0分）

②混凝土工程：

增量：200/1800=11.11%<15%，工程单价不予调整。（1.0分）

增加费用：200×320=64000（元）。（1.0分）

③应签证费用=55680+64000=119680（元）。（1.0分）

4.（本小题2.0分）

（1）视为该工程已经通过验收。（1.0分）

（2）地基基础和主体结构工程由承包方负责保修，其他质量问题承包方不负责保修。（1.0分）

# 案例二十四

## 【2000年试题五】

某工程项目，业主与监理单位签订了施工阶段监理合同，与承包方签订了工程施工合同。施工合同规定：设备由业主供应，其他建筑材料由承包方采购。

施工过程中，承包方未经监理单位事先同意订购了一批钢材，钢材运抵施工现场后，监理工程师进行了检验。检验中监理工程师发现该批材料未能提交产品合格证、质量保证书和材质化验单，且这批材料外观质量不好。

业主与设计单位商定，对装饰石料指定了材质、颜色和样品，并向承包方推荐厂家，承包方与生产厂家签订了购货合同，厂家将石料按合同采购量送达现场，进场时经检查发现该批材料颜色有部分不符合要求，监理工程师通知承包方该批材料不得使用。承包方要求厂家将不符合要求的石料退换，厂家要求承包方支付退货运费，承包方不同意支付，厂家要求业主在应付承包方工程款中扣除上述费用。

**问题：**

1. 上述钢材质量问题监理工程师应如何处理？为什么？
2. 业主指定石料材质、颜色和样品是否合理？
3. 监理工程师进行现场检查，对不符合要求的石料通知不许使用是否合理？为什么？
4. 承包方要求退换不符合要求的石料是否合理？为什么？
5. 厂家要求承包方支付退货运费和业主代扣退货运费款是否合理？为什么？
6. 石料退货的经济损失应由谁负担？为什么？

**答案：**

1. （本小题3.0分）

通知承包方该批钢材不能使用，限期清出施工现场。（1.0分）

理由：该批材料未能提交产品合格证、质量保证书和材质化验单。（2.0分）

2. （本小题3.0分）

合理。（1.0分）

理由：对装饰石料业主有权指定了材质、颜色和样品。（2.0分）

3. （本小题3.0分）

合理。（1.0分）

理由：不符合要求的材料不得使用。（2.0分）

4. （本小题3.0分）

合理。（1.0分）

理由：石料不符合要求，承包方有权要求厂家退换不符合要求的石料。（2.0分）

5. （本小题3.0分）

不合理。（1.0分）

理由：石料不符合要求，厂家应承担违约责任，并且业主不是物资采购合同的当事人。（2.0分）

6.（本小题3.0分）

石料退货的经济损失应由厂家承担。（1.0分）

理由：石料不符合要求，厂家应承担违约责任。（2.0分）

# 案例二十五

## 【1999年试题四】

某大型基础设施，除土建工程、安装工程外，尚有一段地基需设置护坡桩加固边坡。业主委托监理单位组织施工招标及承担施工阶段监理。业主采纳了监理单位的建议：土建、安装、护坡三个合同分别招标，土建施工采用公开招标，设备安装和护坡桩工程选择另外方式招标，分别选定了三个承包单位。其中，基础工程公司承包护坡桩工程。

护坡桩工程开工前，总监理工程师批准了基础工程公司上报的施工组织设计。开工后，在第一次工地会议上，总监理工程师特别强调了质量控制的两大途径和主要手段。护坡桩的混凝土设计强度为C30。在混凝土护坡桩开始浇筑后，基础工程公司按规定预留了40组混凝土试块，根据其抗压强度试验结果绘制出了频数分布表，见下表；频数直方图如下图所示。

| 组号 | 分组区间 | 频数 | 频率 |
|---|---|---|---|
| 1 | 25.15～26.95 | 2 | 0.05 |
| 2 | 26.95～28.75 | 4 | 0.10 |
| 3 | 28.75～30.55 | 8 | 0.20 |
| 4 | 30.55～32.35 | 11 | 0.275 |
| 5 | 32.35～34.15 | 7 | 0.175 |
| 6 | 34.15～35.95 | 5 | 0.125 |
| 7 | 35.95～37.75 | 3 | 0.075 |

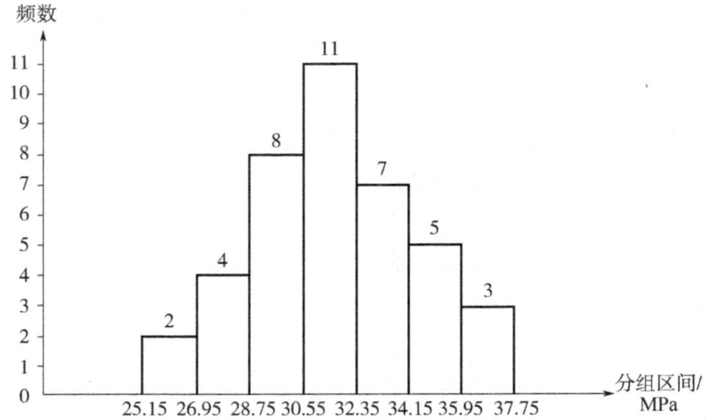


问题：

1. 监理单位为什么建议本项目分别招标？应按什么划分范围分别招标？

2. 这种（分别）招标方式有什么优越性？有什么缺点？

3. 对设备安装、护坡桩工程招标应选择什么方式？为什么？

4. 总监理工程师强调的质量控制的两大途径是什么？主要的控制手段是什么？

5. 如已知C30混凝土强度质量控制范围取值为：上限 $T_U$ = 38.2MPa，下限 $T_L$ =

24.8MPa。请在直方图上绘出上限、下限，并对混凝土浇筑质量给予全面评价。

**答案：**

1.（本小题2.0分）

（1）因为本项目中安装工程和护坡桩工程专业性强、相对独立。（1.0分）

（2）按专业工程（或按土建、安装、护坡桩三个工程）分别招标。（1.0分）

2.（本小题3.0分）

（1）优越性：①可发挥专业特长；②每个专业合同相对简单，易于管理。（2.0分）

（2）缺点：合同管理和组织协调工作量增大。（1.0分）

3.（本小题2.0分）

安装工程、护坡桩工程均采用邀请招标方式。（1.0分）

理由：该两项工程专业性较强，潜在投标人较少。（1.0分）

4.（本小题7.0分）

（1）两大途径为：①审核有关技术文件、报告；②现场质量监督与检查。（2.0分）

（2）主要手段为：①审核技术文件、报告和报表；②指令文件与一般管理文书；③现场监督和检查；④规定质量监控工作程序；⑤利用支付手段。（5.0分）

5.（本小题5.0分）

（1）某生产过程直方图如下图所示（给出频数上限、下限的图线）。（2.0分）

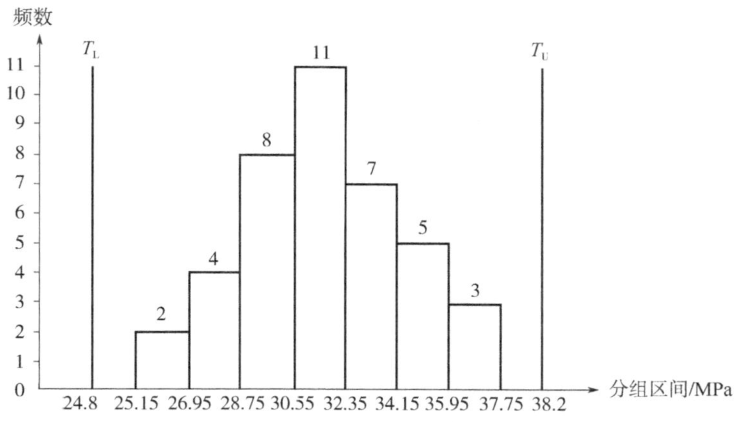


（2）评价：①形状：属于正态分布直方图，说明质量处于稳定状态；②位置：实际数据分布在质量标准范围内，且两边尚有一定余地，表明其质量在受控状态。（3.0分）

# 案例二十六

## 【1998年试题三】

某监理单位与业主签订了某钢筋混凝土结构工程施工阶段的监理合同，监理部设总监理工程师1人和专业监理工程师若干人，专业监理工程师例行在现场检查，旁站实施监理工作。在监理过程中，发现以下问题。

（1）某层钢筋混凝土墙体，由于钢筋绑扎困难，无法施工，施工单位未通报监理工程师就把墙体钢筋门洞移动了位置。

（2）某层钢筋混凝土柱，钢筋绑扎和模板均已验收合格，混凝土浇筑过程中及时发现模板胀模。

（3）某层钢筋混凝土墙体，钢筋绑扎后未经检查验收，即擅自合模封闭，准备浇筑混凝土。

（4）某层楼板钢筋经监理工程师检查验收后，即进行混凝土浇筑，混凝土浇筑完成后，发现楼板中设计的预埋电线暗管，未通知电气专业监理工程师检查验收。

（5）施工单位把地下室防水工程分包给一专业分包单位，该分包单位未经资质审查认可，即进场施工，并已进行了200m² 的防水工程。

（6）某层钢筋骨架焊接正在进行中，监理工程师检查发现有2人未经技术资质审查认可。

（7）某楼层房间的钢门框经检查符合设计要求，日后检查发现门销已经焊接，门扇已经安装，门扇反向，经检查施工符合设计图纸要求。

**问题：**

以上各项问题监理工程师应如何分别处理？

**答案：**

1.（本小题5.0分）

（1）征得建设单位同意后，总监理工程师应签发《工程暂停令》。（1.0分）

（2）通过建设单位要求设计单位进行设计变更。（1.0分）

（3）对工程变更的费用和工期进行评估，并与建设单位、施工单位协商。（1.0分）

（4）接到设计变更文件后，各方会签《工程变更单》。（1.0分）

（5）签发《工程复工令》，对变更工程的实施过程进行监督。（1.0分）

2.（本小题3.0分）

（1）签发《监理通知单》要求整改。（1.0分）

（2）对过程进行监督。（1.0分）

（3）对结果进行复查。（1.0分）

3.（本小题4.0分）

（1）征得建设单位同意后，总监理工程师应签发《工程暂停令》。（1.0分）

（2）要求施工单位对钢筋隐蔽工程按程序报验。（1.0分）

（3）如验收合格，征得建设单位同意后，总监理工程师签发《工程复工令》。（1.0分）

（4）如验收不合格，要求施工单位整改，自检合格后重新报验。（1.0分）

4.（本小题4.0分）

（1）征得建设单位同意后，总监理工程师应签发《工程暂停令》。（1.0分）

（2）要求施工单位对预埋电线暗管隐蔽工程按程序报验。（1.0分）

（3）如验收合格，征得建设单位同意后，总监理工程师签发《工程复工令》。（1.0分）

（4）如验收不合格，要求施工单位整改，自检合格后重新报验。（1.0分）

5.（本小题5.0分）

（1）征得建设单位同意后，总监理工程师应签发《工程暂停令》。（1.0分）

（2）要求施工单位提交分包单位资格报审表及相关资料。（1.0分）

（3）如审查合格，征得建设单位同意后，总监理工程师签发《工程复工令》。（1.0 分）

（4）如审查不合格，要求施工单位指令分包单位立即退场，并对已进行的 $200m^2$ 防水工程进行检查验收。（1.0 分）

（5）如防水工程验收不合格，要求施工单位整改，自检合格后重新报验。（1.0 分）

6.（本小题4.0分）

（1）签发《监理通知单》要求施工单位停止该 2 人的焊接作业。（1.0 分）

（2）要求施工单位提交该 2 人的特种作业人员资格证书。（1.0 分）

（3）如未能提交或资格审查不合格，要求施工单位撤换人员后重新报审。（1.0 分）

（4）对不合格人员焊接部位进行检查验收，如焊接质量不合格，要求施工单位整改并自检合格后重新向监理机构报验。（1.0 分）

7.（本小题4.0分）

（1）立即报告建设单位，通过建设单位要求设计单位编制设计变更文件。（1.0 分）

（2）接到设计变更文件后，对变更工程的费用和工期进行评估，并与建设单位、施工单位进行协商。（1.0 分）

（3）各方会签工程变更单。（1.0 分）

（4）对变更工程的实施过程进行监督。（1.0 分）

# 案例二十七

## 【1998 年试题六】

某工程，钢筋混凝土大板结构，地下 2 层，地上 18 层，基础为整体底板，混凝土工程量 $840m^3$，底板底标高 -6.000m，钢门窗框，木门，采用集中空调设备。施工组织设计确定，土方采用大开挖放坡施工方案。土方开挖 20 天，浇筑底板混凝土 24 小时连续施工需 4 天。

事件 1：施工单位在合同协议条款约定的开工日期前 6 天提交了一份请求报告，报告请求延期 10 天开工，其理由如下：

（1）电力部门通知，施工用电变压器在开工 4 天后才能安装完毕。

（2）由铁路部门运输的 5 台施工单位自有施工机械在开工后 8 天才能运输到施工现场。

（3）为工程开工所必需的辅助施工设施在开工后 10 天才能投入使用。

事件 2：基坑开挖进行 18 天时，发现 -6.000m 地基仍为软土地基，与地质报告不符。监理工程师及时进行了如下工作：

（1）通知施工单位配合勘察单位利用 2 天时间查明地基情况。

（2）通知业主与设计单位洽商修改基础设计，设计时间为 5 天交图。确定局部基础深度加深到 -7.500m，混凝土工程量增加 $70m^3$。

（3）通知施工单位修改土方施工方案。加深开挖，增大放坡，开挖土方需要增加 4 天。

事件 3：工程所需的 200 个钢门窗框是由业主负责供货，钢门窗框运达施工单位工地仓库，并经入库验收。施工过程中监理工程师进行质量检验时，发现有 10 个钢窗框有较大变形，即下令施工单位拆除，经检查，钢窗框使用材料不符合要求。

事件 4：业主供货，由施工单位选择的分包商将集中空调安装完毕，进行联动无负荷试车时需电力部门和施工单位及有关外部单位进行某些配合工作。试车检验结果表明，该集中空调设备的某些主要部件存在严重质量问题，需要更换。

**问题：**

1. 事件1中，监理工程师接到报告后应如何处理？为什么？
2. 事件2中，监理工程师应核准哪些项目的工期顺延？应同意延期几天？
3. 事件2中，对哪些项目（列出项目名称内容）应核准经济补偿？
4. 事件3中，对此事件监理工程师应如何处理？
5. 事件4中，按照合同规定的责任，试车应由谁组织？
6. 事件4中，监理工程师应如何处理？

**答案：**

1. （本小题4.0分）

应批准延期4天开工。理由：（1.0分）

（1）施工用电变压器在开工4天后才能安装完毕，不是施工单位的原因，是建设单位应承担的责任事件。（1.0分）

（2）施工机械延误到场是施工单位应承担的责任事件。（1.0分）

（3）辅助设施延误到场是施工单位应承担的责任事件。（1.0分）

2. （本小题5.0分）

（1）应批准延期项目：

①配合勘察单位的时间。（1.0分）

②修改设计的时间。（1.0分）

③混凝土工程量增加的时间。（1.0分）

④加深开挖、增大放坡的时间。（1.0分）

（2）应同意延期：$2+5+70/(840/12)+4=12$（天）。（1.0分）

3. （本小题4.0分）

（1）增加土方工程的造价。（1.0分）

（2）增加混凝土工程的造价。（1.0分）

（3）配合勘察增加的造价。（1.0分）

（4）人工窝工费和机械闲置费。（1.0分）

4. （本小题5.0分）

（1）报告业主钢窗框使用材料不符合要求。（1.0分）

（2）对所有钢窗框的材料进行全数检查。（1.0分）

（3）要求施工单位对所有不合格的钢窗框拆除。（1.0分）

（4）通过业主要求供货厂家提供合格的钢窗框。（1.0分）

（5）对拆除和重新安装的费用和工期进行评估，并与业主、施工单位协商费用会签工期的补偿事宜。（1.0分）

5. （本小题1.0分）

联动无负荷试车由业主组织试车。（1.0分）

6. （本小题4.0分）

（1）通过业主要求供货厂家提供合格的空调设备。（1.0分）

（2）对拆除和重新安装空调设备的费用和工期进行评估，并与业主、施工单位协商费用会签工期的补偿事宜。（1.0分）

（3）要求施工单位拆除和重新安装空调设备。（1.0分）

（4）对拆除和重新安装的施工过程进行监督检查。（1.0分）

# 案例二十八

**【1997年试题三】**

某项实施监理的钢筋混凝土高层框架剪力墙结构工程，设计图纸齐全，采用玻璃幕墙，暗设水、电管线。目前，主体结构正在施工。

**问题：**

1. 监理工程师在质量控制方面的监理工作内容有哪些？
2. 监理工程师应对进场原材料（钢筋、水泥等）的哪些报告、凭证资料进行确认？
3. 在检查钢筋施工过程中，如发现有些部位不符合设计，监理工程师应如何处理？

**答案：**

1.（本小题6.0分）

（1）施工准备质量控制：

①施工承包单位资质的核查。（1.0分）

②施工组织设计的审查。（1.0分）

③现场施工准备质量控制。（1.0分）

（2）施工过程质量控制：

①进行质量的预控。（1.0分）

②进行质量的跟踪监理检查。（1.0分）

③监理工程师还应签证质量检验凭证。（1.0分）

2.（本小题3.0分）

（1）材料出厂合格证明。（1.0分）

（2）质量保证书和技术合格证。（1.0分）

（3）材料检验报告或试验报告。（1.0分）

3.（本小题6.0分）

（1）签发《监理通知单》，要求承包单位进行整改。（1.0分）

（2）需要返工处理的，应由总监理工程师签发《工程暂停令》。（1.0分）

（3）审查施工单位提交的经设计单位认可的处理方案。（1.0分）

（4）对变更工程的费用和工期进行评估，并与建设单位、施工单位进行协商。（1.0分）

（5）对处理过程进行监督，对处理结果进行验收。（1.0分）

（6）及时向建设单位提交质量问题报告，处理记录整理归档。（1.0分）

# 第四部分

# 网络与流水

## 案例一

**【2022 年试题五回忆版】**

某工程，建设单位与施工单位依据《建设工程施工合同（示范文本）》签订了施工合同，经总监理工程师审核确认的施工总进度计划如下图所示（时间单位：月），各项工作均按最早开始时间安排且匀速施工；各项工作费用按持续时间均匀分布。

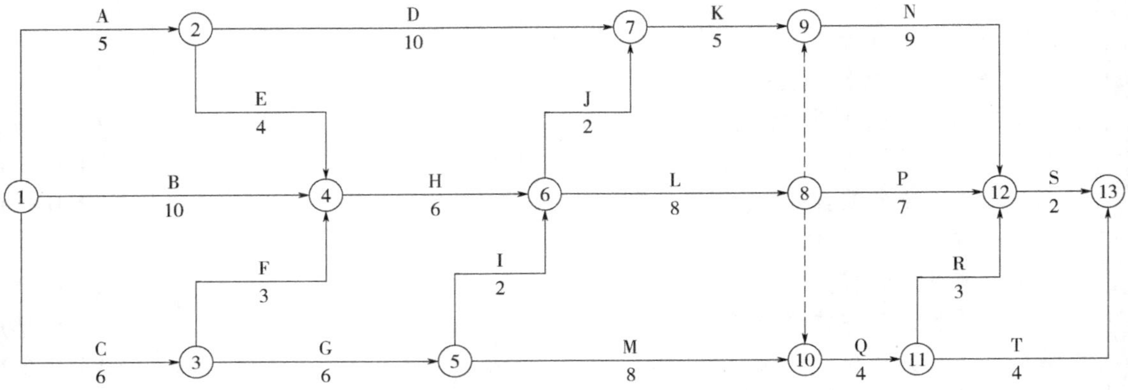


工程实施过程中发生如下事件。

事件 1：项目监理机构在第 3 个月末统计的 1 ~ 3 月份已完工程计划费用（BCWP）和已完工程实际费用（ACWP）见下表。工作 A、B、C 的计划费用分别为 200 万元、500 万元、260 万元。

**1 ~ 3 月份费用统计表** （单位：万元）

| 月份 | 1 | 2 | 3 |
|---|---|---|---|
| 已完工程计划费用（BCWP） | 120 | 150 | 140 |
| 已完工程实际费用（ACWP） | 140 | 160 | 130 |

事件 2：施工过程中，建设单位提出一项设计变更，该变更导致工作 J 推迟施工 1 个月，增加工程费用 20 万元，造成施工单位人员窝工损失 9 万元。为此，施工单位通过项目监理机构向建设单位提出工程延期 1 个月、费用补偿 29 万元的申请。

事件3：因施工机械设备调配原因，施工单位计划将工作Q推迟3个月开始施工，且后续工作相应顺延，遂向项目监理机构报送了调整后的施工进度计划，并提出延期申请。

**问题：**

1. 依据上图，确定施工总进度计划的总工期及关键工作，工作J的总时差和自由时差分别为多少个月？

2. 事件1中，截至第3个月末。拟完工程计划费用累计额为多少万元？费用偏差和进度偏差（以费用额表示）分别为多少万元？并判断费用是否超支和进度是否拖后。

3. 事件2中，项目监理机构是否应批准工程延期？说明理由，批准的费用补偿为多少万元？说明理由。

4. 针对事件3，项目监理机构是否应批准施工单位提出的工程延期申请？说明理由。

**答案：**

1.（本小题6.0分）

（1）总工期为：10+6+8+9+2=35（月）。（2.0分）

（2）关键工作为：B、H、L、N、S。（2.0分）

（3）工作J的总时差为1个月，自由时差为0个月。（2.0分）

2.（本小题8.0分）

（1）拟完工程计划费用：(200/5+500/10+260/6)×3=400（万元）（2.0分）

（2）已完工程计划费用：120+150+140=410（万元）（1.0分）

（3）已完工程实际费用：140+160+130=430（万元）（1.0分）

费用偏差：410−430=−20（万元）<0，费用超支20万元（2.0分）

进度偏差：410−400=10（万元）>0，进度超前10万元（2.0分）

3.（本小题4.0分）

（1）不应批准工程延期。（1.0分）

理由：J工作总时差为1个月，延误1个月未超过总时差，不影响工期。（1.0分）

（2）批准费用补偿29万元。（1.0分）

理由：设计变更属于建设单位应承担的责任。（1.0分）

4.（本小题2.0分）

不应批准。（1.0分）

理由：施工机械设备调配属于施工单位应承担的责任。（1.0分）

# 案例二

**【2021年试题五回忆版】**

某工程，建设单位与施工单位依据《建设工程施工合同》签订了施工合同，工期36个月。经总监理工程师审核确认的施工总进度计划如下图，各项工作均按最早开始安排且匀速。

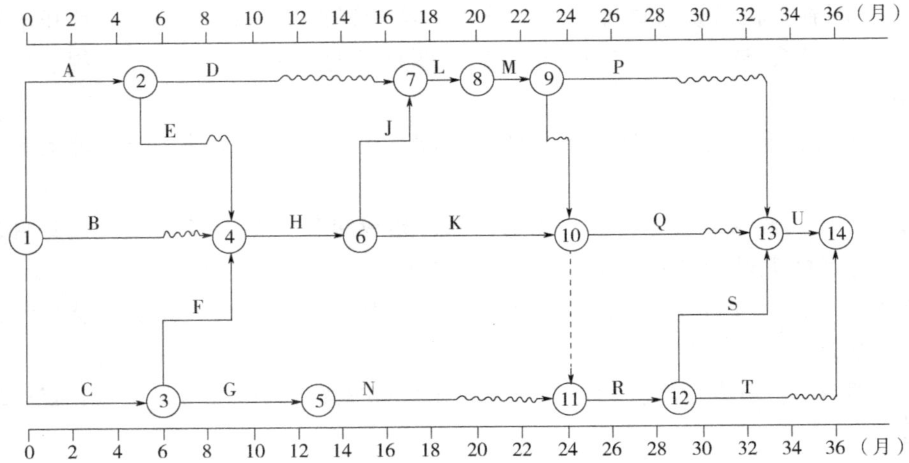


工程实施过程中发生如下事件。

事件1：工程施工至第2个月，发现工程地质实际情况与勘察报告不符，需补充勘察并修改设计。由此导致工作A暂停1个月，工作B暂停2.5个月，造成施工单位支出施工机械设备闲置费15万元，施工人员窝工费12万元。为此，施工单位提出了工程延期2.5个月，费用补偿27万元的索赔。

事件2：工程施工至第19个月末，进度检查发现，L拖后3个月，K正常，N拖后4个月。

事件3：建设单位在第20个月初提出工程必须按原合同工期完成。为此施工单位提出赶工方案，计划将R和S工作均分为3个施工段组织流水施工，施工段和流水节拍见下表：

| 工作 | 施工段 | | |
|---|---|---|---|
| | ① | ② | ③ |
| R | 2 | 2 | 1 |
| S | 1 | 1 | 2 |

**问题：**

1. 针对事件1，项目监理机构应批准的工期索赔和费用索赔各为多少？说明理由。

2. 事件1发生之后，请指出关键线路；计算D工作、G工作的总时差和自由时差。

3. 针对事件2，分别说明各项工作实际进度偏差对总工期影响，并说明理由。

4. 针对事件3，计算R和S工作的流水步距为多少？流水工期为多少？组织流水施工后，总工期为多少个月？

**答案：**

1. （本小题4.0分）

（1）应批准的费用索赔为27万元。（0.5分）

理由：发现工程地质实际情况与勘察报告不符，需补充勘察并修改设计，这属于建设单位应承担的责任，而非施工单位应承担的责任。（1.5分）

（2）不予批准工期索赔。（0.5分）

理由：A工作的总时差为1个月，B工作的总时差为3个月，A工作拖延（暂停施工）1个月，B工作拖延（暂停施工）2.5个月，未超出其总时差。（1.5分）

2.（本小题4.0分）

(1) 关键线路：

①A→E→H→K→R→S→U（①→②→④→⑥→⑩→⑪→⑫→⑬→⑭）。　(1.0分)

②C→F→H→K→R→S→U（①→③→④→⑥→⑩→⑪→⑫→⑬→⑭）。　(1.0分)

(2) D工作的总时差为6个月，自由时差为5个月。　(1.0分)

(3) G工作的总时差为5个月，自由时差为0。　(1.0分)

3.（本小题5.0分）

(1) L工作拖后3个月，影响工期2个月。　(1.0分)

理由：L工作的总时差为1个月，拖后3个月超出其总时差2个月，影响工期2个月。　(1.0分)

(2) K工作正常，不影响工期。　(1.0分)

(3) N工作拖后4个月，不影响工期。　(1.0分)

理由：N工作的总时差为5个月，拖后4个月未超出其总时差，不影响工期。　(1.0分)

4.（本小题7.0分）

(1) R和S的流水步距：

$$\begin{array}{rrrrr} & 2, & 4, & 5 & \\ -) & & 1, & 2, & 4 \\ \hline & 2, & 3, & 3 & -4 \end{array}$$

$K_{R,S}$ = max (2, 3, 3, −4) = 3 (月)　(3.0分)

(2) 流水工期 = 3 + (1 + 1 + 2) = 7 (月)　(2.0分)

(3) 总工期 = 36 + 2 − 2 = 36 (月)　(2.0分)

# 案例三

## 【2020年试题五】

某工程，建设单位与施工单位按照《建设工程施工合同（示范文本）》签订了施工合同。经总监理工程师审核确认的施工总进度计划如下图所示，各项工作均按最早开始时间安排且匀速施工。

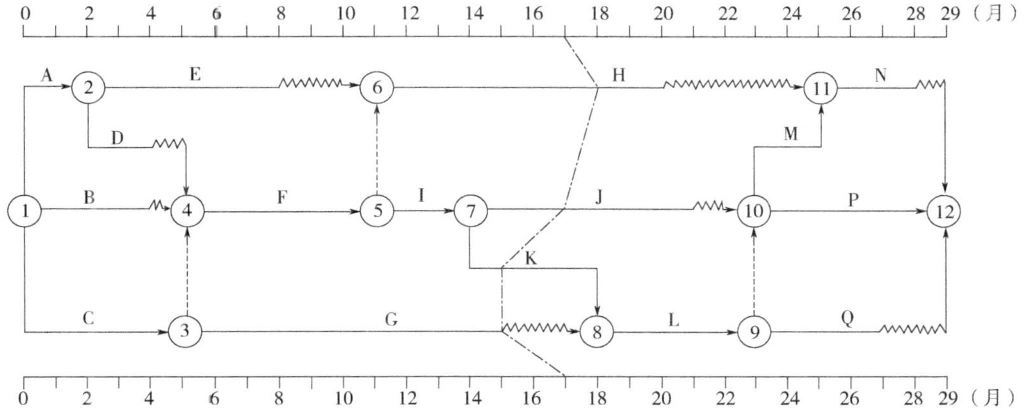

工程施工过程中发生如下事件。

事件1：工程施工至第3个月，受百年一遇洪水灾害影响，工作B暂停施工1个月，工作E暂停施工2个月，造成施工现场的工程设备损失30万元、施工机械损失50万元，施工人员受伤医疗费用5万元。施工单位通过项目监理机构向建设单位提出工程延期3个月、费用补偿85万元的申请。

事件2：因用于工作F的施工机械未能及时进场，致使工作F推迟1个月开始。建设单位要求施工单位按期完成工作F，施工单位为此产生赶工费25万元。随后，施工单位通过项目监理机构向建设单位提出工程延期1个月、费用补偿25万元的申请。

事件3：工程施工至第17个月末，项目监理机构检查进度后绘制的实际进度前锋线如上图所示。施工单位为确保工程按原计划工期完成，采取了赶工措施，相关工作赶工费率及可缩短时间见下表。

| 工作名称 | H | J | K | L | M | N | P | Q |
|---|---|---|---|---|---|---|---|---|
| 赶工费费率/(万元/月) | 25 | 8 | 30 | 28 | 12 | 15 | 15 | 13 |
| 可缩短时间/月 | 0.5 | 2.0 | 0.5 | 1.0 | 1.0 | 1.0 | 2.0 | 2.0 |

**问题：**

1. 针对事件1，项目监理机构应批准工程延期和费用补偿各为多少？说明理由。

2. 针对事件2，项目监理机构应批准工程延期和费用补偿各为多少？说明理由。

3. 针对事件3，根据施工总进度计划图判断实际进度前锋线上各项工作的进度偏差，分别说明各项工作进度偏差对总工期的影响程度。

4. 针对事件3，为达到赶工目的，应首先选择哪几项工作作为压缩对象？为使赶工费最少，应压缩哪几项工作的持续时间？各压缩多少个月？至少需要增加赶工费多少万元？

**答案：**

1.（本小题5.0分）

（1）应批准工程延期为0，即：不应批准工程延期。（1.0分）

理由：百年一遇洪水灾害属于不可抗力，但B工作的总时差为1个月，暂停施工1个月未超出其总时差，不影响工期；E工作的总时差为9个月，暂停施工2个月未超出其总时差，不影响工期。（2.0分）

（2）应批准费用补偿30万元。（1.0分）

理由：百年一遇洪水灾害属于不可抗力，工程设备损失应由建设单位承担，施工机械损失和施工人员受伤医疗费用由施工单位承担。（1.0分）

2.（本小题4.0分）

（1）应批准工程延期为0，即：不应批准工程延期。（1.0分）

理由：施工机械未能及时进场是施工单位应承担的责任，由此延误的工期应由施工单位承担。（1.0分）

（2）应批准费用补偿为0，即：不应批准费用补偿。（1.0分）

理由：施工机械未能及时进场是施工单位应承担的责任，由此增加的费用应由施工单位承担。（1.0分）

3.（本小题4.5分）

（1）H工作

①实际进度超前1个月。（0.5分）

②对总工期没有影响。（0.5分）

（2）J工作

①进度无偏差。（0.5分）

②对总工期没有影响。（0.5分）

（3）K工作

①实际进度拖后2个月。（0.5分）

②影响总工期2个月。（1.0分）

（4）G工作

①实际进度拖后2个月。（0.5分）

②对总工期没有影响。（0.5分）

4.（本小题6.5分）

（1）首先应选择K、L、P工作为压缩对象。（1.5分）

（2）为使赶工费最少，应压缩P、M工作。（1.5分）

（3）P压缩2个月，M压缩1个月。（1.5分）

（4）赶工费：15×2+12=42（万元）。（2.0分）

# 案例四

## 【2019年试题五】

某工程，建设单位与施工单位按照《建设工程施工合同（示范文本）》签订了施工合同，总监理工程师批准的施工总进度计划如下图所示，各项工作均按最早开始时间安排施工。

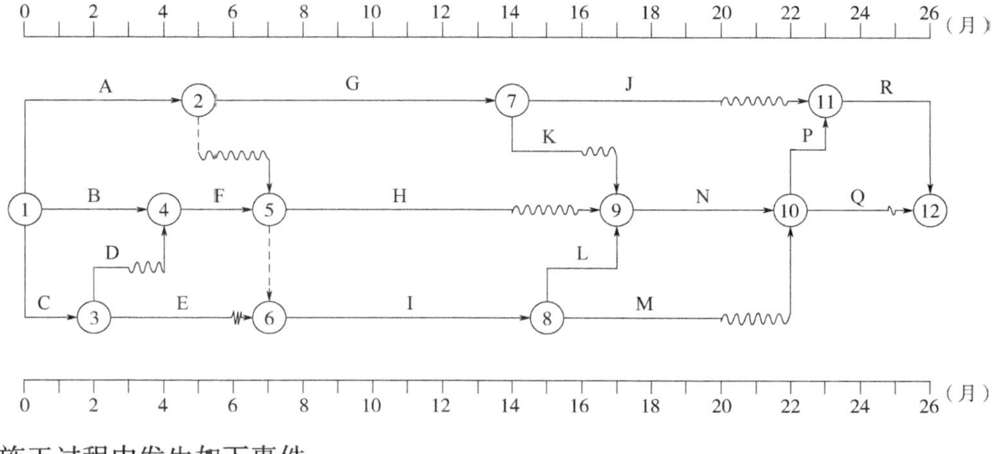


施工过程中发生如下事件。

事件1：工作D为基础开挖工程，施工中发现地下文物。为实施保护措施，施工单位暂停施工1个月，并发生费用10万元。为此，施工单位提出了工期索赔和费用索赔。

事件2：工程施工至第4个月时，由于建设单位要求的设计变更，导致工作K的工作时间增加1个月，工作I的工作时间缩短为6个月，费用增加20万元。施工单位据此调整了施工总进度计划，并报项目监理机构审核，总监理工程师批准了调整后的施工总进度计划。此后，施工单位提出了工程延期1个月、费用补偿20万元的索赔。

事件3：工程施工至第18个月月末，项目监理机构根据上述调整后批准的施工总进度计划检查，各工作的实际进度为工作J拖后2个月，工作N正常，工作M拖后3个月。

**问题：**

1. 指出如图所示施工总进度计划的关键线路及工作A、H的总时差和自由时差。

2. 针对事件1，项目监理机构应批准的工期索赔和费用索赔各为多少？说明理由。

3. 针对事件2，项目监理机构应批准的工期索赔和费用索赔各为多少？说明理由。调整后的施工总进度计划中，工作A的总时差和自由时差是多少？

4. 针对事件3，第18个月月末，工作J、N、M实际进度对总工期有什么影响？说明理由。

**答案：**

1.（本小题3.0分）

（1）关键线路：B→F→I→L→N→P→R。（1.0分）

（2）工作A：总时差为1个月，自由时差为0。（1.0分）

（3）工作H：总时差为3个月，自由时差为3个月。（1.0分）

2.（本小题4.0分）

（1）不应批准工期索赔，即：工期索赔为0。（1.0分）

理由：D工作的总时差为1个月，暂停施工1个月未超出其总时差，不影响总工期。（1.0分）

（2）应批准费用索赔10万元。（1.0分）

理由：施工中发现地下文物是建设单位应承担的责任，不属于施工单位应承担的风险，因此增加的费用应由建设单位承担。（1.0分）

3.（本小题6.0分）

（1）不应批准工期索赔，即：工期索赔为0。（1.0分）

理由：在原网络进度计划中，K工作的总时差为1个月，工作时间增加1个月未超出其总时差，不影响总工期；在原网络进度计划中，I工作为关键工作，持续时间的缩短不会导致工期延长，所以工期索赔不成立。（2.0分）

（2）应批准费用索赔20万元。（1.0分）

理由：设计变更是建设单位应承担的责任，而不是施工单位的责任，由此导致的费用增加应由建设单位承担。（1.0分）

（3）工作A：总时差为0，自由时差为0。（1.0分）

4.（本小题5.0分）

（1）工作J：对总工期无影响。（1.0分）

理由：工作J的总时差为3个月，拖后2个月未超出其总时差，不影响总工期。

（2）工作N：对总工期无影响。（1.0分）

理由：工作 N 的实际进度正常，不影响总工期。（1.0 分）

（3）工作 M：对总工期无影响。（1.0 分）

理由：调整后的网络计划中，工作 M 的总时差为 4 个月，拖后 3 个月未超出其总时差，不影响总工期。（1.0 分）

# 案例五

## 【2018 年试题五】

某实施监理工程，建设单位与施工单位按照《建设工程施工合同（示范文本）》签订了施工合同，合同约定因发生不可抗力事件导致人员窝工和机械闲置的费用由建设单位承担。

经总监理工程师批准的施工总进度计划如下图所示，各工作均按最早开始时间安排且匀速施工。

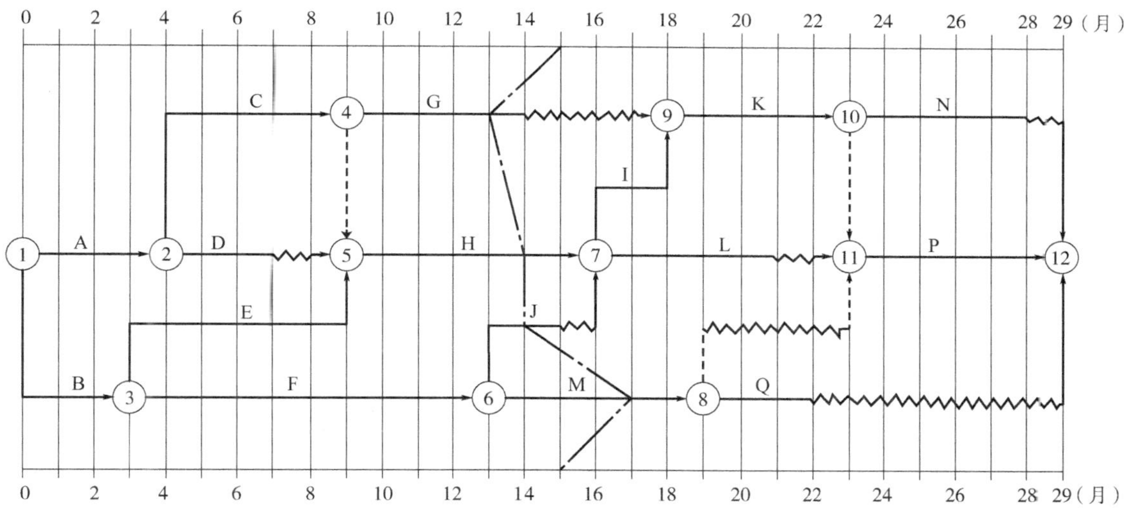


施工过程中发生如下事件。

事件 1：为加强施工进度控制，总监理工程师指派总监理工程师代表：①制订进度目标控制的防范性对策；②调配进度控制监理人员。

事件 2：工作 D 开始后，由于建设单位未能及时提供施工图，使该工作暂停施工 1 个月。停工造成施工单位人员窝工损失 8 万元，施工机械台班闲置费 15 万元。为此，施工单位提出工程延期和费用补偿申请。

事件 3：工程进行到第 11 个月遇强台风，造成工作 G 和 H 实际进度拖后，同时造成人员窝工损失 60 万元，施工机械闲置损失 100 万元，施工机械损坏损失 110 万元。由于台风影响，到第 15 个月月末，实际进度前锋线如上图所示。为此，施工单位提出工程延期 2 个月和费用补偿 270 万元的索赔。

**问题：**

1. 指出如图所示施工总进度计划的关键路线及工作 F、M 的总时差和自由时差。

2. 指出事件1中总监理工程师做法的不妥之处，说明理由。

3. 针对事件2，项目监理机构应批准的工程延期和费用补偿分别为多少？说明理由。

4. 根据如图所示前锋线，工作J和M的实际进度超前或拖后的时间分别是多少？分析说明对总工期是否有影响。

5. 事件3中，项目监理机构应批准的工程延期和费用补偿分别为多少？说明理由。

**答案：**

1. （本小题4.0分）

（1）关键线路：B→E→H→I→K→P；（1.0分）

A→C→H→I→K→P。（1.0分）

（2）工作F：总时差为1个月，自由时差为0。（1.0分）

（3）工作M：总时差为4个月，自由时差为0。（1.0分）

2. （本小题2.0分）

不妥之处："指派总监理工程师代表调配进度控制监理人员"。（1.0分）

理由：总监理工程师不得将调配监理人员工作委派给总监理工程师代表。（1.0分）

3. （本小题4.0分）

（1）批准工程延期为0，即不应批准工程延期。（1.0分）

理由：D工作的总时差为2个月，停工1个月未超出其总时差，不影响工期。（1.0分）

（2）应批准费用补偿为23万元。（1.0分）

理由：未能及时提供施工图是建设单位的责任，而非施工单位的责任。（1.0分）

4. （本小题4.0分）

（1）工作J的实际进度拖后1个月，对总工期没有影响。（1.0分）

理由：工作J的总时差为1个月，拖后1个月未超出其总时差，不影响工期。（1.0分）

（2）工作M的实际进度超前2个月，对总工期没有影响。（1.0分）

理由：工作M为非关键工作，其进度超前不能导致工期提前。（1.0分）

5. （本小题6.0分）

（1）应批准工程延期为1个月。（1.0分）

理由：强台风属于不可抗力事件，G工作的总时差为4个月，拖后2个月未超出其总时差，不影响工期；H工作为关键工作，拖后1个月影响工期1个月。（3.0分）

（2）应批准费用补偿为160万元。（1.0分）

理由：强台风属于不可抗力事件，施工机械设备损坏应由施工单位承担；按合同约定机械设备停工损失和人员窝工损失均由建设单位承担。（1.0分）

## 案例六

**【2017年试题五】**

某工程，建设单位与施工单位按照《建设工程施工合同（示范文本）》签订了施工合同，经项目监理机构批准的施工总进度计划如下图所示，各项工作均按最早开始时间安排且匀速施工。

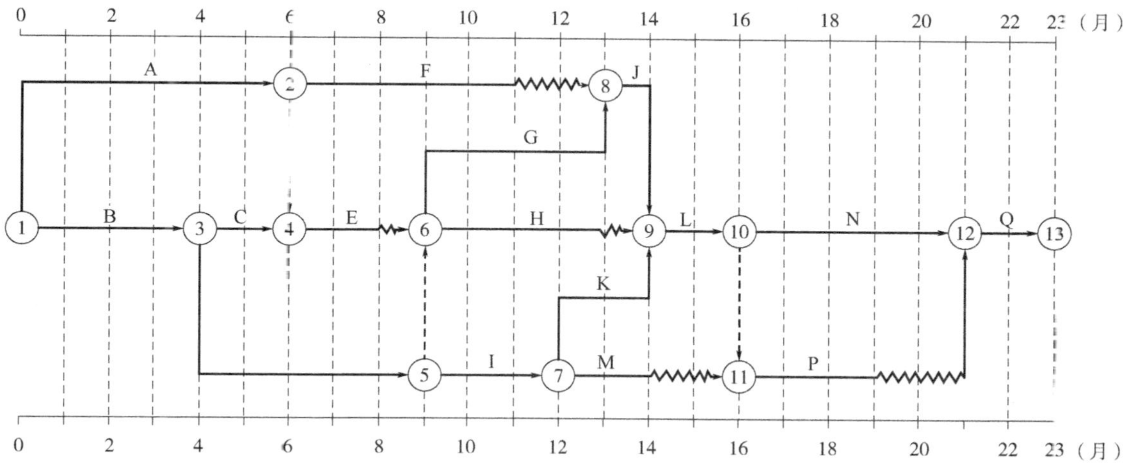


施工过程中发生如下事件。

事件1：工作A为基础工程，施工中发现未探明的地下障碍物，处理障碍物导致工作A暂停施工0.5个月，施工单位机械闲置损失12万元，施工单位向项目监理机构提出工程延期和费用补偿申请。

事件2：由于建设单位订购的工程设备未按照合同约定时间进场，使工作J推迟2个月开始，造成施工人员窝工损失6万元，施工单位向监理机构提出工期延期2个月和补偿费用6万元的索赔要求。

事件3：事件2发生后，建设单位要求工程仍按原计划工期完成，为此，施工单位决定采取赶工措施，经确认，相关工作赶工费费率及可缩短时间见下表。

| 工作名称 | L | N | P | Q |
|---|---|---|---|---|
| 赶工费费率/(万元/月) | 20 | 10 | 8 | 22 |
| 可缩短时间/月 | 1 | 1.5 | 1 | 0.5 |

**问题：**

1. 指出如上图所示施工总进度计划的关键线路及工作E、M的总时差和自由时差。

2. 针对事件1，项目监理机构应批准工程延期和费用补偿各为多少？说明理由。

3. 针对事件2，项目监理机构应批准工程延期和费用补偿各为多少？说明理由。

4. 针对事件3，为使赶工费用最少，应选择哪几项工作进行压缩？说明理由。需要增加赶工费多少万元？

**答案：**

1. （本小题4.0分）

（1）关键线路B→D→I→K→L→N→Q和B→D→G→J→L→N→Q。（2.0分）

（2）工作E的总时差为1个月，自由时差为1个月。（1.0分）

（3）工作M的总时差为4个月，自由时差为2个月。（1.0分）

2. （本小题5.0分）

（1）不应批准工程延期。（1.0分）

理由：A的总时差为1个月，停工0.5个月未超出其总时差，不影响总工期。（2.0分）

（2）应批准费用补偿 12 万元。（1.0 分）

理由：未探明的地下障碍物不属于施工单位的责任。（1.0 分）

3.（本小题 5.0 分）

（1）应批准工程延期 2 个月。（1.0 分）

理由：建设单位订购的工程设备延误是建设单位应承担的责任，并且工作 J 为关键工作，停工 2 个月，影响总工期 2 个月。（2.0 分）

（2）应批准费用补偿 6 万元。（1.0 分）

理由：建设单位订购的工程设备延误是建设单位应承担的责任，不属于施工单位的责任，所以应批准费用补偿。（1.0 分）

4.（本小题 6.0 分）

（1）应选择工作 L、N 进行压缩。（1.0 分）

①压缩关键工作 N 的持续时间 1.5 个月。（1.0 分）

理由：工期能够缩短 1.5 个月，增加的费用最少：$10\times1.5=15$（万元）。（1.0 分）

②再压缩关键工作 L 的持续时间 0.5 个月。（1.0 分）

理由：工期能够再缩短 0.5 个月，增加的费用最少：$20\times0.5=10$（万元）。（1.0 分）

（2）赶工费：$0.5\times20+1.5\times10=25$（万元）。（1.0 分）

# 案例七

## 【2016 年试题五】

某实施监理的工程，建设单位与施工单位按照《建设工程施工合同（示范文本）》签订了施工合同，经总监理工程师批准的施工总进度计划如下图所示（时间单位：月），各项工作均按最早开始时间安排且匀速施工。

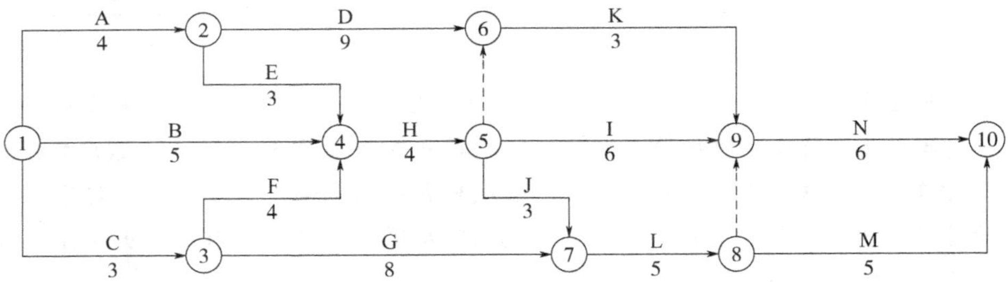


施工过程中发生如下事件。

事件 1：工作 C 开始后，施工单位向项目监理机构提交了工程变更申请，由于该项工程变更不涉及修改设计图，施工单位要求总监理工程师尽快签发工程变更单。

事件 2：施工中遭遇不可抗力事件，导致工作 G 停工 2 个月、工作 H 停工 1 个月，造成施工单位 20 万元的窝工损失。为确保工程按原计划时间完成，建设单位要求施工单位赶工。施工单位对 H 工作采取了赶工措施使其按期完工，产生赶工费 15 万元。施工单位向项目监理机构提出申请，要求费用补偿 35 万元，工程延期 3 个月。

事件 3：工程开工后第 1～4 月拟完成工程计划投资、已完工程计划投资与已完工程实际投资如下图所示。

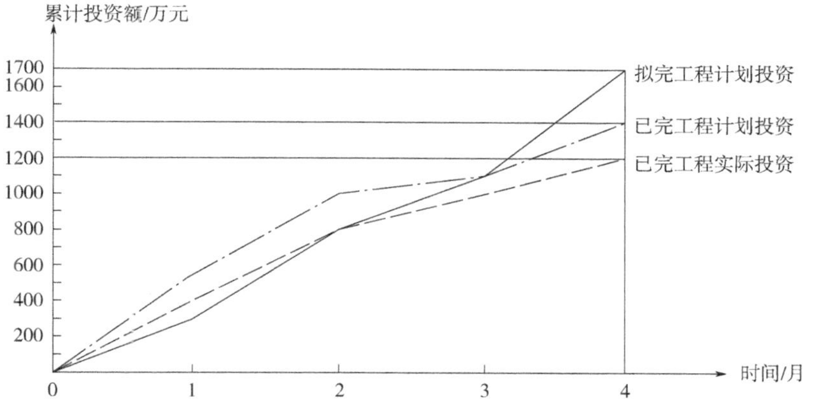


**问题：**

1. 确定如图所示施工总进度计划的总工期及关键工作，计算工作 G 的总时差。

2. 针对事件 1，写出项目监理机构处理工程变更的程序。

3. 事件 2 中，项目监理机构应批准的费用补偿和工程延期分别为多少？说明理由。

4. 针对事件 3，指出工程在第 4 月月末的投资偏差和进度偏差（以投资额表示）。

**答案：**

1. （本小题 6.0 分）

（1）总工期：4 + 3 + 4 + 3 + 5 + 6 = 25（月）。（1.0 分）

（2）关键工作：A、C、E、F、H、J、L、N。（4.0 分）

（3）工作 G 的总时差为 3 个月。（1.0 分）

2. （本小题 5.0 分）

（1）总监理工程师组织专业监理工程师审查变更申请。（1.0 分）

（2）审查同意后，报送建设单位审批。（1.0 分）

（3）对工程变更的费用和需要延长的工期进行评估。（1.0 分）

（4）与建设单位、施工单位进行协商，会签工程变更单。（1.0 分）

（5）总监理工程师签发工程变更令，并对实施过程进行监督。（1.0 分）

3. （本小题 6.0 分）

（1）应批准赶工费 15 万元。（1.0 分）

理由：不可抗力事件发生后，窝工损失应由施工单位承担，建设单位要求赶工的，赶工费用由建设单位承担。（2.0 分）

（2）不应批准工程延期。（1.0 分）

理由：建设单位要求施工单位赶工，并已支付工作 H 的赶工费；工作 H 为关键工作，并已按期完成；工作 G 的总时差为 3 个月，停工 2 个月不影响总工期。（2.0 分）

4. （本小题 3.0 分）

（1）投资偏差：1400 − 1200 = 200（万元）> 0，说明投资节约 200 万元。（1.5 分）

（2）进度偏差：1400 − 1700 = −300（万元）< 0，说明进度拖后 300 万元。（1.5 分）

# 案例八

## 【2015 年试题五】

某工程，建设单位与施工单位签订了施工合同，合同工期为 220 天。经总监理工程师批准的施工总进度如下图所示，各项工作均按最早开始时间安排且匀速施工。

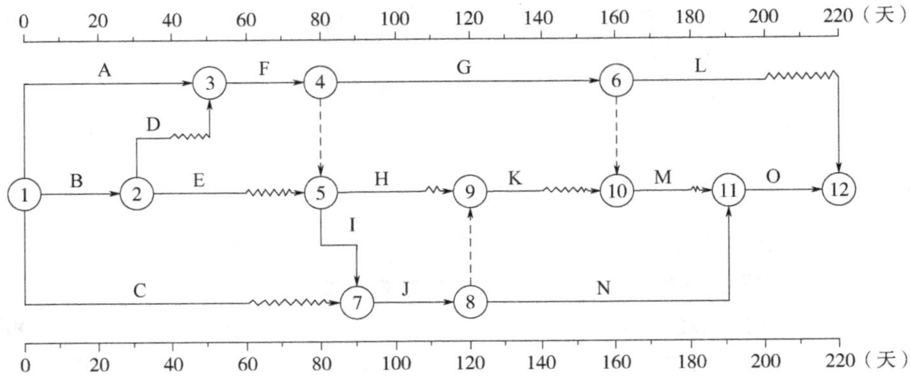


施工过程中发生如下事件。

事件 1：工作 B 完成后，验槽时发现工程地质情况与设计不符。设计变更导致工作 D 和 E 分别比原计划推迟 10 天和 5 天开始施工，造成施工单位窝工损失 15 万元。施工单位向项目监理机构提出索赔，要求工程延期 15 天、窝工损失补偿 15 万元。

事件 2：工程开工后 90 天下班时，专业监理工程师检查各工作的实际进度为：工作 G 正常；工作 H 超前 10 天；工作 I 拖后 10 天；工作 C 拖后 20 天。

事件 3：针对事件 2，建设单位要求工程按原合同工期完成，施工单位对施工总进度计划进行了调整，将工作 N 持续时间压缩为 10 天。

**问题：**

1. 指出如图所示施工总进度计划的关键线路以及工作 H、K、M 的总时差和自由时差。

2. 事件 1 中，施工单位应向项目监理机构报送哪些索赔文件？项目监理机构应批准的工程延期和费用补偿分别为多少？说明理由。

3. 事件 2 中，分别指出第 90 天下班时各工作时间进度对总工期的影响，并说明理由。

4. 事件 3 中，指出施工总进度计划调整后工作 H、K、M 的总时差和自由时差。

**答案：**

1. （本小题 4.0 分）

（1）关键线路：A→F→I→J→N→O。（1.0 分）

（2）H 工作：总时差为 40 天，自由时差为 10 天。（1.0 分）

（3）K 工作：总时差为 30 天，自由时差为 20 天。（1.0 分）

（4）M 工作：总时差为 10 天，自由时差为 10 天。（1.0 分）

2. （本小题 6.0 分）

（1）索赔文件如下：

①索赔意向通知书。 (1.0 分)

②费用索赔报审表。 (1.0 分)

③工程临时延期/最终延期报审表。 (1.0 分)

(2) 不应批准工程延期的要求，但应批准窝工损失补偿 15 万元的要求。 (1.0 分)

理由：工程地质情况与设计不符是建设单位应承担的责任，而不是施工单位的责任，所以，应批准窝工损失补偿的要求；但 D 工作总时差为 10 天，推迟 10 天未超出其总时差，不影响工期；E 工作总时差为 20 天，推迟 5 天未超出其总时差，不影响工期。 (2.0 分)

3.（本小题 6.0 分）

(1) 工作 G 正常，不影响工期。 (0.5 分)

(2) 工作 H 超前 10 天，不影响工期。 (0.5 分)

理由：工作 H 为非关键工作，超前 10 天不影响总工期。 (1.0 分)

(3) 工作 I 拖后 10 天，影响工期 10 天。 (0.5 分)

理由：工作 I 是关键工作，拖后 10 天，影响工期 10 天。 (1.0 分)

(4) 工作 C 拖后 20 天，不影响工期。 (0.5 分)

理由：工作 C 总时差为 30 天，拖后 20 天未超出其总时差，不影响工期。 (1.0 分)

综上所述，总工期延长 10 天。 (1.0 分)

4.（本小题 3.0 分）

(1) 工作 H：总时差为 50 天，自由时差为 30 天。 (1.0 分)

(2) 工作 K：总时差为 20 天，自由时差为 10 天。 (1.0 分)

(3) 工作 M：总时差为 10 天，自由时差为 10 天。 (1.0 分)

## 案例九

### 【2014 年试题五】

某工程，建设单位通过招标与甲施工单位签订了土建工程施工合同，包括 A～I 共 9 项工作，合同工期 200 天；与乙施工单位签订了设备安装施工合同，包括 P、Q 共 2 项工作，合同工期 70 天。

经甲、乙双方协调，并经项目监理机构批准的施工进度计划如下图所示。工程施工过程中发生如下事件。

事件 1：工作 B、C 和 H 均需使用土方施工机械，由于机械调配原因，施工单位仅安排一台土方施工机械进行工作 B、C 和 H 的施工作业。

事件 2：甲施工单位施工的设备基础（工作 F）验收时，项目监理机构发现设备基础预埋件位置与运抵施工现场待安装的设备尺寸不一致。经查，是因设计单位原因所致。

设计单位修改了设备基础设计图并按程序进行了审批与会签，甲施工单位按照变更后的设计图进行了返工处理，发生费用 5 万元，处理该变更用时 20 天。甲施工单位在合同约定的时限内通过项目监理机构向建设单位提出了费用补偿 5 万元和工程延期 20 天的要求。

事件 3：受到事件 2 的影响，乙施工单位窝工损失 2 万元。乙施工单位在合同约定的时限内通过项目监理机构向建设单位提出了费用补偿 2 万元和工程延期 20 天的要求。

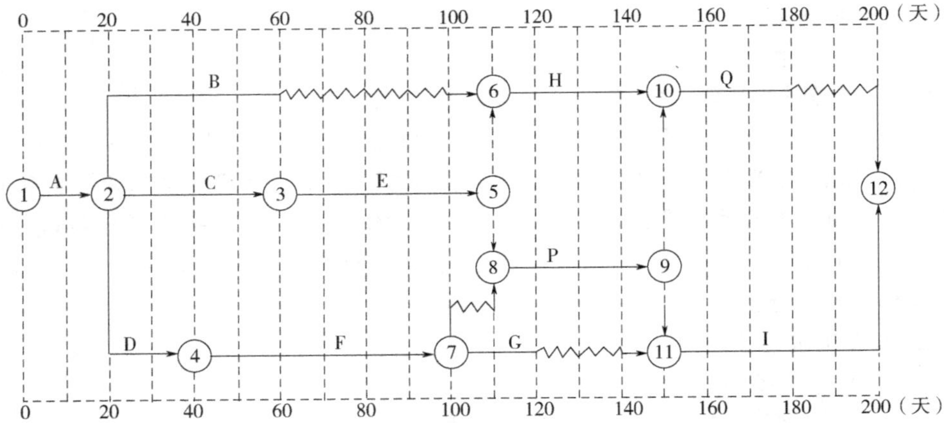


事件4：工作G经项目监理机构验收后进行了覆盖，项目监理机构又对工作G的施工质量提出复验要求，甲施工单位不同意复验，项目监理机构坚持要求复验，甲施工单位进行剥离后，复验结果表明工程质量合格。

**问题：**

1. 事件1中，在不改变施工总工期和各项工作工艺关系的前提下，甲施工单位应如何安排B、C和H三项工作的施工顺序？为完成B、C和H三项工作，土方施工机械在施工现场的最少闲置时间是多少天？

2. 写出事件2中，项目监理机构处理该设计变更的程序。

3. 事件2中，项目监理机构是否应批准甲施工单位提出的费用补偿和工程延期要求？分别说明理由。

4. 事件3中，项目监理机构是否应批准乙施工单位提出的费用补偿和工程延期要求？分别说明理由。

5. 事件4中，甲施工单位和项目监理机构的做法是否妥当？分别说明理由。

**答案：**

1. （本小题3.0分）

（1）按C→B→H施工顺序组织施工。（2.0分）

（2）最少闲置时间是10天。（1.0分）

2. （本小题4.0分）

（1）对变更工程的费用和工期影响做出评估。（1.0分）

（2）对评估情况与建设单位、施工单位共同协商。（1.0分）

（3）收到设计变更图纸后，会签《工程变更单》。（1.0分）

（4）对甲施工单位返工处理过程进行监督检查。（1.0分）

3. （本小题3.5分）

（1）应批准费用补偿5万元的要求。（0.5分）

理由：设计图纸错误是建设单位应承担的责任。（0.5分）

（2）不应批准工程延期20天的要求。（0.5分）

理由：尽管设计图纸错误是建设单位应承担的责任，但工作F的总时差为10天，处理该变更用时20天，只影响工期20－10＝10（天）。（2.0分）

4. （本小题3.5分）

（1）应批准费用补偿2万元。（0.5分）

理由：工作F设计变更导致安装工程窝工是建设单位应承担的责任。（0.5分）

（2）不应批准工程延期20天。（0.5分）

理由：工作F与工作P之间的时间间隔为10天，处理该变更用时20天，只影响工期20－10＝10（天）。（2.0分）

5. （本小题2.0分）

（1）甲施工单位的做法不妥。（0.5分）

理由：甲施工单位不得拒绝项目监理机构的复验要求。（0.5分）

（2）项目监理机构的做法妥当。（0.5分）

理由：项目监理机构对隐蔽工程质量有疑问时，有权要求剥离复验。（0.5分）

## 案例十

**【2013年试题六】**

某工程，建设单位与施工单位按《建设工程施工合同（示范文本）》签订了合同，经总监理工程师批准的施工总进度计划如下图所示（时间单位：天），各项工作均按最早开始时间安排且匀速施工。

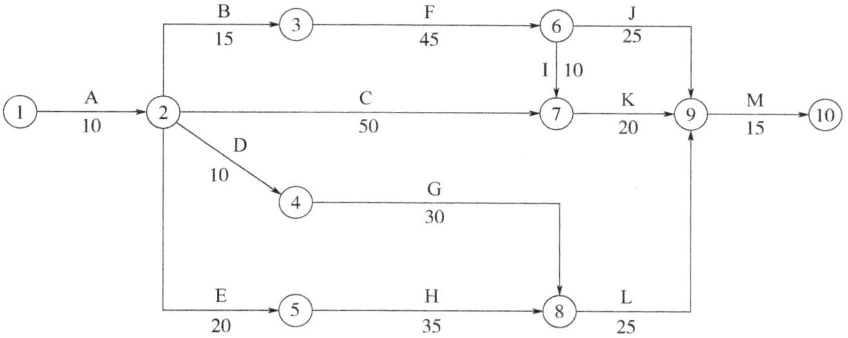


工程实施过程中发生如下事件。

事件1：合同约定开工日期前10天，施工单位向项目监理机构递交了书面申请，请求将开工日期推迟5天。理由：已安装的施工起重机械未通过有资质检验机构的安全验收，需要更换主要支撑部件。

事件2：由于施工单位人员及材料组织不到位，工程开工后第33天上班时工作F才开始。为确保按合同工期竣工，施工单位决定调整施工总进度计划。经分析，各项未完成工作的赶工费费率及可缩短时间见下表。

| 工作名称 | C | F | G | H | I | J | K | L | M |
|---|---|---|---|---|---|---|---|---|---|
| 赶工费费率/(万元/天) | 0.7 | 1.2 | 2.2 | 0.5 | 1.5 | 1.8 | 1.0 | 1.0 | 2.0 |
| 可缩短时间/天 | 8 | 6 | 3 | 5 | 2 | 5 | 10 | 6 | 1 |

事件3：施工总进度计划调整后，工作L按期开工。施工合同约定，工作L需安装的设备由建设单位采购，由于设备到货检验不合格，建设单位进行了退换。由此导致施工单位吊装机械台班费损失8万元，工作L拖延9天。施工单位向项目监理机构提出了费用补偿和工程延期申请。

**问题：**

1. 事件1中，项目监理机构是否应批准工程推迟开工？说明理由。

2. 指出如图所示施工总进度计划的关键线路和总工期。

3. 事件2中，为使赶工费最少，施工单位应如何调整施工总进度计划（写出分析与调整过程）？赶工费总计多少万元？计划调整后工作L的总时差和自由时差为多少天？

4. 事件3中，项目监理机构是否应批准费用补偿和工程延期？分别说明理由。

**答案：**

1.（本小题2.0分）

不应批准延期开工申请。（1.0分）

理由：施工起重机械未通过安全验收是施工单位应承担的责任。（1.0分）

2.（本小题4.0分）

（1）关键线路：A→B→F→I→K→M。（3.0分）

（2）总工期：10+15+45+10+20+15=115（天）。（1.0分）

3.（本小题10.0分）

（1）调整进度计划。

①工程开工后第33天上班时工作F才开始，工作F原计划第26天上班时开始，说明工作F拖后33-26=7（天）；原网络计划中工作F为关键工作，拖后7天即影响工期7天，即：工期压缩目标7天。（2.0分）

②工作K压缩5天，工期能够缩短5天，增加的费用最少。（2.0分）

③工作F压缩2天，工期能够缩短2天，增加的费用最少。（2.0分）

进度计划调整方案：工作F压缩2天，工作K压缩5天。（1.0分）

（2）赶工费：1×5+1.2×2=7.4（万元）。（1.0分）

（3）工作L：总时差为10天，自由时差为10天。（2.0分）

4.（本小题4.0分）

（1）应批准费用补偿。（1.0分）

理由：建设单位采购的设备到货检验不合格是建设单位应承担的责任。（1.0分）

（2）不应批准工程延期。（1.0分）

理由：工作L的总时差为10天，拖延9天未超出其总时差，不影响工期。（1.0分）

## 案例十一

**【2012年试题五】**

某工程，甲施工单位按照施工合同约定，拟将B、F两项分部工程分别分包给乙、丙施工单位。经总监理工程师批准的施工总进度计划如下图所示（单位：天），各项工作匀速进展。

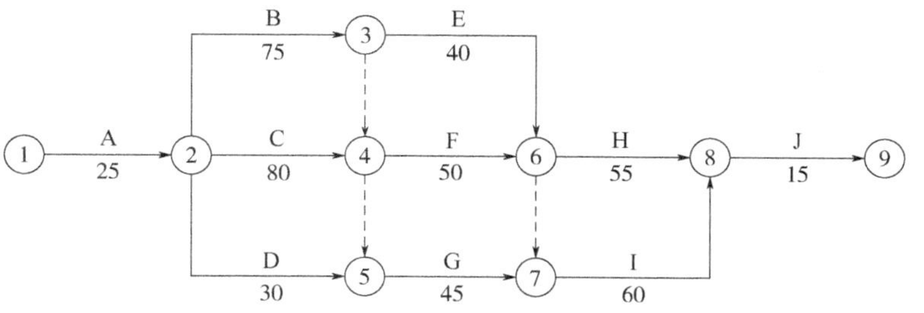


工程实施过程中发生如下事件。

事件1：工程开工前，建设单位未将委托给监理单位的监理内容和权限书面告知甲施工单位。甲施工单位向建设单位提交了乙施工单位分包单位资格报审表及营业执照、企业资质等级证书、安全生产许可文件和分包合同等材料，申请批准乙施工单位进场，建设单位将该报审材料转交给项目监理机构。

事件2：甲施工单位与乙施工单位签订了B分部工程的分包合同。B分部工程开工45天后，建设单位要求设计单位修改设计，造成乙施工单位停工15天，窝工损失合计8万元。修改设计后，B分部工程价款由原来的500万元增加到560万元。甲施工单位要求乙施工单位在30天内完成剩余工程，乙施工单位向甲施工单位提出补偿3万元的赶工费，甲施工单位确认了赶工费补偿。

事件3：由于事件2中B分部工程修改设计，乙施工单位向项目监理机构提出工程延期的申请。

事件4：专业监理工程师巡视时发现，已进场准备安装设备的丙施工单位未经项目监理机构进行资格审核。

**问题：**

1. 事件1中，分别指出建设单位、甲施工单位做法的不妥之处，说明理由。甲施工单位提交的乙施工单位的分包资格材料还应包括哪些内容？

2. 事件2中，考虑设计修改和费用补偿，乙施工单位各月（按30天计）实际完成的工程价款分别为多少万元？B分部工程的最终合同价款为多少万元？

3. 事件3中，乙施工单位的做法有何不妥？写出正确做法。B分部工程的实际工期是多少天？

4. 事件3中，B分部工程修改设计对F分部工程的进度以及对工程总工期有何影响？分别说明理由。

5. 写出项目监理机构对事件4的处理程序。

**答案：**

1. （本小题6.0分）

（1）建设单位做法的不妥之处：工程开工前，建设单位未将委托给监理单位的监理内容和权限书面告知甲施工单位。（0.5分）

理由：实施监理的工程，建设单位应当将委托的工程监理单位、监理的内容、监理权限书面通知施工单位。（1.0分）

（2）甲施工单位做法的不妥之处：甲施工单位向建设单位提交了乙施工单位分包单位

资格报审表及相关材料。（0.5 分）

理由：甲施工单位应向监理机构提交分包单位资格报审表。（1.0 分）

（3）甲施工单位提交的分包资格材料还应包括：

①分包单位的业绩。（1.0 分）

②拟分包工程的内容和范围。（1.0 分）

③专职管理人员和特种作业人员的资格证、上岗证。（1.0 分）

2.（本小题 4.0 分）

第 1 个月应获得的工程价款 = （500/75）×30 = 200（万元）。（1.0 分）

第 2 个月应获得的工程价款 = （500/75）×15 + 8 = 108（万元）。（1.0 分）

第 3 个月应获得的工程价款 = （500/75）×30 + (560 − 500) + 3 = 263（万元）。（1.0 分）

B 分部工程的最终合同价款为 560 + 8 + 3 = 571（万元）。（1.0 分）

3.（本小题 2.0 分）

（1）不妥之处：乙施工单位向项目监理机构提出工程延期的申请。（0.5 分）

正确做法：乙施工单位是分包单位，应向甲施工单位提出工程延期申请。（1.0 分）

（2）B 分部工程的实际工期是 90 天。（0.5 分）

4.（本小题 4.0 分）

（1）使 F 分部工程最早开始时间推迟了 10 天。（1.0 分）

理由：工作 B 与工作 F 之间的时间间隔为 5 天，工作 B 停工 15 天，影响 F 分部工程的最早开始时间为 15 − 5 = 10（天）。（1.0 分）

（2）使总工期延长 10 天。（1.0 分）

理由：B 分部工程的总时差为 5 天，停工 15 天影响工期 15 − 5 = 10（天）。（1.0 分）

5.（本小题 2.0 分）

（1）向甲施工单位签发监理工程师通知单。（0.5 分）

（2）要求甲施工单位提交分包单位资格报审表及丙施工单位的相关资料。（0.5 分）

（3）对丙施工单位资格审查合格并签字确认后，丙施工单位方可进行施工。（0.5 分）

（4）如果丙施工单位资格不合格，要求甲施工单位重新选择合格的分包单位，并按上述程序报审。（0.5 分）

# 案例十二

## 【2019 年试题六】

某实施监理的工程，施工合同有如下约定。

（1）合同工期为 130 天；因施工单位原因造成工期延误的，违约赔偿金为 5000 元/天。

（2）按《建筑安装工程费用项目组成》规定，以工料单价法进行计价，管理费与利润费之和取 15%，规费费率为 5%，增值税为 9%。

（3）部分生产要素单价如下：人工费 60 元/工日，窝工补偿 30 元/工日；挖掘机租赁费 900 元/天；自有塔式起重机使用费 1200 元/台班，闲置补偿费 800 元/台班。人员窝工和机械闲置只取规费和税金。

工程实施过程中发生如下事件。

事件1：开工前，施工单位编制的时标网络计划如下图所示（箭线下方数字为工作的计划消耗工日），各项工作均匀速进展。

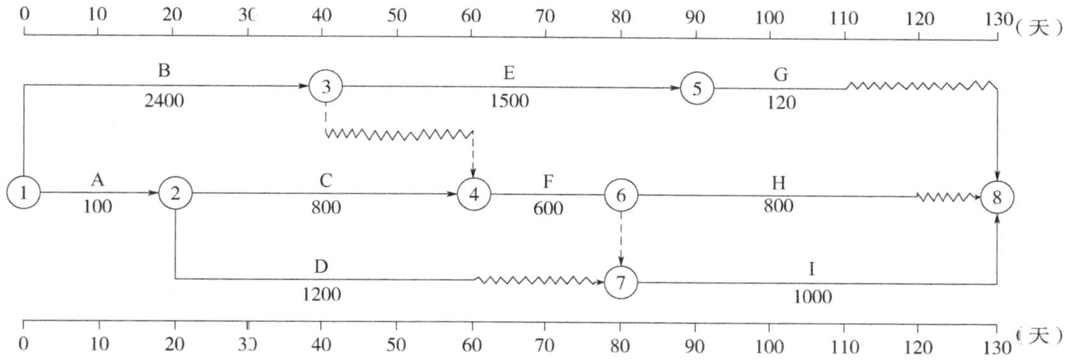


项目监理机构审核施工单位提交的时标网络计划时发现：工作C、F、I需使用同一台挖掘机，工作E、H需单独使用塔式起重机设备，而施工单位仅有一台塔式起重机设备，于是向施工单位提出调整工作进度安排的建议。

事件2：项目监理机构批准了施工单位调整后的计划，并进行了风险分析，认为因施工单位原因，使工作C持续时间延长5天的概率是15%，使工作D持续时间延长12天的概率20%，使工作G持续时间延长10天的概率是5%。工作持续时间的延长会导致机械闲置和人员窝工。

事件3：建设单位要求对工作E进行设计变更，该变更使工作E的持续时间延长5天，增加用工150工日、塔式起重机设备5台班、材料费18000元、相应的措施项目费7000元。施工单位向项目监理机构提出变更工程价款和延长工期的要求。

事件4：由于工作E的设计变更，使工作G、H进场的施工人员不能按期施工，施工单位向项目监理机构提出相应的费用补偿要求。

**问题：**

1. 事件1中，应如何调整工作进度安排？调整后的总工期是多少天？

2. 事件2中，直接导致总工期延误5天的风险事件有哪些？说明理由。仅考虑直接导致总工期延误5天的风险事件，施工单位的直接风险量（以费用形式表示）是多少？

3. 事件3中，项目监理机构应批准的变更价款为多少？分析说明工期补偿多少天。

4. 事件4中，计算项目监理机构应批准的费用补偿是多少元？

**答案：**

1.（本小题4.0分）

（1）原网络计划中C、F、I三项工作依次进行，没有搭接，无须调整。（1.0分）

（2）原网络计划中E、H两项工作共用一台塔式起重机，搭接10天，所以，工作H开工时间推迟10天，使工作H成为工作E的紧后工作。（2.0分）

（3）调整后的总工期：$20+40+20+50=130$（天）。（1.0分）

2.（本小题6.0分）

（1）工作C的持续时间延长5天导致总工期延长5天。（0.5分）

理由：工作C为关键工作，其持续时间延长5天会直接导致总工期延长5天；工作D

的总时差为20天，其持续时间延长12天，未超过总时差，不影响总工期；工作G的总时差为20天，其持续时间延长10天，不影响总工期。（3.0分）

（2）直接风险量。

①损失：$5\times5000+5\times900+5\times(800/40)\times30=32500$（元）。（1.5分）

②概率：15%。

风险量：$32500\times15\%=4875$（元）。（1.0分）

3.（本小题6.0分）

（1）变更价款。

$[(150\times60+18000+5\times1200)\times1.15+7000]\times1.05\times1.09=51445.28$（元）。

（3.0分）

（2）工期补偿5天。（1.0分）

理由：设计变更是建设单位应承担的责任；网络计划调整后，工作E为关键工作，延长5天，将影响工期5天。（2.0分）

4.（本小题4.0分）

（1）工作G：$120/20\times5\times30\times1.05\times1.09=1030.05$（元）。（1.5分）

（2）工作H：$800/40\times5\times30\times1.05\times1.09=3433.50$（元）。（1.5分）

应批准费用偿费 $=1030.05+3433.50=4463.55$（元）。（1.0分）

# 案例十三

## 【2011年试题五】

某实施监理的工程，建设单位与施工单位按照《建设工程施工合同（示范文本）》签订了施工合同。项目监理机构批准的施工进度计划如下图所示（时间单位：天），各项工作均按最早开始时间安排，匀速进行。

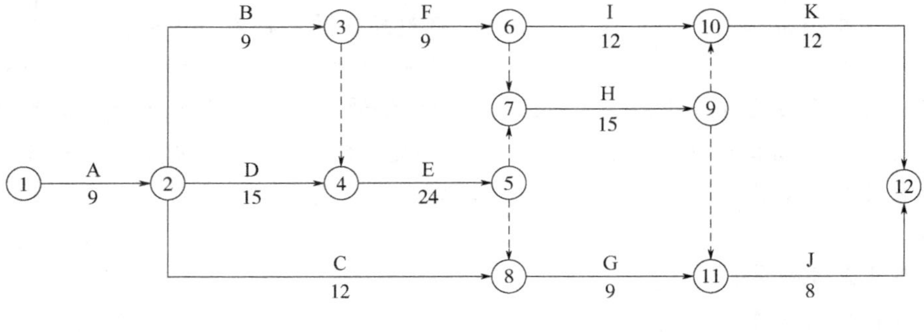


施工过程中发生如下事件。

事件1：施工准备期间，由于施工设备未按期进场，施工单位在合同约定的开工日前第5天向项目监理机构提出延期开工的申请，总监理工程师审核后给予书面回复。

事件2：施工准备完毕后，项目监理机构审查《工程开工报审表》及相关资料后认为：施工许可证已获政府主管部门批准，征地拆迁工作满足工程进度需求，施工单位现场管理人员已到位，但其他开工条件尚不具备。总监理工程师不予签发《工程开工报审表》。

事件3：工程开工后第20天下班时刻，项目监理机构确认：A、B工作已完成；C工作已完成6天的工作量；D工作已完成5天的工作量；B工作在未经监理人员验收的情况下，F工作已进行1天。

**问题：**

1. 总监理工程师是否应批准事件1中施工单位提出的延期开工申请？说明理由。

2. 根据《建设工程监理规范》（GB/T 50319—2013），该工程还应具备哪些开工条件，总监理工程师方可签发工程开工报审表？

3. 针对如图所示施工进度计划，确定该施工进度计划的工期和关键工作，并分别计算C工作、D工作、F工作的总时差和自由时差。

4. 分析开工后第20天下班时刻施工进度计划的执行情况，并分别说明对总工期及紧后工作的影响。此时，预计总工期为多少天？

5. 针对事件3中F工作在B工作未经验收的情况下就开工的情形，项目监理机构应如何处理？

**答案：**

1. （本小题1.5分）

不应批准延期开工申请。（0.5分）

理由：施工设备未按期进场是施工单位应承担的责任；如果承包人不能按合同约定的期限开工，应在不迟于协议约定的开工日期7天前以书面形式向监理工程师提出延期开工的理由和要求（满足7天也不能批准）。（1.0分）

2. （本小题3.0分）

（1）施工组织设计已获总监理工程师批准。（1.0分）

（2）机具、施工人员已进场，主要工程材料已落实。（1.0分）

（3）进场道路及水、电、通信等已满足开工要求。（1.0分）

3. （本小题7.0分）

（1）工期为75天。（2.0分）

（2）关键工作为A、D、E、H、K。（2.0分）

（3）C工作：总时差37天，自由时差27天。（1.0分）

（4）D工作：总时差为0，自由时差为0。（1.0分）

（5）F工作：总时差21天，自由时差0。（1.0分）

4. （本小题6.0分）

（1）进度情况。

1）A、B工作均已完成。（0.5分）

2）C工作已完成6天的工作量，实际进度拖后5天。（0.5分）

①不影响总工期，因为C工作的总时差为37天，拖后5天未超出其总时差。（0.5分）

②不影响紧后工作G的最早开始时间，因为C工作的自由时差为27天，拖后5天未超出其自由时差。（0.5分）

3）D工作已完成5天的工作量，实际进度拖后6天。（0.5分）

①影响总工期6天，因为D工作为关键工作，总时差为0。（0.5分）

②影响紧后工作E的最早开始时间6天，因为D工作的自由时差为0。（0.5分）

4）F 工作已完成 1 天的工作量，实际进度拖后 1 天。（0.5 分）

①不影响总工期，因为 F 工作的总时差为 21 天，拖后 5 天未超出其总时差。（0.5 分）

②影响紧后工作 I 的最早开始时间 1 天，因为 F 工作的自由时差为 0。（0.5 分）

③不影响紧后工作 H 的最早开始时间，因为 F 与 H 之间的时间间隔为 21 天，拖后 1 天未超出其时间间隔。（0.5 分）

（2）预计总工期为 75 +6 =81（天）。（0.5 分）

5.（本小题 2.5 分）

（1）对 F 工作征得建设单位同意后，由总监理工程师下达《工程暂停令》。（0.5 分）

（2）要求施工单位按质量验收程序对 B 工作进行报验。（0.5 分）

（3）如验收合格，征得建设单位同意后，由总监理工程师签发《工程复工令》。（0.5 分）

（4）如验收不合格，指令施工单位整改后重新报验。（0.5 分）

（5）无论验收结果是否合格，由此造成的损失均由施工单位承担。（0.5 分）

# 案例十四

## 【2010 年试题五】

某工程，合同工期 15 个月，总监理工程师批准的施工进度计划如下图所示。

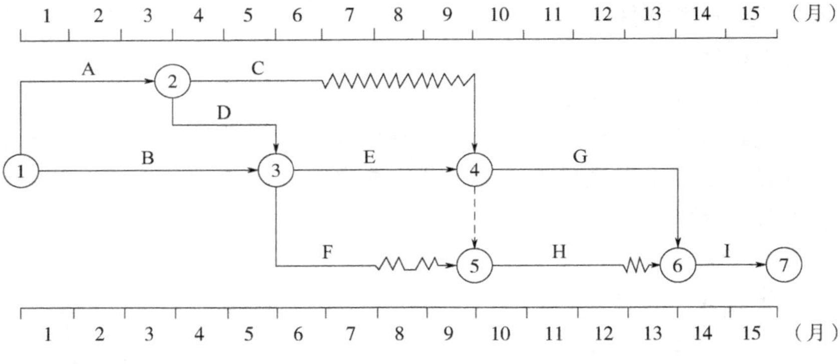


工程实施过程中发生下列事件。

事件 1：在第 5 个月月初到第 8 个月月末的施工过程中，由于建设单位提出工程变更，使施工进度受到较大影响。截止到第 8 个月月末，未完工作尚需作业时间见下表。施工单位按索赔程序向项目监理机构提出了工程延期的要求。

事件 2：建设单位要求仍按原合同工期完成，施工单位需要调整施工进度计划，加快后续工程进度。经分析得到的各工作有关数据见下表。

| 工作名称 | C | E | F | G | H | I |
|---|---|---|---|---|---|---|
| 尚需作业时间/月 | 1 | 3 | 1 | 4 | 3 | 2 |
| 可缩短持续时间/月 | 0.5 | 1.5 | 0.5 | 2 | 1.5 | 1 |
| 赶工费用/(万元/月) | 28 | 18 | 30 | 26 | 10 | 14 |

问题：

1. 该工程施工进度计划中关键工作和非关键工作分别有哪些？C 和 F 工作的总时差和自由时差分别为多少？

2. 事件 1 中，逐项分析第 8 个月月末 C、E、F 工作的拖后时间及对工期和紧后工作的影响程度，并说明理由。

3. 针对事件 1，项目监理机构应批准的工程延期时间为多少？说明理由。

4. 针对事件 2，施二单位加快施工进度而采取的最佳调整方案是什么？相应增加的费用为多少？

答案：

1. （本小题 4.0 分）

关键工作：A、B、D、E、G、I。（1.0 分）

非关键工作：C、F、H。（1.0 分）

C 工作总时差 3 个月；自由时差 3 个月。（1.0 分）

F 工作总时差 3 个月；自由时差 2 个月。（1.0 分）

2. （本小题 8.0 分）

（1）C 工作拖后时间 3 个月。（0.5 分）

①不影响工期。（0.5 分）

理由：C 工作的总时差为 3 个月，拖后 3 个月未超出其总时差。（0.5 分）

②不影响紧后工作 G 和 H 的最早开始时间。（0.5 分）

理由：C 工作的自由时差为 3 个月，拖后 3 个月未超出其自由时差。（0.5 分）

（2）E 工作拖后时间 2 个月。（0.5 分）

①影响工期 2 个月。（0.5 分）

理由：E 工作为关键工作，拖后 2 个月影响工期 2 个月。（0.5 分）

②影响紧后工作 G 和 H 的最早开始时间 2 个月。（0.5 分）

理由：E 工作的自由时差为 0，拖后 2 个月影响紧后工作最早开始时间 2 个月。（0.5 分）

（3）F 工作拖后时间 2 个月。（0.5 分）

①不影响工期。（0.5 分）

理由：F 工作的总时差为 3 个月，拖后 2 个月未超出其总时差。（1.0 分）

②不影响紧后工作 H 的最早开始时间。（0.5 分）

理由：F 工作的自由时差为 2 个月，拖后 2 个月未超出其自由时差。（0.5 分）

3. （本小题 3.0 分）

批准工期延期时间为 2 个月。（1.0 分）

理由：建设单位提出工程变更，建设单位应对工程延期承担责任，并且 E 工作为关键工作，其拖后 2 个月，影响工期 2 个月。（2.0 分）

4. （本小题 2.0 分）

（1）最佳调整方案为 E 工作和 I 工作分别缩短 1 个月。（1.0 分）

（2）增加费用：14 + 18 = 32（万元）。（1.0 分）

# 案例十五

## 【2009 年试题六】

某实行监理的工程，施工合同采用《建设工程施工合同（示范文本）》，合同约定，吊装机械闲置补偿费 600 元/台班，单独计算，不计取其他费用。经项目监理机构审核批准的施工总进度计划如下图所示（时间单位：月）。

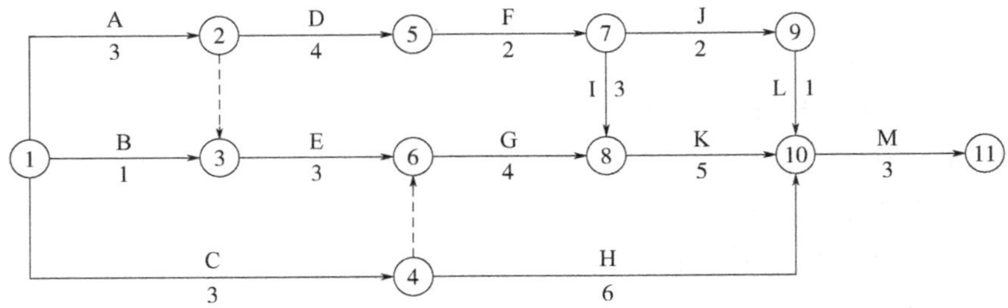


施工过程中发生下列事件。

事件 1：开工后，建设单位提出工程变更，致使工作 E 的持续时间延长 2 个月，吊装机械闲置 30 台班。

事件 2：工作 G 开始后，受当地百年一遇洪水影响，该工作停工 1 个月，吊装机械闲置 15 台班，其他机械设备损坏及停工损失合计 25 万元。

事件 3：工作 I 所安装的设备由建设单位采购。建设单位在没有通知施工单位共同清点的情况下，就将该设备存放在施工现场。施工单位安装前，发现该设备的部分部件损坏，调换损坏的部件使工作 I 的持续时间延长 1 个月，发生费用 1.6 万元。对此，建设单位要求施工单位承担部件损坏的责任。

事件 4：工作 K 开始之前，建设单位又提出工程变更，致使该工作提前 2 个月完成，因此，建设单位提出要将原合同工期缩短 2 个月，项目监理机构认为不妥。

**问题：**

1. 确定初始计划的总工期，并确定关键线路及工作 E 的总时差。

2. 事件 1 发生后，吊装机械闲置补偿费为多少？工程延期为多少？说明理由。

3. 事件 2 发生后，应批准的费用补偿为多少？应批准的工程延期为多少？说明理由。

4. 指出事件 3 中建设单位的不妥之处，说明理由。项目监理机构应如何批复所发生的费用和工程延期问题？说明理由。

5. 事件 4 发生后，预计工程实际工期为多少？项目监理机构认为建设单位要求缩短合同工期不妥是否正确？说明理由。

**答案：**

1. （本小题 5.0 分）

（1）总工期：3 + 4 + 2 + 3 + 5 + 3 = 20（月）。（2.0 分）

（2）关键线路：A→D→F→I→K→M。（2.0 分）

（3）工作 E 的总时差 2 个月。（1.0 分）

2.（本小题3.0分）

（1）吊装机械闲置补偿费：600×30=18000（元）。（0.5分）

（2）工程延期为0。（0.5分）

理由：工程变更的原因在建设单位，所以应给予施工单位费用补偿，但工作E的总时差为2个月，持续时间延长2个月未超出其总时差，不影响工期。（2.0分）

3.（本小题4.0分）

（1）补偿费用为0。（0.5分）

（2）工程延期1个月。（0.5分）

理由：百年一遇洪水属于不可抗力原因，机械闲置、其他机械设备损坏及停工损失均由施工单位承担，工期损失由建设单位承担，并且事件1发生后，工作G已成为关键工作，其停工1个月影响工期1个月。（3.0分）

4.（本小题5.0分）

（1）不妥之一："未通知施工单位共同清点"。（0.5分）

理由：建设单位供应材料设备到货前，应按合同约定的期限通知施工单位进行进场清点和检查。（0.5分）

（2）不妥之二："要求施工单位承担部件损坏的责任"。（0.5分）

理由：未通知施工单位清点和检查，设备的损坏由建设单位承担责任。（0.5分）

（3）批复：发生的费用1.6万元由建设单位承担，工期不予顺延。（1.0分）

理由：未通知施工单位清点和检查，设备的损坏由建设单位承担责任，但事件1、事件2发生后，工作I新的总时差为1个月，持续时间延长1个月未超出其总时差。（2.0分）

5.（本小题3.0分）

（1）工程实际工期：19个月。（1.0分）

（2）正确。（1.0分）

理由：实际工期比原合同工期只缩短了1个月。（1.0分）

# 案例十六

## 【2008年试题六】

某工程，施工合同中约定工期19周。钢筋混凝土基础工程量增加超出15%时，结算时对超出部分按原价的90%调整单价。经总监理工程师批准的施工总进度计划如下图所示（时间单位：周），其中A、C工作为钢筋混凝土基础工程，B、G工作为片石混凝土基础工程，D、E、F、H、I工作为设备安装工程，K、L、J、N工作为设备调试工作。

施工过程中，发生如下事件。

事件1：合同约定A、C工作的综合单价为700元/$m^3$。在A、C工作开始前，设计单位修改了设备基础尺寸，A工作的工程量由原来的4200$m^3$增加到7000$m^3$，C工作的工程量由原来的3600$m^3$减少到2400$m^3$。

事件2：A、D工作完成后，建设单位拟将后续工程的总工期缩短2周，要求项目监理机构帮助拟定一个合理的赶工方案以便与施工单位洽商，项目监理机构提出的后续工期可以

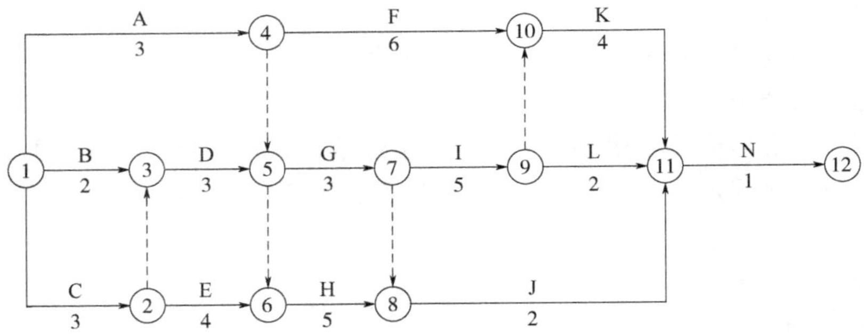


缩短的时间及其赶工费费率见下表。

| 工作名称 | F | G | H | I | J | K | L | N |
|---|---|---|---|---|---|---|---|---|
| 可缩短的时间/周 | 2 | 1 | 0 | 1 | 2 | 2 | 1 | 0 |
| 赶工费费率/(万元/周) | 0.5 | 0.4 | — | 3.0 | 2.0 | 1.0 | 1.5 | — |

事件3：调试工作结果见下表。

| 工作 | 设备采购者 | 结果 | 原因 | 未通过增加的费用/万元 |
|---|---|---|---|---|
| K | 建设单位 | 未通过 | 设备制造缺陷 | 3 |
| L | 建设单位 | 未通过 | 安装质量缺陷 | 1 |
| J | 施工单位 | 通过 | — | — |
| N | 建设单位 | 未通过 | 设计缺陷 | 2 |

**问题：**

1. 事件1中，设计修改后，在单位时间完成工程量不变的前提下，A、C工作的持续时间分别为多少周？对合同总工期是否有影响？为什么？A、C工作的费用共增加了多少？

2. 事件2中，项目监理机构如何调整进度计划才能既实现建设单位的要求又能使赶工费用最少？说明理由。增加的最少赶工费用是多少？

3. 对调试工作结果中未通过的调试工作，根据施工合同进行责任界定，并确定应补偿施工单位的费用。

**答案：**

1. （本小题8.0分）

（1）持续时间。

A工作的持续时间：7000/(4200/3)=5（周）；（1.0分）

C工作的持续时间：2400/(3600/3)=2（周）。（1.0分）

（2）对合同总工期有影响。（1.0分）

理由：A工作和C工作的持续时间变化后，原关键线路仍为关键线路，C工作的持续时间由3周变为2周，导致总工期缩短1周。（2.0分）

（3）A、C计划总量：4200+3600=7800（$m^3$），实际总量：7000+2400=9400（$m^3$）。

①（9400−7800）×100%/7800=20.51%>15%。（0.5分）

②超出15%以上部分单价调整：700×90%=630（元/$m^3$）。（0.5分）

③原价量：7800×1.15=8970（$m^3$）。（0.5分）

④新价量：9400 − 8970 = 430（$m^3$）。 （0.5 分）

费用增加为 8970 × 700 + 430 × 630 − 7800 × 700 = 1089900（元） = 108.99（万元）。

（1.0 分）

2.（本小题 4.0 分）

（1）工作 G 和工作 K 的工作时间分别压缩 1 周。 （1.0 分）

理由：A、D 工作完成后，工作 G 和工作 K 的工作时间分别压缩 1 周，工期能够缩短 2 周，增加的费用最少。 （2.0 分）

（2）增加的最少赶工费用是 0.4 + 1.0 = 1.4（万元）。 （1.0 分）

3.（本小题 4.0 分）

（1）工作 K 调试未通过的责任由建设单位承担。 （1.0 分）

（2）工作 L 调试未通过的责任由施工单位承担。 （1.0 分）

（3）工作 N 调试未通过的责任由建设单位承担。 （1.0 分）

应补偿施工单位的费用 = 3 + 2 = 5（万元）。 （1.0 分）

# 案例十七

## 【2007 年试题四】

某实施施工监理的工程，施工合同约定：开工日期为 2006 年 3 月 1 日，工期为 302 天；建设单位负责场外道路开通及设备采购；设备安装工程可以分包。经总监理工程师批准的施工总进度计划如下图所示（时间单位：天）。

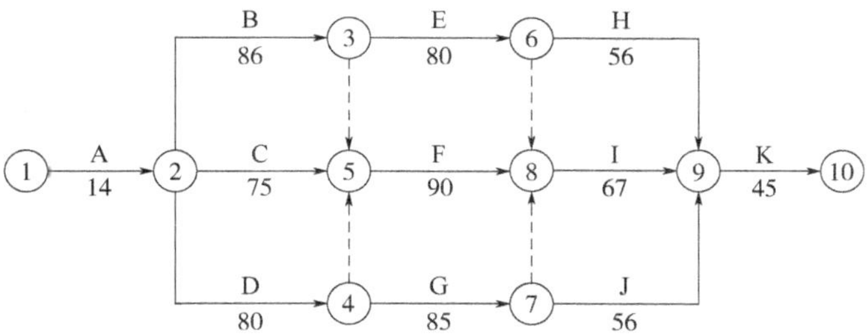


工程实施中发生了下列事件。

事件 1：由于施工现场外道路未按约定时间开通，致使甲施工单位无法按期开工。2006 年 2 月 21 日，甲施工单位向项目监理机构提出申请，要求开工日期推迟 3 天，补偿延期开工造成的实际损失 3 万元。经专业监理工程师审查，情况属实。

事件 2：C 工作是土方开挖工程。土方开挖时遇到了难以预料的暴雨天气，工程出现重大安全事故隐患，可能危及作业人员安全，甲施工单位及时报告了项目监理机构。为处理安全事故隐患，C 工作实际持续时间延长了 12 天。甲施工单位申请顺延工期 12 天、补偿直接经济损失 10 万元。

事件 3：F 工作是主体结构工程，甲施工单位计划采用新的施工工艺，并向项目监理机构报送了具体方案，经审批后组织了实施，结果大大降低了施工成本，但 F 工作实际持续时间延长了 5 天，甲施工单位申请顺延工期 5 天。

事件4：甲施工单位将设备安装工程（J工作）分包给乙施工单位，分包合同工期为56天。乙施工单位完成设备安装后，单机无负荷试车没有通过，经分析是设备本身出现问题。经设备制造单位修理，第二次试车合格。由此发生的设备拆除、修理、重新安装和重新试车的各项费用分别为2万元、5万元、3万元和1万元，J工作实际持续时间延长了24天。乙施工单位向甲施工单位提出索赔后，甲施工单位遂向项目监理机构提出了顺延工期和补偿费用的要求。

**问题：**

1. 事件1中，项目监理机构应如何答复甲施工单位的要求？说明理由。

2. 事件2中，收到甲施工单位报告后，监理机构应采取什么措施？应要求甲施工单位采取什么措施？对于甲施工单位顺延工期及补偿经济损失的申请如何答复？说明理由。

3. 事件3中，项目监理机构应按什么程序审批甲施工单位报送的方案？对甲施工单位的顺延工期申请如何答复？说明理由。

4. 事件4中，单机无负荷试车应由谁组织？项目监理机构对于甲施工单位顺延工期和补偿费用的要求如何答复？说明理由。根据分包合同，乙施工单位实际可获得的顺延工期和补偿费用分别是多少？说明理由。

**答案：**

1. （本小题3.0分）

答复：同意推迟3天开工，同意赔偿损失3万元。（1.0分）

理由：场外道路没有开通是建设单位应承担的责任，并且导致甲施工单位不能按期开工，甲施工单位在合同规定的有效期内提出的申请应予批准。（2.0分）

2. （本小题6.0分）

（1）采取措施：签发《工程暂停令》。（1.0分）

（2）对施工单位的要求：

①要求施工单位立即撤离危险区域作业人员。（1.0分）

②要求施工单位立即启动应急预案。（1.0分）

（3）答复：工期顺延1天，经济损失不予补偿。（1.0分）

理由：难以预料的暴雨天气属于不可抗力，按照风险分担的原则，施工单位的直接经济损失应由施工单位承担，工期损失应由建设单位承担，但C工作的总时差为11天，延长12天，只影响工期12－11＝1（天）。（2.0分）

3. （本小题4.5分）

（1）审批程序：

①专业监理工程师审查施工单位报送的方案。（1.0分）

②必要时，要求施工单位组织专题论证。（1.0分）

③经审查、论证符合要求后，由总监理工程师予以签认。（1.0分）

（2）答复：不予批准延期申请。（0.5分）

理由：改进施工工艺是甲施工单位自身原因。（1.0分）

4. （本小题6.0分）

（1）单机无负荷试车应由甲施工单位组织。（1.0分）

（2）答复：同意补偿设备拆除、重新安装和试车费用合计6万元，同意甲施工单位工

期顺延 1 天。 (1.0 分)

理由：建设单位采购设备，设备出现质量问题是建设单位应承担的责任，但事件 2 发生后，J 工作的总时差为 23 天，其持续时间延长 24 天，只影响工期 24 - 23 = 1（天），所以同意顺延工期 1 天。 (2.0 分)

(3) 乙施工单位可顺延工期 24 天，可获得费用补偿 6 万元。 (1.0 分)

理由：设备出现质量问题是建设单位应承担的责任，不属于乙施工单位责任。(1.0 分)

# 案例十八

## 【2007 年试题六】

某工程，建设单位与施工单位按《建设工程施工合同（示范文本）》签订了施工合同，采用可调价合同形式，工期 20 个月，项目监理机构批准的施工总进度计划如下图所示，各项工作在其持续时间内均为匀速进展。每月计划完成的投资（部分）见下表。

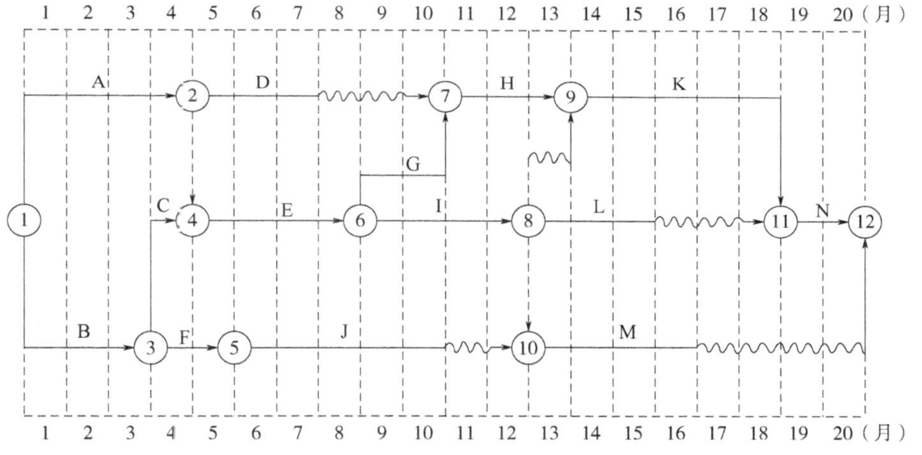


| 工作 | A | B | C | D | E | F | J |
|---|---|---|---|---|---|---|---|
| 计划完成投资/(万元/月) | 60 | 70 | 90 | 120 | 60 | 150 | 30 |

施工过程中发生了如下事件。

事件 1：建设单位要求调整场地标高，设计单位修改施工图，致使 A 工作开始时间推迟 1 个月，导致施工单位机械闲置和人员窝工损失。

事件 2：设计单位修改图纸使 C 工作工程量发生变化，增加造价 10 万元，施工单位及时调整部署，如期完成了 C 工作。

事件 3：D、E 工作受 A 工作的影响，开始时间也推迟了 1 个月。由于物价上涨原因，6 ~ 7月份 D、E 工作的实际完成投资较计划完成投资增加了 10%，D、E 工作均按原持续时间完成；由于施工机械故障，J 工作 7 月份实际只完成了计划工程量的 80%，J 工作持续时间最终延长 1 个月。

事件 4：G、I 工作在实施过程中遇到异常恶劣的气候，导致 G 工作持续时间延长 0.5 个月；施工单位采取了赶工措施，使 I 工作能按原持续时间完成，但需增加赶工费 0.5 万元。

事件5：L工作为隐蔽工程，在验收后项目监理机构对其质量提出了质疑，并要求对该隐蔽工程进行剥离复验。施工单位以该隐蔽工程已经监理工程师验收为由拒绝复验。在项目监理机构坚持下，对该隐蔽工程进行了剥离复验，复验结果为工程质量不合格，施工单位进行了整改。

以上事件1～事件4发生后，施工单位均在规定的时间内提出顺延工期和补偿费用要求。

**问题：**

1. 事件1中，施工单位顺延工期和补偿费用的要求是否成立？说明理由。
2. 事件4中，施工单位顺延工期和补偿费用的要求是否成立？说明理由。
3. 事件5中，施工单位、项目监理机构的做法是否妥当？分别说明理由。
4. 针对施工过程中发生的事件，项目监理机构应批准的工程延期为多少个月？该工程实际工期为多少个月？
5. 在下表空格处填写已完工程计划投资和已完工程实际投资，并分析第7月月末的投资偏差和以投资额表示的进度偏差。

| 月份 | 第1月 | 第2月 | 第3月 | 第4月 | 第5月 | 第6月 | 第7月 | 合计 |
|---|---|---|---|---|---|---|---|---|
| 拟完工程计划投资/万元 | 130 | 130 | 130 | 300 | 330 | 210 | 210 | 1440 |
| 已完工程计划投资/万元 | | 130 | 130 | | | | | |
| 已完工程实际投资/万元 | | 130 | 130 | | | | | |

**答案：**

1.（本小题2.0分）

顺延工期和补偿费用的要求均成立。（1.0分）

理由：修改施工图是建设单位应承担的责任，并且A工作为关键工作。（1.0分）

2.（本小题3.0分）

顺延工期要求成立，但补偿费用要求不成立。（1.0分）

理由：异常恶劣的气候属于不可抗力事件，工期损失应由建设单位承担；G工作为关键工作，但I工作原有总时差1个月，无须赶工。（2.0分）

3.（本小题4.0分）

（1）施工单位的做法不妥。（1.0分）

理由：施工单位不得拒绝剥离复验。（1.0分）

（2）项目监理机构的做法妥当。（1.0分）

理由：对隐蔽工程质量有质疑时，项目监理机构有权进行剥离复验。（1.0分）

4.（本小题2.0分）

（1）应批准工程延期：1+0.5=1.5（月）。（1.0分）

（2）实际工期：20+1.5=21.5（月）。（1.0分）

5.（本小题7.0分）

填空后见下表。（5.0分）

| 月份 | 第1月 | 第2月 | 第3月 | 第4月 | 第5月 | 第6月 | 第7月 | 合计 |
|---|---|---|---|---|---|---|---|---|
| 拟完工程计划投资/万元 | 130 | 130 | 130 | 300 | 330 | 210 | 210 | 1440 |

（续）

| 月份 | 第1月 | 第2月 | 第3月 | 第4月 | 第5月 | 第6月 | 第7月 | 合计 |
|---|---|---|---|---|---|---|---|---|
| 已完工程计划投资/万元 | 70 | 130 | 130 | 300 | 210 | 210 | 204 | 1254 |
| 已完工程实际投资/万元 | 70 | 130 | 130 | 310 | 210 | 228 | 222 | 1300 |

（1）7月末投资偏差＝1254－1300＝－46（万元）＜0，投资超支46万元。（1.0分）

（2）7月末进度偏差＝1254－1440＝－186（万元）＜0，进度拖后186万元。（1.0分）

# 案例十九

## 【2009年试题五】

某建设单位和施工单位按照《建设工程施工合同（示范文本）》签订了施工合同，合同中约定：建筑材料由建设单位提供；由于非施工单位原因造成的工程停工，机械闲置补偿费为200元/台班，人工窝工补偿费为50元/工日；总工期为120天；竣工时间提前奖励为3000元/天，误期损失赔偿费为5000元/天。施工单位编制并经项目监理机构批准的施工进度计划如下图所示（时间单位：天）。

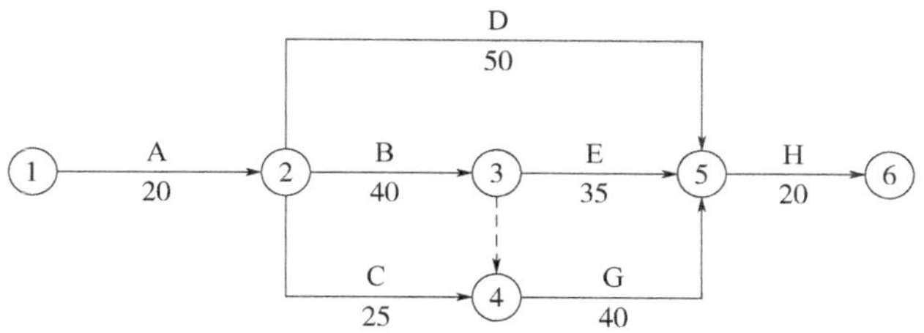


施工过程中发生如下事件。

事件1：工程进行中，建设单位要求施工单位对某一构件进行破坏性试验，以验证设计参数的正确性。该试验需修建两间临时试验用房，施工单位提出建设单位应该支付该项试验费用和试验用房修建费用。建设单位认为，该项试验费用属建筑安装工程检验试验费，试验用房修建费用属建筑安装工程措施费中的临时设施费，该两项费用已包含在施工合同价中。

事件2：建设单位提供的建筑材料经施工单位清点入库后，在专业监理工程师的见证下进行了检验，检验结果合格。其后，施工单位提出，建设单位应支付建筑材料的保管费和检验费；由于建筑材料需要进行二次搬运，建设单位还应支付该批材料的二次搬运费。

事件3：①由于建设单位要求对B工作的施工图进行修改，致使B工作停工3天（每停一天影响30工日、10台班）；②由于机械租赁单位调度的原因，施工机械未能按时进场，使C工作的施工暂停5天（每停一天影响40工日、10台班）；③由于建设单位负责供应的材料未能按计划到场，E工作停工6天（每停一天影响20工日、5台班）。施工单位就上述三种情况按正常的程序向项目监理机构提出了延长工期和补偿停工损失的要求。

事件4：在工程竣工验收时，为了鉴定某个关键构件的质量，总监理工程师建议采用试验方法进行检验，施工单位要求建设单位承担该项试验的费用。

该工程的实际工期为122天。

**问题：**

1. 事件1中建设单位的说法是否正确？为什么？

2. 逐项回答事件2中施工单位的要求是否合理，说明理由。

3. 逐项说明事件3中项目监理机构是否应批准施工单位提出的索赔，说明理由并给出审批结果（写出计算过程）。

4. 事件4中试验检验费用应由谁承担？

5. 分析施工单位应该获得工期奖励，还是应该支付误期损失赔偿费，以及金额是多少。

**答案：**

1. （本小题2.0分）

（1）不正确。（0.5分）

（2）理由：

①构件破坏性试验费未包含在建筑安装工程费中。（0.5分）

②试验用房修建费用未包含在建筑安装工程措施费中。（0.5分）

③该两项费用均未包含在合同价内，均应由建设单位另行支付。（0.5分）

2. （本小题4.5分）

（1）要求建设单位支付保管费合理。（0.5分）

理由：建设单位提供材料的保管费用，应由建设单位另行支付。（1.0分）

（2）要求建设单位支付检验费合理。（0.5分）

理由：建设单位提供的材料，检验试验费应由建设单位承担。（1.0分）

（3）要求建设单位支付二次搬运费不合理。（0.5分）

理由：二次搬运费属于措施项目费，已包含在建筑安装工程合同价中。（1.0分）

3. （本小题9.0分）

（1）应批准施工单位提出的费用索赔和工期索赔。（1.0分）

理由：修改设计图是建设单位应承担的责任，且B工作为关键工作。（2.0分）

审批结果：

①工期索赔为3天。（0.5分）

②费用索赔为 $3\times30\times50+3\times10\times200=10500$（元）。（0.5分）

（2）不应批准施工单位提出的索赔。（0.5分）

理由：施工机械未能按时进场是施工单位应承担的责任。（0.5分）

（3）应批准施工单位提出的费用索赔和工期索赔。（1.0分）

理由：建设单位负责供应的材料未能按计划到场是建设单位应承担的责任，且E工作的总时差为5天，停工6天超出其总时差1天，影响工期1天。（2.0分）

审批结果：

①工期索赔 $6-5=1$（天）。（0.5分）

②费用索赔 $6\times20\times50+6\times5\times200=12000$（元）。（0.5分）

4. （本小题2.0分）

（1）若构件质量检验合格则由建设单位承担试验检验费。（1.0分）

（2）若构件质量检验不合格则由施工单位承担试验检验费。（1.0分）

5.（本小题 3.0 分）

（1）施工单位应获得工期提前奖。理由：

①原合同工期 120 天。

②新合同工期 120 + 3 + 1 = 124（天）。

③实际工期 122 天，小于新合同工期，施工单位应获得工期提前奖。　　（2.0 分）

（2）奖励金额：2 × 3000 = 6000（元）。　　（1.0 分）

# 案例二十

## 【2005 年试题六】

某工程，施工单位向项目监理机构提交了项目施工总进度计划和各分部工程的施工进度计划。项目监理机构建立了各分部工程的持续时间延长的风险等级划分图和风险分析表，要求施工单位对风险等级在“大”和“很大”范围内的分部工程均要制订相应的风险预防措施。相关图表如下所示。

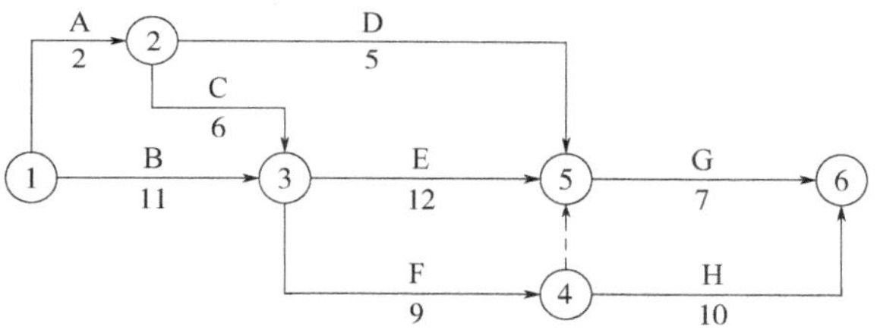


项目施工总进度计划

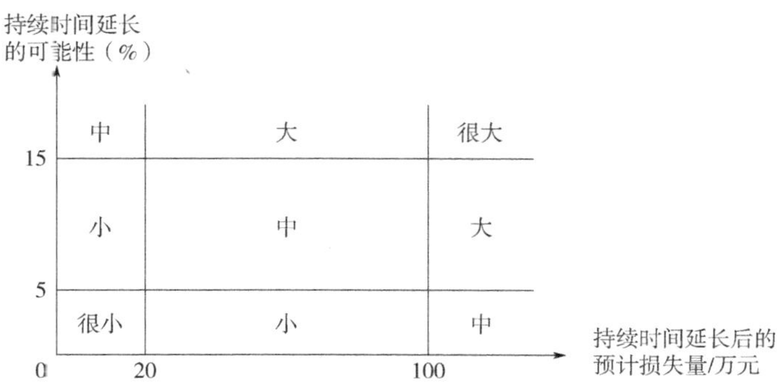


风险等级划分

**风险分析表**

| 分部工程名称 | A | B | C | D | E | F | G | H |
|---|---|---|---|---|---|---|---|---|
| 持续时间预计延长值/月 | 0.5 | 1 | 0.5 | 1 | 1 | 1 | 1 | 0.5 |
| 持续时间延长的可能性（%） | 10 | 8 | 3 | 20 | 2 | 12 | 18 | 4 |
| 持续时间延长后的损失量/万元 | 5 | 110 | 25 | 120 | 150 | 40 | 30 | 50 |

施工单位为了保证工期，决定对 B 分部工程施工进度计划横道图进行调整，组织加快的成倍节拍流水施工，如下图所示。

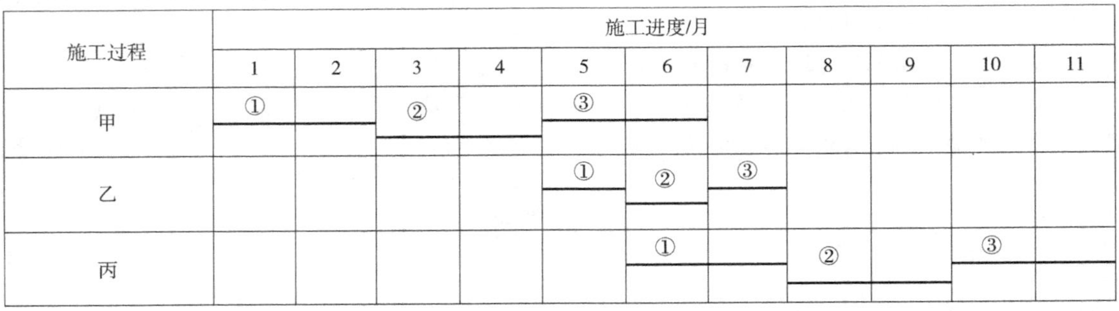


B 分部工程施工进度计划横道图

**问题：**

1. 写出用工作字母表示的项目施工总进度计划的关键线路。

2. 风险等级为“大”和“很大”的分部工程分别有哪些？

3. 如果只有风险等级为“大”和“很大”的风险事件同时发生，此时的工期为多少个月（在答题卡上写出计算过程）？关键线路上有哪些分部工程？

4. B 分部工程组织加快的成倍节拍流水施工后流水步距为多少个月？各施工过程应分别安排几个专业队？B 分部工程的流水施工工期为多少个月？绘制 B 分部工程调整后的流水施工进度计划横道图。

5. 对项目施工总进度计划而言，B 分部工程组织加快的成倍节拍流水施工后，该项目工期为多少个月？可缩短工期多少个月？

**答案：**

1. （本小题 2.0 分）

关键线路：B→E→G 和 B→F→H。（2.0 分）

2. （本小题 3.0 分）

（1）风险等级为“大”的分部工程：B 工作、G 工作。（2.0 分）

（2）风险等级为“很大”的分部工程：D 工作。（1.0 分）

3. （本小题 4.0 分）

（1）风险等级为“大”和“很大”的风险事件同时发生后的关键线路为 B→E→G，此时网络计划的工期为 (11 + 1) + 12 + (7 + 1) = 32（月）。（2.5 分）

（2）关键线路上的分部工程：B、E、G。（1.5 分）

4. （本小题 8.0 分）

（1）流水步距为 1 个月。（1.0 分）

（2）专业队。

①甲施工过程的专业队数：2 ÷ 1 = 2（个）。（1.0 分）

②乙施工过程的专业队数：1 ÷ 1 = 1（个）。（1.0 分）

③丙施工过程的专业队数：2 ÷ 1 = 2（个）。（1.0 分）

专业队数合计：5 个。

（3）流水施工工期：(5 − 1 + 3) × 1 = 7（月）。（1.0 分）

（4）B 分部工程调整后的流水施工进度计划横道图如下图所示。（3.0 分）

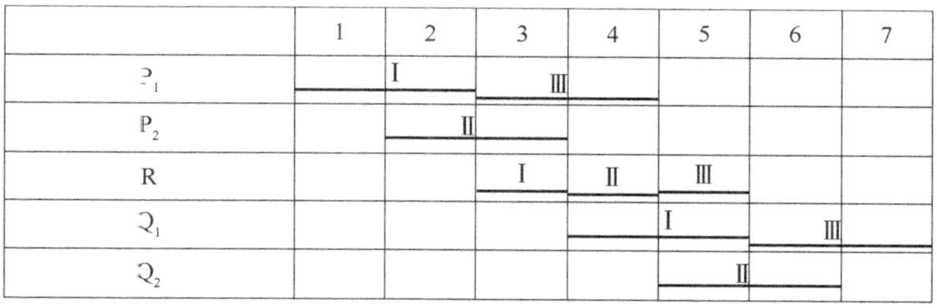


5. （本小题 3.0 分）

（1）B 分部工程加快后，该项目网络计划的关键线路之一为 A→C→E→G；该项目网络计划的工期为 2＋6＋12＋7＝27（月）。（1.5 分）

（2）可缩短工期。

①原网络工期：11＋12＋7＝30（月）。（1.0 分）

②新网络工期为 27 个月。

可缩短工期 30－27＝3（月）。（0.5 分）

# 案例二十一

## 【2004 年试题六】

某实施监理的工程项目，在基础施工时，施工人员发现了有研究价值的古墓，监理机构及时采取措施并按有关程序处理了该事件。

设备安装工程开始前，施工单位依据总进度计划的要求编制了如下图所示的设备安装双代号网络进度计划（时间单位：天），并得到了总监理工程师批准。

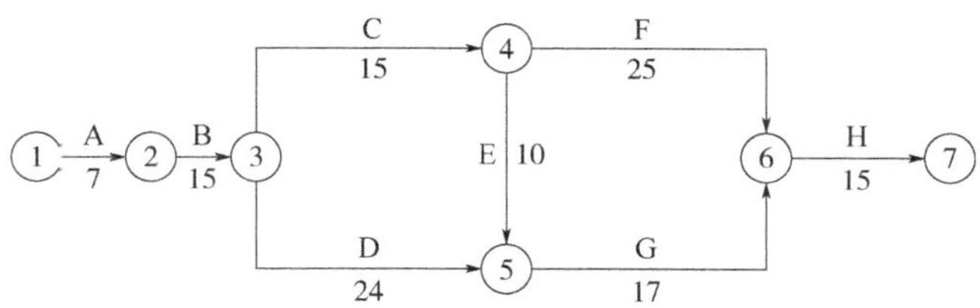


依据施工合同的约定，设备安装完成后应进行所有单机无负荷试车和整个设备系统的无负荷联动试车。本工程共有 6 台设备，主机由建设单位采购，配套辅机由施工单位采购，各台设备采购者和试车结果见下表。

| 工作 | 工作内容 | 采购者 | 设备安装及第一次试车结果 | 第二次试车结果 |
|---|---|---|---|---|
| A | 设备安装工程准备工作 | | 正常，按计划进行 | |
| B | 1 号设备安装及单机无负荷试车 | 建设单位 | 安装质量事故初次试车没通过，费用增加 1 万元，时间增加 1 天 | 通过 |
| C | 2 号设备安装及单机无负荷试车 | 施工单位 | 安装工艺原因初次试车没通过，费用增加 3 万元，时间增加 1 天 | 通过 |

（续）

| 工作 | 工作内容 | 采购者 | 设备安装及第一次试车结果 | 第二次试车结果 |
|---|---|---|---|---|
| D | 3号设备安装及单机无负荷试车 | 建设单位 | 设计原因初次试车没通过，费用增加2万元，时间增加4天 | 通过 |
| E | 4号设备安装及单机无负荷试车 | 施工单位 | 设备原材料原因初次试车没通过，费用增加4万元，时间增加1天 | 通过 |
| F | 5号设备安装及单机无负荷试车 | 建设单位 | 设备制造原因初次试车没通过，费用增加5万元，时间增加3天 | 通过 |
| G | 6号设备安装及单机无负荷试车 | 施工单位 | 一次试车通过 | |
| H | 整个系统联动无负荷试车 | | 建设单位指令错误初次试车没通过，费用增加6万元，时间增加1天 | 通过 |

**问题：**

1. 简述项目监理机构处理古墓事件的程序，并分析由此事件导致的费用增加由谁承担，工期可否顺延。

2. 设备安装工程具备试车条件时单机无负荷试车和无负荷联动试车应由谁组织？

3. 请对B、C、D、E、F、H六项工作的设备安装及试车结果没通过的责任进行界定。

4. 计算设备安装工程的计划工期是多少天。

5. 应批准顺延工期是多少天？说明理由。应补偿施工单位多少费用？

**答案：**

1. （本小题6.0分）

（1）处理程序：

①总监理工程师签发《工程暂停令》，并要求施工单位保护文物现场。（1.0分）

②要求施工单位及时报告当地文物管理部门，并通知建设单位。（1.0分）

③要求施工单位按文物管理部门的要求采取措施妥善保护文物。（1.0分）

④对工期、费用的补偿等问题进行评估，并协商达成一致意见。（1.0分）

（2）文物事件导致的费用增加应由建设单位承担。（1.0分）

（3）文物事件导致的工期损失应予顺延。（1.0分）

2. （本小题2.0分）

（1）单机无负荷试车由施工单位组织。（1.0分）

（2）无负荷联动试车由建设单位组织。（1.0分）

3. （本小题3.0分）

（1）B工作试车没通过的责任属于施工单位。（0.5分）

（2）C工作试车没通过的责任属于施工单位。（0.5分）

（3）D工作试车没通过的责任属于建设单位。（0.5分）

（4）E工作试车没通过的责任属于施工单位。（0.5分）

（5）F工作试车没通过的责任属于建设单位。（0.5分）

（6）H工作试车没通过的责任属于建设单位。（0.5分）

4. （本小题2.0分）

计划工期：7+15+15+10+17+15=79（天）。（2.0分）

5. （本小题 5.0 分）

（1）应批准工期顺延 4 天。（1.0 分）

理由：D、F、H 工作试车没通过的责任属于建设单位，新的合同工期为 7 + 15 + (24 + 4) + 17 + (15 + 1) = 83（天），原合同工期为 79 天，应顺延工期 83 − 79 = 4（天）。（3.0 分）

（2）应补偿施工单位的费用：2 + 5 + 6 = 13（万元）。（1.0 分）

# 案例二十二

## 【2004 年试题六】

某市政工程，项目的合同工期为 38 周。经总监理工程师批准的施工总网络进度计划如下图所示（时间单位：周），各工作可以缩短的时间及其增加的赶工费见下表，其中，H、L 工作分别为道路的路基、路面工程。

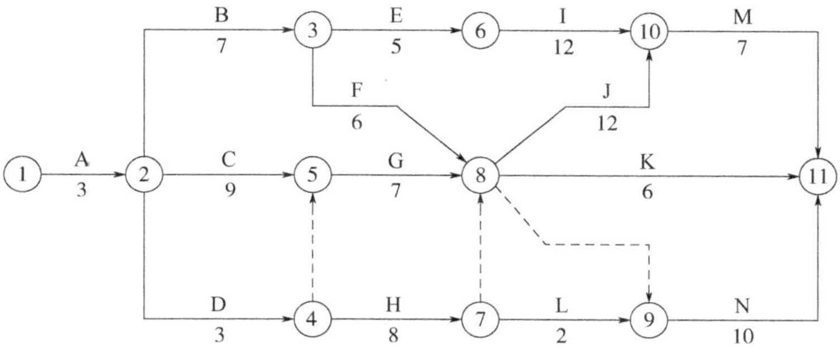

| 分部工程名称 | A | B | C | D | E | F | G | H | I | J | K | L | M | N |
|---|---|---|---|---|---|---|---|---|---|---|---|---|---|---|
| 可缩短的时间/周 | 0 | 1 | 1 | 1 | 2 | 1 | 1 | 0 | 2 | 1 | 1 | 0 | 1 | 3 |
| 增加的赶工费/(万元/周) | — | 0.7 | 1.2 | 1.1 | 1.8 | 0.5 | 0.4 | — | 3.0 | 2.0 | 1.0 | — | 0.8 | 1.5 |

**问题：**

1. 开工 1 周后，建设单位要求将总工期缩短 2 周，故请监理单位帮助拟定一个合理赶工方案以便与施工单位洽商。请问如何调整计划才能既实现建设单位的要求，又能使支付施工单位的赶工费用最少？说明步骤和理由。

2. 建设单位依据调整后的方案与施工单位协商并按此方案签订了补充协议，施工单位修改了施工总进度计划。在 H、L 工作施工前，建设单位通过设计单位将此 400m 的道路延长至 600m。请问该道路延长后 H、L 工作的持续时间为多少周（设工程量按单位时间均值增加）？对修改后的施工总进度计划的工期是否有影响？为什么？

3. 工作施工的第一周，监理人员检查发现路基工程分层填土厚度超过规范规定，为保证工程质量，总监理工程师签发了《工程暂停令》，停止了该部位工程施工，总监理工程师的做法是否正确？总监理工程师在什么情况下可签发《工程暂停令》？

4. 施工中由于建设单位提供的施工条件发生变化，导致 I、J、K、N 四项工作分别拖延

1 周，为确保工程按期完成，须支出赶工费。如果该项目投入使用后，每周净收益 5.6 万元，从建设单位角度出发，是让施工单位赶工合理还是延期完工合理？为什么？

**答案：**

1. （本小题 6.0 分）

（1）调整方案：G 工作和 M 工作分别压缩 1 周。（1.0 分）

理由：G 工作和 M 工作分别压缩 1 周，工期能够缩短 2 周，增加的费用最少。（1.0 分）

（2）工期优化的步骤：

①确定网络计划的关键线路 A→C→G→J→M。（1.0 分）

②确定计划工期缩短的目标：2 周。（1.0 分）

③压缩 G 工作 1 周，工期能够缩短 1 周，增加的费用最少：0.4 万元。（1.0 分）

④在压缩 G 工作 1 周后，再压缩 M 工作 1 周，工期能够再缩短 1 周，增加的费用最少：0.8 万元。（1.0 分）

2. （本小题 5.0 分）

（1）H 工作：$8\times600/400=12$（周）。（1.0 分）

（2）L 工作：$2\times600/400=3$（周）。（1.0 分）

（3）对修改后的施工总进度计划的工期没有影响。（1.0 分）

理由：在修改后的施工总进度计划中，H 工作的总时差为 4 周，延长 4 周并未超出其总时差，对工期没有影响；H 工作延长 4 周后，L 工作的总时差为 6 周，延长 1 周并未超出其总时差，对工期没有影响。（2.0 分）

3. （本小题 5.5 分）

（1）总监理工程师的做法正确。（0.5 分）

理由：路基工程分层填土厚度超过规范规定，为保证工程质量，总监理工程师有权签发《工程暂停令》。（1.0 分）

（2）签发《工程暂停令》的情形包括：

①施工单位未经批准擅自施工的。（1.0 分）

②施工单位未按审查通过的工程设计文件施工的。（1.0 分）

③施工单位未按批准的施工组织设计施工或违反工程建设强制性标准的。（1.0 分）

④施工存在重大质量事故隐患或发生质量事故的。（1.0 分）

4. （本小题 5.0 分）

赶工合理。（0.5 分）

理由：

（1）I 工作、K 工作、N 工作的总时差分别为 3 周、12 周、5 周，其拖延 1 周并未超出各自的总时差，均不影响工期。（3.0 分）

（2）J 工作为关键工作，拖延 1 周影响工期 1 周，只需压缩 J 工作 1 周，工期即可缩短 1 周；压缩 J 工作增加的赶工费为 2.0 万元/周，小于项目投入使用后的净收益 5.6 万元/周，所以要求施工单位赶工合理。（1.5 分）

# 案例二十三

## 【2003 年试题四】

某工程项目合同工期为20个月，建设单位委托某监理公司承担施工阶段监理任务。经总监理工程师审核批准的施工进度计划如下图所示（时间单位：月），各工作匀速施工。

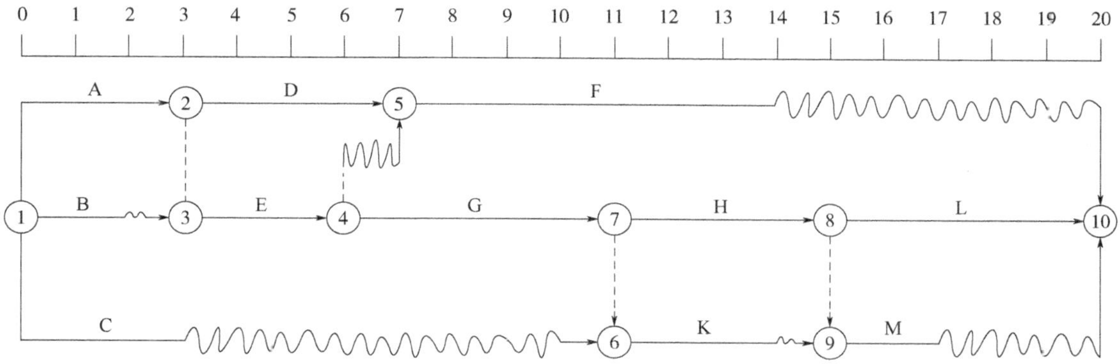


施工过程中发生如下事件。

事件1：由于建设单位负责的施工现场拆迁工作未能按时完成，总监理工程师口头指令承包单位开工日期推迟4个月，工期相应顺延4个月，鉴于工程未开工，因延期开工给承包单位造成的损失不予补偿。

事件2：推迟4个月开工后，当工作G开始之时检查实际进度，发现此前施工进度正常。此时，建设单位要求仍按原竣工日期完成工程，承包单位提出赶工方案，得到总监理工程师的同意。该方案将G、H、L三项工作均分成两个施工段组织流水施工，见下表。

| 施工段 / 流水节拍/月 / 工作 | ① | ② |
|---|---|---|
| G | 2 | 3 |
| H | 2 | 2 |
| L | 2 | 3 |

事件3：工作G经监理工程师核准每月实际完成工程量均为400$m^3$。承包单位在报价单中的工料单价为50元/$m^3$，管理费费率为15%，利润率为5%，规费为3.41%，增值税为9%。

**问题：**

1. 如果工作B、C、H要由一个专业施工队顺序施工，在不改变原施工进度计划总工期和各工作工艺关系的前提下，如何安排该三项工作最合理？此时该专业施工队最少的工作间断时间为多少？

2. 事件1中，指出总监理工程师做法的不妥之处，并写出相应的正确做法。

3. 事件2中，G、H、L三项工作流水施工的工期为多少？此时工程总工期能否满足原竣工日期的要求？为什么？

4. 事件4中，按合同约定，工作G每月的结算款应为多少？

**答案：**

1. （本小题3.0分）

(1) 安排：按B→C→H的顺序组织施工。 （1.0分）

(2) 最少的工作间断时间为5个月。 （2.0分）

2. （本小题3.0分）

(1) 不妥之一：口头指令承包单位推迟开工日期。 （0.5分）

正确做法：应以书面形式通知承包单位推迟开工日期。 （1.0分）

(2) 不妥之二：因延期开工给承包单位造成的损失不予补偿。 （0.5分）

正确做法：因延期开工给承包单位造成的损失应予补偿。 （1.0分）

3. （本小题8.0分）

(1) 流水工期

$$\begin{array}{rrr} 2 & 5 & \\ - & 2 & 4 \\ \hline 2 & 3 & -4 \end{array}$$

$K_{GH}$ = max（2，3，－4）＝3（月）。 （1.0分）

$$\begin{array}{rrr} 2 & 4 & \\ - & 2 & 5 \\ \hline 2 & 2 & -5 \end{array}$$

$K_{HL}$ = max（2，2，－5）＝2（月）。 （1.0分）

流水工期：(3＋2)＋5＝10（月）。 （1.0分）

(2) 能够满足原竣工日期要求。 （1.0分）

理由：G、H、L三项工作依次施工时的总持续时间为5＋4＋5＝14（月），分成两个施工段组织流水施工后的流水工期为10个月，缩短了14－10＝4（月），并且F、K、M工作的总时差均不影响网络计划的总工期缩短4个月。 （4.0分）

4. （本小题3.0分）

每月结算款：400×50×1.15×1.05×1.0341×1.09＝27221.13（元）。 （3.0分）

## 案例二十四

### 【2003年试题五】

某项目的施工招标文件中表明该工程采用综合单价计价方式，工期不超过15个月。承包单位投标所报工期为13个月。合同总价确定为8000万元。合同约定：实际完成工程量超过估计工程量25%以上时允许调整单价；拖延工期每天赔偿金为合同总价的0.1%，最高拖延工期赔偿限额为合同总价的10%；若能提前竣工，每提前1天的奖金按合同总价的0.1%

计算。

承包单位开工前编制并经总监理工程师认可的施工进度计划如下图所示（时间单位：月）。

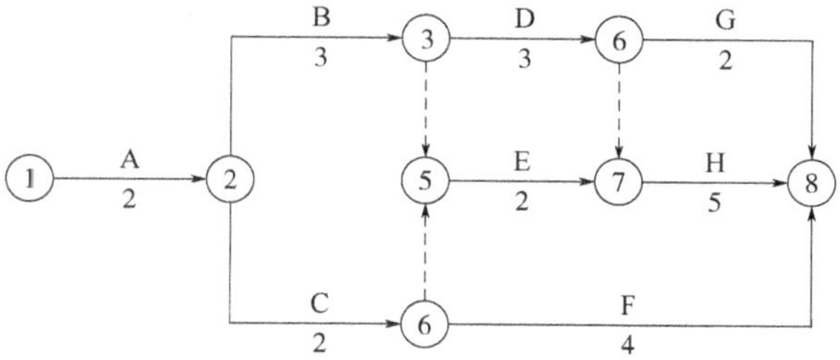


施工过程中发生了以下事件，致使承包单位完成该项目的实际工期为 15 个月。

事件 1：A、C 工作为土方工程，工程量均为 16 万 $m^3$，土方工程的合同单价为16 元/$m^3$。实际工程量与估计工程量相等。施工按计划进行 4 个月后，总监理工程师以设计变更通知发布新增土方工程 N 的指示。该工作的性质和施工难度与 A、C 工作相同，工程量为 32 万 $m^3$。N 工作在 B 和 C 工作完成后开始施工，且在 H 和 G 工作开始前完成。总监理工程师与承包单位依据合同的约定协商后，确定的土方变更单价为 14 元/$m^3$。承包单位按计划用 4 个月完成。三项土方工程均租用 1 台机械开挖，机械租赁费为 1 万元/（月 · 台）。

事件 2：F 工作因设计变更等待新图纸延误 1 个月。

事件 3：G 工作由于连续降雨累计 1 个月导致实际施工 3 个月完成，其中 0.5 个月的日降雨量超过当地 30 年气象资料记载的最大强度。

事件 4：H 工作由于分包单位施工的工程质量不合格造成返工，实际 5.5 个月完成。

由于以上事件，承包单位提出以下索赔要求。

（1）顺延工期 6.5 个月。

理由：完成 N 工作 4 个月，变更设计图延误 1 个月，连续降雨属于不利的条件和障碍影响 1 个月，监理工程师未能很好地控制分包单位的施工质量应补偿工期 0.5 个月。

（2）N 工作的费用补偿 = 16 × 32 = 512（万元）。

（3）由于第 5 个月后才能开始 N 工作的施工，要求补偿 5 个月的机械闲置费 5 × 1 × 1 = 5（万元）。

**问题：**

1. 请对以上施工过程中发生的 4 个事件进行合同责任确定。

2. 根据总监理工程师认可的施工进度计划，应给承包单位顺延的工期是多少个月？说明理由。

3. 确定应补偿承包单位的费用，并说明理由。

4. 分析承包单位应获得工期提前奖励，还是应承担拖期违约赔偿责任，并计算其金额。

**答案：**

1.（本小题 3.5 分）

事件 1：属于建设单位责任。（0.5 分）

事件 2：属于建设单位责任。（0.5 分）

事件 3 中：

①日降雨量超过当地 30 年气象资料记载最大强度的 0.5 个月，工期损失应由建设单位

承担，费用增加应由施工单位承担。（2.0 分）

②其余 0.5 个月，属于承包单位应承担的风险责任。

事件 4：属于承包单位责任。（0.5 分）

2.（本小题 4.0 分）

应顺延工期 1 个月。（1.0 分）

理由：事件 1 因设计变更使工期延长 1 个月，应由建设单位承担；事件 2、事件 3 延误的时间均未超过其总时差；事件 4 分包工程质量不合格不是建设单位应承担的责任。（3.0 分）

3.（本小题 4.5 分）

事件 1：应补偿的费用

①32/32 × 100% = 100%。（0.5 分）

②超过 25% 以上的工程量执行新价 14 元/$m^3$。（0.5 分）

③原价量：32 × 25% = 8（万 $m^3$）。（0.5 分）

④新价量：32 − 8 = 24（万 $m^3$）。（0.5 分）

补偿：8 × 16 + 24 × 14 = 464（万元）。（0.5 分）

事件 2：施工单位未提出费用补偿要求。（0.5 分）

事件 3：费用增加是施工单位应承担的责任。（0.5 分）

事件 4：分包工程质量不合格不是建设单位应承担的责任。（0.5 分）

所以，费用补偿为 464 万元。（0.5 分）

4.（本小题 5.0 分）

（1）应承担拖期违约赔偿责任，理由：（0.5 分）

①原合同工期 13 个月。（0.5 分）

②新合同工期 13 + 1 = 14（月）。（0.5 分）

③实际工期 15 个月。（0.5 分）

实际工期超过了新合同工期，所以承包单位应承担拖期违约责任。（1.0 分）

（2）金额。

①最高赔偿限额：8000 × 10% = 800（万元）。（0.5 分）

②拖延工期：15 − 14 = 1（月）= 30（天）。（0.5 分）

③赔偿费：8000 × 0.1% × 30 = 240（万元）< 最高赔偿限额。（0.5 分）

所以，拖期违约赔偿额为 240 万元。（0.5 分）

# 案例二十五

**【2002 年试题五】**

某工程，施工合同工期为 20 个月，土方工程量为 28000$m^3$，土方单价为 18 元/$m^3$，施工合同中规定，土方工程量超出原估计工程量 15% 时，新的土方单价应调整为 15 元/$m^3$，经监理工程师审核批准的施工进度计划如下图所示（时间单位：月），其中工作 A、E、J 共用一台施工机械且必须顺序施工。

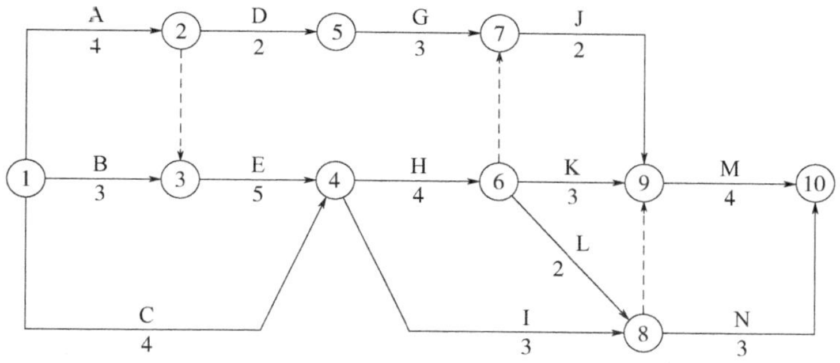


**问题：**

1. 图中哪些工作应为重点控制对象？施工机械闲置的时间是多少？

2. 当计划执行3个月后，建设单位提出增加一项新的工作F。根据施工组织的不同，工作F可有两种安排方案，方案如下图所示。经监理工程师确认，工作F的持续时间为3个月。比较两种组织方案哪一个更合理，为什么？

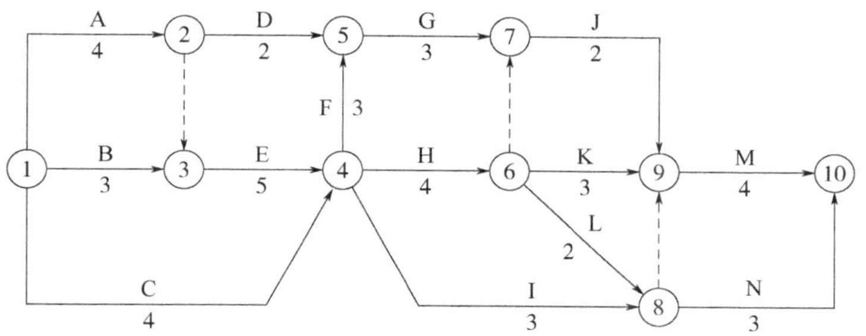


方案1

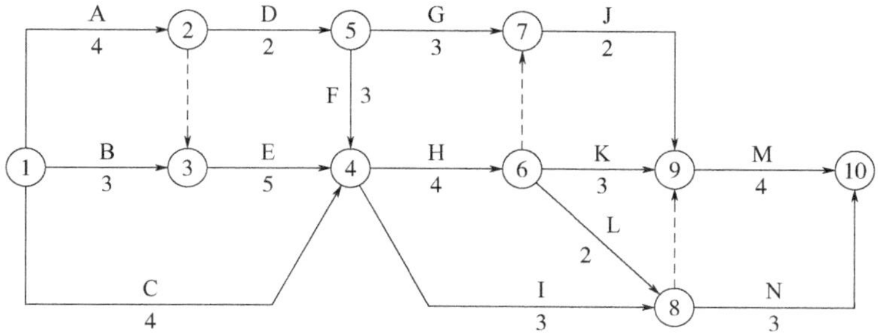


方案2

3. 如果所增加的工作F为土方工程，经监理工程师复核确认的工作F的土方工程量为$10000m^3$，则土方工程的总费用是多少？

**答案：**

1.（本小题3.0分）

（1）应重点控制A、E、H、K、M五项关键工作。（1.0分）

（2）机械闲置时间为13－9＝4（月），施工机械闲置4个月。（2.0分）

2.（本小题7.0分）

（1）方案一。

①关键线路：A→E→F→G→J→M。（1.0分）

②总工期：4+5+3+3+2+4=21（月）。（1.0分）

③机械闲置时间：3+3=6（月）。（1.0分）

（2）方案二。

①关键线路之一：A→E→H→K→M。（1.0分）

②总工期：4+5+4+3+4=20（月）。（1.0分）

③机械闲置时间：4个月。（1.0分）

方案二更合理。

理由：方案二的工期较短，机械闲置时间较少。（1.0分）

3.（本小题7.0分）

（1）判定。

①累计：28000+10000=38000（$m^3$）。（1.0分）

②增量：10000×100%/28000=35.71%。（1.0分）

③调价：超出15%以上的工程量执行新价15元/$m^3$。（1.0分）

④原价量：28000×1.15=32200（$m^3$）。（1.0分）

⑤新价量：38000-32200=5800（$m^3$）。（1.0分）

（2）总费用。

32200×18+5800×15=666600（元）=66.66（万元）。（2.0分）

# 案例二十六

## 【2001年试题四】

某综合楼工程项目合同价为1750万元，该工程签订的合同为可调值合同。合同报价日期为2019年4月1日。施工单位2019年第4季度完成产值710万元。该工程的人工费、材料费构成比例以及相关季度造价指数见下表。

| 项目 | 人工费 | 材料费 | | | | | | 不可调值费用 |
|---|---|---|---|---|---|---|---|---|
| | | 钢材 | 水泥 | 集料 | 砖 | 砂 | 木材 | |
| 比例(%) | 28 | 18 | 13 | 7 | 9 | 4 | 6 | 15 |
| 第一季度造价指标 | 100 | 100.8 | 102.0 | 93.6 | 100.2 | 95.4 | 93.4 | |
| 第四季度造价指标 | 116.8 | 100.6 | 110.5 | 95.6 | 98.9 | 93.7 | 95.5 | |

在施工过程中，发生如下事件。

事件1：2019年4月，在基础开挖过程中，个别部位实际土质与给定土质不符，造成施工费用增加2.0万元，相应工序持续时间增加了4天。

事件2：2019年5月，施工单位为了保证施工质量，扩大基础底面，开挖量增加，导致费用增加3.0万元，相应工序持续时间增加了3天。

事件3：2019年7月，在主体砌筑工程中，因施工图设计有误，实际工程量增加，导致费用增加3.8万元，相应工序持续时间增加了2天。

事件4：2019年8月，进入雨期施工，恰逢20年一遇的大雨，造成停工损失2.5万元，工期增加了4天。

以上事件中，除事件4外，其余工序均未发生在关键线路上，并对总工期无影响。针对上述事件，施工单位提出如下索赔要求：

①增加合同工期13天。

②增加费用11.3万元。

**问题：**

1. 施工单位对施工过程中发生的上述事件可否索赔？为什么？

2. 监理工程师2019年第4季度应确定的工程结算款为多少万元？

3. 如果在工程保修期间发生了由施工单位原因引起的屋顶漏水、墙面剥落等问题，业主在多次催促施工单位修理而施工单位一再拖延的情况下，另请其他施工单位维修，所发生的维修费用该如何处理？

**答案：**

1. （本小题12.0分）

（1）事件1费用可以索赔，但工期不能索赔。（1.0分）

理由：地质资料与实际情况不符属于业主方的责任，非施工单位的原因，所以费用可以索赔；但该工序不在关键线路上，且对总工期无影响，所以工期不能索赔。（2.0分）

（2）事件2不能索赔工期和费用。（1.0分）

理由：保证施工质量的措施已包含在合同价内。（2.0分）

（3）事件3费用可以索赔，但工期不能索赔。（1.0分）

理由：设计图有误属于业主方的责任，非施工单位的原因，所以费用可以索赔；但该工序不在关键线路上，且对总工期无影响，所以工期不能索赔。（2.0分）

（4）事件4工期可以索赔，但不能索赔费用。（1.0分）

理由：20年一遇的大雨属于不可抗力，根据风险分担的原则，工期损失应由业主承担，停工损失应由施工单位承担。（2.0分）

2. （本小题4.0分）

$710\times(0.15+0.28\times1.168+0.18\times100.6/100.8+0.13\times110.5/102+0.07\times95.6/93.6+0.09\times98.9/100.2+0.04\times93.7/95.4+0.06\times95.5/93.4)=751.52$（万元）。（3.0分）

第4季度应确定的工程结算款额为751.52万元。（1.0分）

3. （本小题2.0分）

业主应通知承包商按照工程质量保修书的规定支付该项维修费用。（2.0分）

# 案例二十七

**【2001年试题六】**

某施工单位签订了高架输水管道工程共20组的钢筋混凝土支架施工合同。每组支架的结构形式及工程量相同，均由基础、柱和托梁三部分组成，如右图所示。合同工期为190天。

开工前施工单位向监理工程师提交了施工方案及网络进度计划。

（1）施工方案。

①施工流向：从第1组支架依次流向第20组。

②劳动组织：基础、柱、托梁分别组织混合工种专业队。

③技术间歇：柱混凝土浇筑后需养护20天方能进行托梁施工。

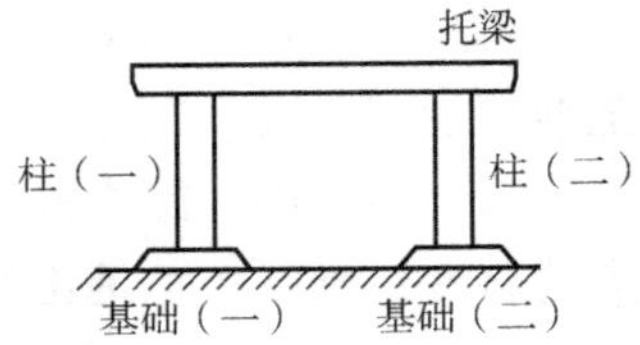


④物资供应：脚手架、模具及商品混凝土按进度要求调度配合。

（2）网络进度计划如下图所示（时间单位：天）。

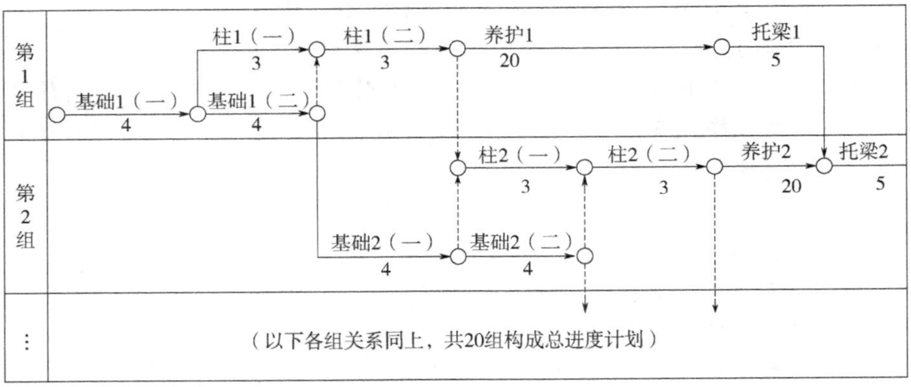


**问题：**

1. 什么是网络计划工作之间的工艺逻辑关系和组织逻辑关系？从上图中各举1例说明。
2. 该网络计划反映1组支架需要多少施工时间？
3. 相邻两组支架的开工时间相差几天？第20组支架的开工时间是何时？
4. 该计划的总工期为多少天？监理工程师可否批准该网络计划？为什么？
5. 该网络计划的关键线路由哪些工作组成？

**答案：**

1.（本小题4.0分）

（1）工艺关系是由工艺过程的先后顺序决定的先后次序关系，（1.0分）

如基础1（一）→柱1（一）。（1.0分）

（2）组织关系是由组织安排或资源调配等决定的先后次序关系，（1.0分）

如基础1（一）→基础1（二）。（1.0分）

2.（本小题2.0分）

1组支架需要：4+4+3+20+5=36（天）。（2.0分）

3.（本小题4.0分）

（1）相邻两组支架开工时间相差：4+4=8（天）。（2.0分）

（2）第20组的开工时间：8×19=152（天）。（2.0分）

4.（本小题4.0分）

（1）总工期：152+36=188（天）。（1.0分）

（2）监理工程师可以批准该网络计划。（1.0分）

理由：合同工期190天，计算工期为188天，满足合同工期要求。（2.0分）

5.（本小题4.0分）

（1）每组支架的基础（一）、基础（二）。（2.0分）

（2）第20组支架的柱（二）、养护、托梁。 （2.0分）

# 案例二十八

## 【2000年试题三】

某工程项目开工之前，承包方向监理工程师提交了施工进度计划，如下图所示，该计划满足合同工期100天的要求。

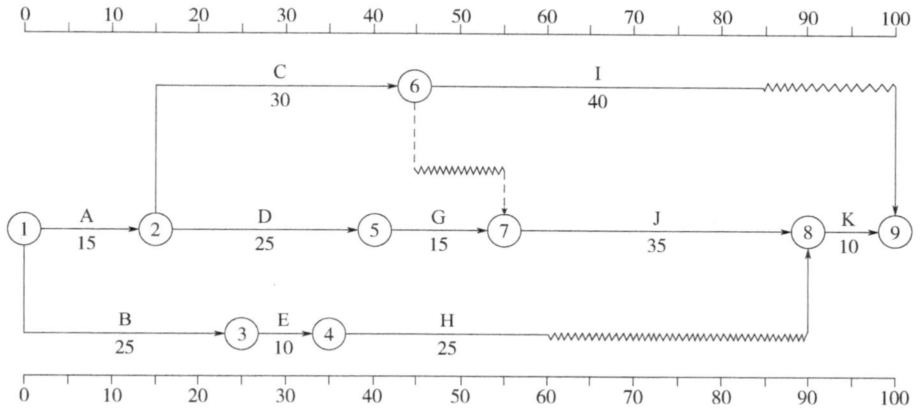


在上述施工进度计划中，由于工作E和工作G共用一台塔式起重机（塔式起重机原计划在开工第25天后进场投入使用），必须顺序施工，使用的先后顺序不受限制（其他工作不使用塔式起重机）。

在施工过程中，由于业主要求变更设计图，使工作B停工10天（其他工作持续时间不变），监理工程师及时向承包方发出通知，要求承包方调整进度计划，保证该工程按合同工期完工。

承包方提出的调整方案及附加要求（以下各项费用数据均符合实际）如下：

（1）调整方案：将工作J的持续时间压缩5天。

（2）费用补偿要求。

①工作J压缩5天，增加赶工费25000元。

②塔式起重机闲置15天，补偿：600（塔式起重机租赁费）×15＝9000（元）。

③由于工作B停工10天造成其他有关机械闲置、人员窝工等综合损失45000元。

**问题：**

1. 如果在原计划中先安排工作E后安排工作G开工，塔式起重机应安排在第几天（上班时刻）进场投入使用较为合理？为什么？

2. 工作B停工10天后，承包方提出的进度计划调整方案是否合理？该计划如何调整更为合理？

3. 承包方提出的各项费用补偿要求是否合理？为什么？监理工程师应批准多少费用补偿？

**答案：**

1. （本小题 4.0 分）

塔式起重机应安排在第 31 天上班时刻进场投入使用较为合理。（1.0 分）

理由：先 E 后 G 顺序施工，工作 E 的总时差为 5 天，为了减少机械在现场的闲置时间，工作 E 按最迟开始时间进场施工。（3.0 分）

2. （本小题 4.0 分）

不合理。（1.0 分）

理由：如果按先 G 后 E 的顺序施工，工作 J 无须压缩也能满足合同工期要求。（3.0 分）

3. （本小题 10.0 分）

（1）费用判定：

①补偿赶工费不合理。（1.0 分）

理由：如果按先 G 后 E 的顺序施工，工作 J 无须压缩。（2.0 分）

②塔式起重机闲置补偿 9000 元不合理。（1.0 分）

理由：如果按先 G 后 E 的顺序施工，塔式起重机在现场没有闲置时间。（2.0 分）

③其他机械闲置补偿与人员窝工损失补偿合理。（1.0 分）

理由：变更图纸是业主应承担的责任事件。（1.0 分）

（2）应批准：其他费用补偿 45000 元。（2.0 分）

## 案例二十九

**【2000 年试题四】**

某高速公路项目利用世界银行贷款修建，施工合同采用 FIDIC 合同条件，业主委托监理单位进行施工阶段的监理。该工程在施工过程中，陆续发生了如下索赔事件（索赔工期与费用数据均符合实际）。

（1）施工期间，承包方发现施工图有误，需设计单位进行修改，由于图纸修改造成停工 20 天。承包方提出工期延期 20 天与费用补偿 2 万元的要求。

（2）施工期间因下雨，为保证路基工程填筑质量，总监理工程师下达了暂停施工指令，共停工 10 天，其中连续 4 天出现低于工程所在地雨期平均降雨量的雨天气候和连续 6 天出现 50 年一遇特大暴雨。承包方提出工期延期 10 天与费用补偿 2 万元的要求。

（3）施工过程中，现场周围居民称承包方施工产生噪声，阻止承包方的混凝土浇筑工作。承包方提出工期延期 5 天与费用补偿 1 万元的要求。

（4）由于业主要求，在原设计中的一座互通式立交桥设计长度增加了 5m，监理工程师向承包方下达了变更指令，承包方收到变更指令后及时向该桥的分包单位发出了变更通知。分包单位及时向承包方提出了索赔报告，报告内容包括：

①由于增加立交桥长度增加的费用 20 万元和分包合同工期延期 30 天的索赔。

②设计变更前因承包方使用而未按分包合同的约定提供施工场地，导致工程材料到场二次倒运增加的费用 1 万元和分包合同工期延期 10 天的索赔。

承包方以已向分包单位支付索赔款 21 万元的凭证为索赔证据，向监理工程师提出要求补偿该笔费用 21 万元和延长工期 40 天。

（5）由于某路段路基基底是淤泥，根据设计文件要求，需进行换填，在招标文件中已提供了地质的技术资料。承包方原计划使用隧道出碴作为填料换填，但施工中发现隧道出碴级配不符合设计要求，需进一步破碎才能达到级配要求。承包方认为，施工费用高出合同单价，如仍按原价支付不合理，需另外给予工程延期 20 天与费用补偿 20 万元。

**问题：**

针对承包方提出的上述索赔要求，监理工程师应如何签署意见？说明理由。

**答案：**

（本题 15 分）

（1）应批准工期补偿 20 天和费用补偿 2 万元。（1.0 分）

理由：施工图有误属于业主方的责任，而非承包方的责任。（2.0 分）

（2）应批准工期补偿 6 天，但不批准费用补偿。（1.0 分）

理由：50 年一遇特大暴雨属于不可抗力，工期损失应由业主承担，费用损失应由承包商承担；低于雨期正常雨量的 4 天停工是承包商应承担的风险责任。（2.0 分）

（3）不批准工期补偿和费用补偿。（1.0 分）

理由：施工产生噪声是承包方应承担的责任。（2.0 分）

（4）应批准工期补偿 30 天和费用补偿 20 万元。（1.0 分）

理由：增加立交桥长度是业主应承担的责任，非承包方的责任；而材料二次倒运是承包方应承担的责任。（2.0 分）

（5）不应批准工期补偿及费用补偿。（1.0 分）

理由：招标文件中已提供了地质的技术资料，级配不合理是承包商能够合理预见的，是承包商应承担的责任。（2.0 分）

# 案例三十

## 【1999 年试题六】

某工程项目业主与监理单位、施工单位分别签订了监理合同和施工合同。施工合同中规定，除空间钢桁架屋盖可分包给专业工程公司外，其他部分不得分包（除非业主同意），本项目合同工期为 22 个月。

在工程开工前，施工单位在合同约定的日期内向总监理工程师提交了施工总进度计划（如下图所示）（时间单位：月）和一份工程报告。

工程报告的主要内容是：

（1）本项目需要安装专业的进口设备，需要将设备安装工程分包给专业安装公司。

（2）本项目两侧临街，且为繁华交通要道，故需在施工之前搭设遮盖式防护棚，以保证过往行人安全。此项费用未包含在投标报价中，业主应另行支付。

总监理工程师对施工单位提交的施工进度计划和工程报告进行了审核。施工单位在按总

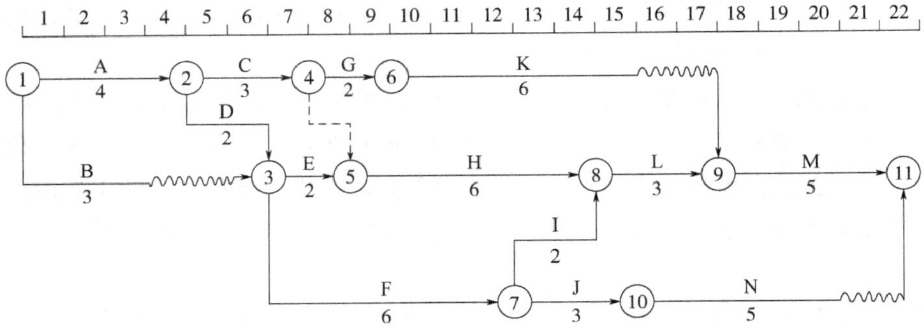


监理工程师确认的进度计划施工 0.5 个月后，因业主要求需要修改设计致使工作 K（混凝土工程）停工待图 2.5 个月。设计变更完成后，施工单位及时通过总监理工程师向业主提出索赔申请，见下表。

| 序号 | 内容 | 数量 | 费用计算 | 备注 |
|---|---|---|---|---|
| (1) | 新增混凝土工程量 | 300m$^3$ | 300×500=150000（元） | 混凝土工程单价 500 元/m$^3$ |
| (2) | 搅拌机闲置补偿费 | 60 台班 | 60×200=12000（元） | 台班费 200 元/台班 |
| (3) | 人工窝工补偿费 | 1800 工日 | 1800×100=180000（元） | 工日费 100 元/工日 |

在施工过程中，部分施工机械由于运输原因未能按时进场，致使工作 H 的实际进度在第 12 月月底时拖后 1 个月。在工作 F 进行过程中，发生质量事故，总监理工程师下令停工，组织召开现场会议，分析事故原因。该质量事故是由于施工单位施工工艺不符合施工规范要求所致。总监理工程师责成施工单位返工，工作 F 的实际进度在第 12 月月底时拖后 1 个月。

**问题：**

1. 为了确保本项目工期目标的实现，施工进度计划中哪些工作应作为重点控制对象？为什么？

2. 总监理工程师应如何处理施工单位工程报告中的各项要求？

3. 施工单位在索赔申请表中所列的内容和数量，经监理工程师审查后均属事实，但费用计算有不妥之处，请说明费用计算不妥的项目及理由。

4. 总监理工程师在处理质量事故时所需的资料有哪些？

5. 请在原进度计划中用前锋线表示出第 12 月月底时工作 K、H、F 的实际进展情况，并分析进度偏差对工程总工期的影响。

6. 如果施工单位提出工期顺延 2.5 个月的要求，总监理工程师应批准工程延期多少？为什么？

**答案：**

1. （本小题 2.0 分）

工作 A、D、E、F、H、I、L、M 应作为重点控制对象。（1.0 分）

理由：工作 A、D、E、F、H、I、L、M 均为关键工作。（1.0 分）

2. （本小题 2.5 分）

工程报告第（1）条的处理：

①以书面形式报送业主审批。（0.5分）

②如果业主同意设备安装工程可以分包，总监理工程师应要求施工单位报送《分包单位资格报审表》及相关资质材料，并组织专业监理工程师审查。（0.5分）

③如果业主不同意分包，则指令施工单位自行完成设备安装，不得分包。（0.5分）

工程报告第（2）条的处理：不予批准。（1.0分）

**3.（本小题3.0分）**

索赔申请中第（2）条中费用计算采用台班费不妥。（0.5分）

理由：自有机械按台班折旧费计算，租赁机械按台班租金计算。（1.0分）

索赔申请中第（3）条中费用计算采用人工费不妥。（0.5分）

理由：人工窝工应按合同约定的窝工补偿费计算。（1.0分）

**4.（本小题2.0分）**

总监理工程师在处理质量事故时所需资料有：

（1）相关的建设法规、标准规范。（0.5分）

（2）有关的技术文件和档案。（0.5分）

（3）有关合同及合同文件。（0.5分）

（4）质量问题的实况资料。（0.5分）

**5.（本小题7.5分）**

（1）前锋线如下图所示。

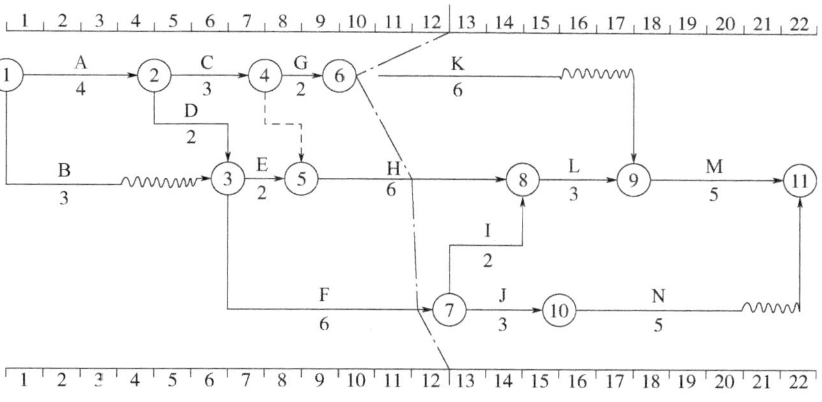


（2.0分）

（2）对工期影响。

①工作K拖后2.5个月，将影响工期0.5个月。（0.5分）

理由：K工作的总时差为2个月，拖后2.5个月将影响工期0.5个月。（1.0分）

②工作H拖后1个月，将使工期延长1个月。（0.5分）

理由：H工作为关键工作，拖后1个月将使工期延长1个月。（1.0分）

③工作F拖后1个月，将使工期延长1个月。（0.5分）

理由：F工作为关键工作，拖后1个月将使工期延长1个月。（1.0分）

综上所述，由于工作K、H、F之间的关系为平行工作关系，所以工期将延长1个月。（1.0分）

**6.（本小题3.0分）**

应批准工程延期0.5个月。（1.0分）

理由：工作 H、F 的拖后责任在施工单位，工期索赔不成立；设计变更引起工作 K 的拖后是业主应承担的责任，但工作 K 原有总时差为 2 个月，拖后 2.5 个月影响工期 0.5 个月，所以应批准工程延期 0.5 个月。（2.0 分）

# 案例三十一

## 【1998 年试题四】

某工程建设项目，业主与施工单位签订了施工合同，其中规定，在施工过程中，如因业主原因造成窝工，则人工窝工费和机械停工费只按工日费和台班费的 60% 补偿。

工程按如下图所示（时间单位：天）网络计划进行，其关键线路为 A→E→H→I→J。在计划执行过程中，出现了下列一些情况，导致一些工作停工。

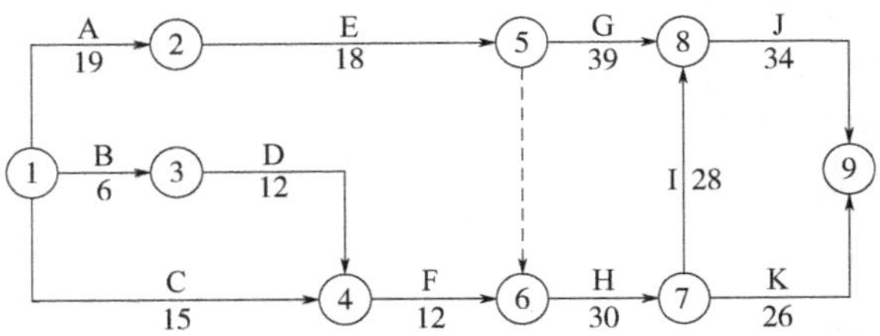


（1）因业主不能及时供应材料使工作 E 延误 3 天，工作 G 延误 2 天，工作 H 延误 3 天。

（2）因机械发生故障检修使工作 E 延误 2 天，工作 G 延误 2 天。

（3）因业主要求设计变更使工作 F 延误 3 天。

（4）因公网停电使工作 F 延误 1 天，工作 I 延误 1 天。

施工单位及时向监理工程师提交了一份索赔申请，并附有关资料、依据和下列要求：

（1）工期顺延：工作 E 停工 5 天，工作 F 停工 4 天，工作 G 停工 4 天，工作 H 停工 3 天，工作 I 停工 1 天。总计要求工期顺延 17 天。

（2）费用损失索赔：

①机械设备窝工费：工作 E 起重机 $(3+2)\times240=1200$（元）；工作 F 搅拌机 $(3+1)\times70=280$（元）；工作 G 小机械 $(2+2)\times55=220$（元）；工作 H 搅拌机 $3\times70=210$（元）；合计机械类窝工费为 1910 元。

②人工窝工费：工作 E $5\times30\times28=4200$（元）；工作 F $4\times35\times28=3920$（元）；工作 G $4\times15\times28=1680$（元）；工作 H $3\times35\times28=2940$（元）；工作 I $1\times20\times28=560$（元）。合计人工窝工费为 13300 元。

③管理费增加 $(1910+13300)\times16\%=2433.6$（元）。

④利润损失 $(1910+13300+2433.6)\times5\%=882.18$（元）。

总计费用索赔额：$1910+13300+2433.6+882.18=18525.78$（元）。

**问题：**

1. 索赔申请中，第（1）条的哪些内容可以成立？说明理由。

2. 索赔申请中，计算第（2）条的费用索赔为多少元？

**答案：**

1. （本小题4.5分）

①“工作E停工3天”的工期索赔成立。（0.5分）

理由：业主不能及时供应材料是业主应承担的责任，而不是施工单位的原因，并且工作E为关键工作。（1.0分）

②“工作H停工3天”的工期索赔成立。（0.5分）

理由：业主不能及时供应材料是业主应承担的责任，而不是施工单位的原因，并且工作H为关键工作。（1.0分）

③“工作I停工1天”的工期索赔成立。（0.5分）

理由：公网停电是业主应承担的责任，而不是施工单位的原因，并且工作I为关键工作。（1.0分）

2. （本小题12.0分）

①中：合计机械费：432 + 168 + 66 + 126 = 792（元）。（1.0分）

工作E：3 × 240 × 60% = 432（元）。（1.0分）

工作F：（3 + 1） × 70 × 60% = 168（元）。（1.0分）

工作G：2 × 55 × 60% = 66（元）。（1.0分）

工作H：3 × 70 × 60% = 126（元）。（1.0分）

②中：合计人工费：1512 + 2352 + 504 + 1764 + 336 = 6468（元）。（1.0分）

工作E：3 × 30 × 28 × 60% = 1512（元）。（1.0分）

工作F：4 × 35 × 28 × 60% = 2352（元）。（1.0分）

工作G：2 × 15 × 28 × 60% = 504（元）。（1.0分）

工作H：3 × 35 × 28 × 60% = 1764（元）。（1.0分）

工作I：1 × 20 × 28 × 60% = 336（元）。（1.0分）

总费用索赔额：792 + 6468 = 7260（元）。（1.0分）

# 案例三十二

## 【1998年试题五】

某工程建设项目，网络计划如下图所示（时间单位：天）。在施工过程中，由于业主原因、不可抗力因素和施工单位原因，对各项工作的持续时间产生一定的影响，其结果见下表（正数为延长工作天数，负数为缩短工作天数）。

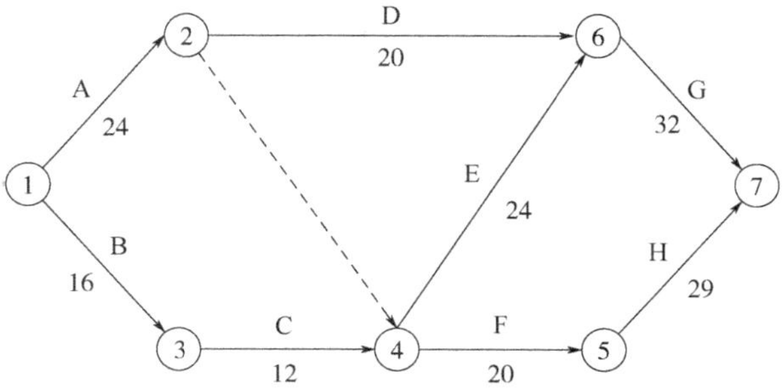

| 工作代号 | 业主原因 | 不可抗力因素 | 施工单位原因 | 延续时间延长 | 延长或缩短一天的经济得失/(元/天) |
|---|---|---|---|---|---|
| A | 0 | 2 | 0 | 2 | 600 |
| B | 1 | 0 | 1 | 2 | 800 |
| C | 1 | 0 | -1 | 0 | 600 |
| D | 2 | 0 | 2 | 4 | 500 |
| E | 0 | 2 | -2 | 0 | 700 |
| F | 3 | 2 | 0 | 5 | 800 |
| G | 0 | 2 | 0 | 2 | 600 |
| H | 3 | 0 | 2 | 5 | 500 |
| 合计 | 10 | 8 | 2 | 20 | |

**问题：**

1. 确定如图所示网络计划关键线路和实际进度的关键线路。
2. 监理工程师应批准合同工期延长多少天？说明理由。
3. 监理工程师签发的《费用索赔审批表》中的金额为多少？说明理由。

**答案：**

1. （本小题4.0分）

实际的网络计划如下图所示。

计划关键线路：B→C→E→G。（2.0分）

实际关键线路：B→C→F→H。（2.0分）

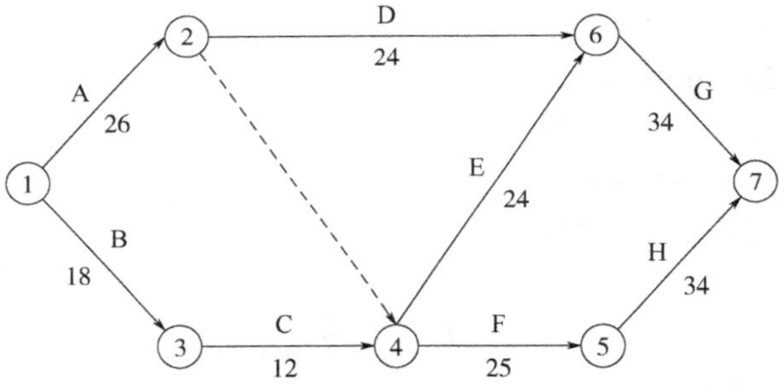


2. （本小题4.0分）

（1）原合同工期：16+12+24+32=84（天）。（1.0分）

（2）新合同工期：(16+1)+(12+1)+(24+2)+(32+2)=90(天)。（2.0分）

应批准合同工期延长：90−84=6（天）。（1.0分）

3. （本小题3.0分）

800+600+2×500+3×800+3×500=6300（天）。（2.0分）

理由：监理工程师只考虑由于业主原因造成的费用损失。（1.0分）

# 案例三十三

## 【1997年试题七】

某工程下部为钢筋混凝土基础，上面安装设备。业主分别与土建、安装单位签订了基础、设备安装工程施工合同。两个承包商都编制了相互协调的进度计划。进度计划已得到批准。基础施工完毕，设备安装单位按计划将材料及设备运进现场，准备安装。经检测发现，有近1/6的设备预埋螺栓位置偏移过大，无法安装设备，必须返工处理。安装工作因基础返工而受到影响，安装单位提出索赔要求。

**问题：**

1. 安装单位的损失应由谁负责？为什么？
2. 安装单位提出索赔要求，总监理工程师应如何处理？
3. 对设备预埋螺栓位置偏移过大的问题，总监理工程师应如何处理？

**答案：**

1. （本小题1.5分）

应由业主负责。（0.5分）

理由：安装单位与业主有合同关系，不具备安装条件是业主应承担的责任，而不是安装单位的原因。业主承担损失后，再向土建施工单位提出索赔要求。（1.0分）

2. （本小题4.0分）

（1）审核安装单位的索赔申请，确定索赔是否成立。（1.0分）

（2）要求安装单位提交现场同期记录，并进行调查、取证。（1.0分）

（3）与承包人协商协商后，向业主提交审核意见。（1.0分）

（4）业主批准后，签发《费用索赔审批表》和《工程延期审批表》。（1.0分）

3. （本小题4.0分）

（1）要求土建单位提交质量事故调查报告和经设计单位认可的处理方案。（1.0分）

（2）审查经设计单位认可的处理方案。（1.0分）

（3）对处理过程进行监督检查，对处理结果进行检查验收。（1.0分）

（4）向业主提交质量事故书面报告，对处理记录归档保存。（1.0分）

# 案例三十四

## 【1997年试题六】

某分部工程的初始网络计划如下图所示（时间单位：天），根据技术方案，确定A、D、I三项工作使用一台机械顺序施工。

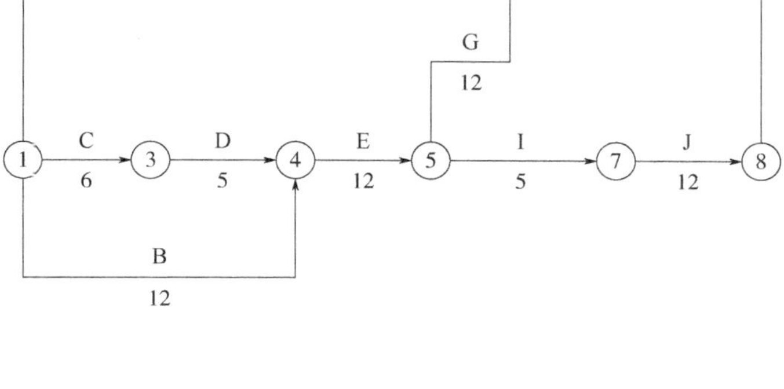

开工前，监理工程师批准按 D→A→I 顺序施工。施工中由于业主原因，B 工作延长 5 天，承包商提出 5 天工期索赔和机械闲置 5 天的费用索赔要求。

**问题：**

1. 初始网络计划的计算工期是多少天？

2. 优选 A、D、I 工作的施工顺序，说明理由。

3. 承包商提出的索赔要求是否成立？说明理由。

**答案：**

1. （本小题 3.0 分）

（1）关键线路：B→E→G→H。（1.0 分）

（2）计算工期：12 + 12 + 12 + 8 = 44（天）。（2.0 分）

2. （本小题 10.0 分）

（1）按 A→D→I 顺序组织施工，如下图所示。

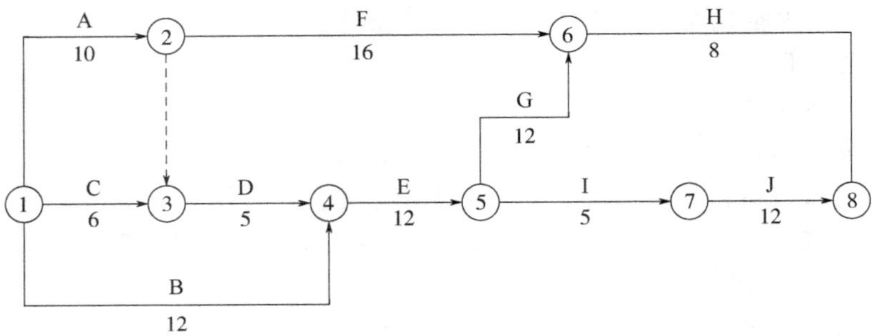


①计算工期：10 + 5 + 12 + 12 + 8 = 47（天）。（2.0 分）

②机械闲置：12 天。（2.0 分）

（2）按 D→A→I 顺序组织施工，如下图所示。

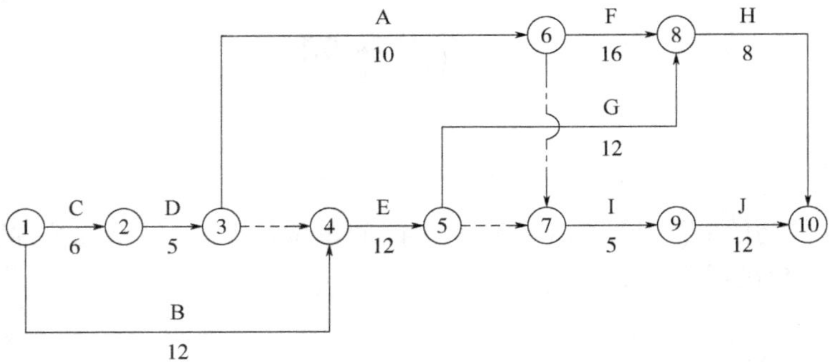


①计算工期：6 + 5 + 10 + 16 + 8 = 45（天）。（2.0 分）

②机械闲置：24 − 21 = 3（天）。（2.0 分）

（3）优选按 D→A→I 顺序组织施工。（1.0 分）

理由：按 D→A→I 顺序组织施工的工期较短，机械闲置时间较少。（1.0 分）

3. （本小题 8.0 分）

（1）5 天工期索赔不成立。（1.0 分）

理由：B 工作的总时差为 1 天，延长 5 天只影响工期 5 − 1 = 4（天），所以施工单位只能提出 4 天的工期索赔。（2.0 分）

或：原合同工期45天，业主原因导致B工作延长5天后，实际工期为（12+5）+12+12+8=49（天），49-45=4（天），所以施工单位只能提出4天的工期索赔。（2.0分）

（2）机械闲置5天的费用索赔成立。（1.0分）

理由：业主原因导致B工作延长5天后，机械在现场闲置时间为29-21=8（天），机械原计划闲置时间3天，增加闲置时间为8-3=5（天）。（2.0分）

# 第五部分

# 工 程 造 价

## 案例一

【2022 年试题六回忆版】

某工程由 A、B、C 三个子项工程组成，采用工程量清单计价，工程量清单中 A、B 子项工程的工程量分别为 2000m$^2$、1500m$^2$，C 子项工程暂估价 90 万元。暂列金额 100 万元。中标施工单位投标文件中 A、B 子项工程的综合单价分别为 1000 元/m$^2$、3000 元/m$^2$，措施项目费 40 万元。

建设单位与施工单位依据《建设工程施工合同》签订了施工合同，合同工期 4 个月，合同中约定：①预付款为签约合同价（扣除暂列金额）的 10%，在第 2 至第 3 个月等额扣回；②开工前预付款和措施项目价款一并支付；③工程进度款按月结算；④质量保证金为工程价款结算总额的 3%，在工程进度款支付时逐次扣留，计算基数不包括预付款支付或扣回的金额；⑤子项工程累计实际完成工程量超过计划完成工程量 15% 时，超出部分的工程量综合单价调整系数为 0.90；⑥计日工单价为人工 150 元/工日，施工机械 2000 元/台班。规费综合费率 8%（以分部分项工程费、措施项目费、其他项目费之和为基数），增值税率 9%。（上述费用均不含进项税额）

C 子项工程的工程量为 1000m$^2$，经双方协商的综合单价为 850 元/m$^2$。

子项工程计划完成工程量 （单位：m$^2$）

| 时间 | 第 1 月 | 第 2 月 | 第 3 月 | 第 4 月 |
|---|---|---|---|---|
| A | 2000 | — | — | — |
| B | — | 750 | 750 | — |
| C | — | — | 500 | 500 |

工程开工后第 1 个月，施工单位为清除未探明的地下障碍物，增加 100 工日、施工机械 10 个台班。第 3 个月，由于设计变更导致 B 子项目工程量增加 150m$^2$。

**问题：**

1. 分别计算签约合同价、开工前建设单位预付款和措施项目工程款。
2. 设计变更导致 B 子项工程增加工程量，其综合单价是否调整？说明理由。
3. 分别计算 1 ~3 月建设单位应支付的工程进度款。
4. 分别计算工程竣工结算价款总额和实际应支付的竣工结算款金额。

（单位：万元，计算结果保留 2 位小数）

**答案：**

1.（本小题6.0分）

（1）[（2000×1000＋1500×3000）/10000＋40＋190]×1.08×1.09＝1035.94（万元）（2.0分）

（2）（1035.94－100×1.08×1.09）×10%＝91.82（万元）（2.0分）

（3）40×1.08×1.09＝47.09（万元）

47.09×97%＝45.68（万元）（2.0分）

2.（本小题3.0分）

综合单价不予调整；（1.0分）

理由：B子项目工程量增加150m²，150/1500＝10%＜15%。（2.0分）

3.（本小题6.0分）

（1）1月份：

（2000×1000＋100×150＋10×2000）/10000×1.08×1.09×97%＝232.37（万元）（2.0分）

（2）2月份：

750×3000/10000×1.08×1.09×97%－91.82/2＝211.01（万元）（2.0分）

（3）3月份：

（900×3000＋500×850）/10000×1.08×1.09×97%－91.82/2＝310.93（万元）（2.0分）

4.（本小题5.0分）

（1）竣工结算款总额：（2000×1000＋1650×3000＋400000＋850×1000＋100×150＋10×2000）/10000×1.08×1.09＝969.42（万元）（2.0分）

（2）竣工结算款：969.42×97%＝940.34（万元）

实际应付竣工结算款：969.42×97%－（2000×1000＋1650×3000＋100×150＋10×2000＋425000）/10000×（1－3%）×1.08×1.09－45.68＝48.52（万元）（3.0分）

## 案例二

**【2021年试题六回忆版】**

某工厂建设单位和施工单位依据《建设工程施工合同（示范文本）》签订了施工合同，签约合同价为8100万元，其中暂列金额为100万元（含税费）。合同工期10个月，施工合同约定：

①预付款为签约合同价扣除暂列金额的20%，开工后从第3个月开始分4个月等额扣回，当月实际结算价款不足以抵扣时，不足部分在次月扣回。

②工程进度款按月结算。

③质量保证金为工程结算价总额的3%，每月按应付工程进度款3%扣留。

④人工费为80元/工日，施工机械台班费为2000元/台班，计日工单价为150元。

⑤企业管理费率为12%（以人、材、机为基数），利润率为5%（以人、材、机及企业

管理费为基数），规费综合费率为8%（以分部分项工程费、措施项目费及其他项目费之和为基数），增值税税率为9%（上述费用均不含增值税进项税额）。

工程实施过程中发生如下事件。

事件1：基坑开挖过程中，受建设单位平行发包的另一家施工单位施工不当影响，造成基坑局部坍塌，因此发生修理基坑维护工程费用30万元，变配电用房费用5万元，工程停工5天。施工单位提出索赔，要求补偿费用35万元，工程延期5天。建设单位同意补偿基坑维护工程费30万元，但不同意顺延工期。

事件2：结构工程施工过程中，建设单位提出工程变更，由此增加用工150工日，施工机械30台班及计日工160工日，施工单位在合同约定期限内，向项目监理机构提出费用补偿申请。

事件3：装修工程施工中发生不可抗力造成下列后果：①装修材料损失3万元；②施工机械损失12万元；③施工单位应建设单位要求照管清理修复工程，发生费用15万元；④施工人员医疗费1.8万元。为保证合同工期，建设单位要求施工单位赶工。

事件4：施工单位1~10月实际完成的合同价款（含索赔的费用）见下表：

| 月份 | 第1月 | 第2月 | 第3月 | 第4月 | 第5月 | 第6月 | 第7月 | 第8月 | 第9月 | 第10月 |
|---|---|---|---|---|---|---|---|---|---|---|
| 完成价款/万元 | 800 | 900 | 814 | 400 | 900 | 920 | 800 | 900 | 900 | 734 |

**问题：**

1. 预付款总额和第3个月应扣回的工程预付款分别为多少万元？

2. 针对事件1，指出建设单位的不妥之处，并写出正确做法。

3. 针对事件2，项目监理机构应批准费用补偿应为多少万元？

4. 针对事件3，指出建设单位应承担哪些费用？

5. 针对事件4，分别计算第2、4、5个月实际支付的工程价款为多少万元？工程实际造价和质量保证金分别是多少万元？（计算结果保留2位小数）

**答案：**

1. （本小题2.0分）

（1）工程预付款（8100－100）×20%＝1600（万元）。（1.0分）

（2）第3个月应扣回的预付款1600/4＝400（万元）。（1.0分）

2. （本小题3.0分）

不妥之处：建设单位同意补偿基坑维护工程费30万元，不同意顺延工期。（1.0分）

正确做法：建设单位应补偿费用35万元，顺延工期5天。（2.0分）

3. （本小题4.0分）

应批准的费用补偿为：[（150×80/10000＋30×2000/10000）×1.12×1.05＋160×150/10000]×1.08×1.09＝11.29（万元）。（4.0分）

4. （本小题3.0分）

建设单位应承担的费用有：①装修材料损失3万元；②施工单位应建设单位要求照管清理修复工程费用15万元；③建设单位要求赶工的赶工费。（3.0分）

5. （本小题8.0分）

（1）第2个月实际支付：

①应付工程进度款：900万元。

②应扣留质保金：900×3%=27（万元）。

900×(1−3%)=873.00（万元）。 （1.0分）

（2）第4个月实际支付：

①应付工程进度款：400万元。

②应扣留质保金：400×3%=12（万元）。

③应扣回预付款：400×(1−3%)=388（万元）。 （1.0分）

400−12−388=0.00（万元）。 （1.0分）

（3）第5月实际支付：

①应付工程进度款：900万元。

②应扣留质保金：900×3%=27（万元）。

③应扣回预付款：400+(400−388)=412（万元）。 （1.0分）

900−27−412=461.00（万元）。 （2.0分）

（4）实际造价=800+900+814+400+900+920+800+900+900+734=8068.00（万元）。 （1.0分）

（5）质量保证金=8068×3%=242.04（万元）。 （1.0分）

## 案例三

**【2020年试题六】**

某工程，建设单位与施工单位按《建设工程施工合同（示范文本）》签订了施二合同。合同约定：签约合同价为1000万元，合同工期10个月；企业管理费费率为20%（以人工费、材料费、施工机具使用费之和为基数），利润率为7%（以人工费、材料费、施工机具使用费及企业管理费之和为基数），措施项目费按分部分项工程费的5%计，规费综合费率为8%（以分部分项工程费、措施项目费及其他项目费之和为基数），税率为9%（以分部分项工程费、措施项目费、其他项目费及规费之和为基数），人工费为80元/工日，机械台班费为2000元/台班；由于建设单位责任造成的人工窝工、机械台班闲置，窝工和闲置费用按原人工费和机械台班费70%计取；发生工期延误，逾期竣工违约金每天按签约合同价的0.5‰计取，最高为签约合同价的5%；工程每提前一天竣工，奖励金额按签约合同价的1‰计取；实际工程量与暂估工程量偏差超出15%以上时，超出部分可以调整综合单价。

实施过程中发生如下事件。

事件1：因建设单位需求变化发生设计变更，导致工程停工15天，并造成某分部分项工程费增加34万元，施工人员窝工200个日、施工机械闲置10个台班。为此，施工单位提出了索赔。

事件2：该工程实际施工工期为15个月，其中：①由于设计变更造成工期延长1个月；②工程实施过程中遇不可抗力造成工期延长2个月；③施工单位准备不足导致试车失败造成工期延长1个月；④因施工原因造成质量事故返工导致工期延长1个月。施工单位提出了5个月的工期索赔（每月按30天计算）。

事件3：某分项工程在招标工程量清单中的暂估工程量为1250$m^3$，投标综合单价为800

元/$m^3$。施工完成后，经项目监理机构验收符合质量要求，确认计量的工程量为 1500$m^3$。经协商，对原暂估工程量 115% 以上部分工程量的综合单价调整为 750 元/$m^3$；另发生现场签证计日工 4 万元。为此，施工单位提出工程款结算如下：

①分部分项工程费：1500×800=120（万元）。

②管理费：120×12%=14.40（万元）。

③计日工：4 万元。

④工程结算价款：(120+14.40+4)=138.40（万元）。

**问题：**

1. 针对事件 1，项目监理机构应批准的费用索赔和工期索赔各是多少万元？

2. 针对事件 2，逐项指出施工单位的工期索赔是否成立。

3. 针对事件 2，项目监理机构应确认的工期奖惩金额是多少万元？

4. 针对事件 3，分别指出施工单位提出工程款结算①～④的内容是否妥当，并说明理由。项目监理机构应批准的工程结算价款是多少万元？

(计算结果保留 2 位小数)

**答案：**

1.（本小题 4.0 分）

(1) 费用索赔：

[34×1.05+(200×80+10×2000)×70%/10000]×1.08×1.09=44.99（万元）。　（3.0 分）

(2) 工期索赔：15 天。　（1.0 分）

2.（本小题 2.0 分）

①工期索赔成立。　（0.5 分）

②工期索赔成立。　（0.5 分）

③工期索赔不成立。　（0.5 分）

④工期索赔不成立。　（0.5 分）

3.（本小题 4.0 分）

(1) 原合同工期：10 个月。

(2) 新合同工期：10+1+2=13（月）。　（0.5 分）

因实际工期为 15 个月，大于新合同工期，施工单位应承担拖期违约责任。　（1.0 分）

最高限额：1000×5%=50.00（万元）。　（0.5 分）

违约金：(15−13)×30×(1000×0.5‰)=30.00（万元）<50.00（万元）。　（1.0 分）

应确认的违约金为 30.00 万元。　（1.0 分）

4.（本小题 10.0 分）

(1) 提出工程款结算：

①不妥当。　（0.5 分）

理由：工程量增加超出暂估工程量 15% 以上的部分应执行 750 元/$m^3$。　（0.5 分）

②不妥当。　（0.5 分）

理由：分部分项工程费已经包含管理费。　（0.5 分）

③妥当。　（0.5 分）

理由：发生现场签证计日工 4 万元。　（0.5 分）

④不妥当。 (0.5分)

理由：应剔除管理费，增加措施项目费、规费和税金。 (0.5分)

(2) 应批准工程结算款

①分部分项工程费：

(1500－1250)/1250＝20%＞15%，超出15%以上的工程量执行新价750元/m³。(1.0分)

原价量：1250×1.15＝1437.5 (m³)。 (0.5分)

新价量：1500－1437.5＝62.5 (m³)。 (0.5分)

1437.5×800＋62.5×750＝119.69 (万元)。 (1.0分)

②措施项目费：119.69×5%＝5.98 (万元)。 (1.0分)

③计日工：4万元。

工程结算价款：(119.69＋5.98＋4)×1.08×1.09＝152.65 (万元)。 (2.0分)

## 案例四

### 【2019年试题六】

某工程，建设单位和施工单位按《建设工程施工合同（示范文本）》签订了施工合同，合同约定：签约合同价为3245万元；预付款为签约合同价的10%，当施工单位实际完成金额累计达到合同总价的30%时，开始分6个月等额扣回预付款；管理费费率取12%（以人工费、材料费、施工机具使用费之和为基数），利润率取7%（以人工费、材料费、施工机具使用费及管理费之和为基数），措施项目费按分部分项工程费的5%计（赶工不计取措施费），规费费率取8%（以分部分项工程费、措施项目费及其他项目费之和为基数），增值税取9%（以分部分项工程费、措施项目费、其他项目费及规费之和为基数）；人工费为80元/工日，机械台班费为2000元/台班。实施过程中发生如下事件。

事件1：由于不可抗力造成下列损失：①修复在建分部分项工程费18万元；②进场的工程材料损失12万元；③施工机具闲置25台班；④工程清理消耗人工100工日（按计日工计，单价150元/工日）；⑤施工机具损坏损失55万元；⑥现场受伤工人的医药费0.75万元。

事件2：为了防止工期延误，建设单位提出加快施工进度的要求，施工单位上报了赶工计划与相应的费用。经协商，赶工费不计取利润。项目监理机构审查确认赶工增加人工费、材料费和施工机具使用费合计为15万元。

事件3：用于某分项工程的某种材料暂估价4350元/t，经施工单位招标及项目监理机构确认，该材料实际采购价格为5220元/t（材料用量不变）。施工单位向项目监理机构提交了招标过程中发生的3万元招标采购费用的索赔，同时还提交了综合单价调整申请，其中使用该材料的分项工程综合单价调整见下表，在此单价内该种材料用量为80kg。

| 已标价清单综合单价/元 | | | | | 调整后综合单价/元 | | | | |
|---|---|---|---|---|---|---|---|---|---|
| 综合单价 | 其中 | | | | 综合单价 | 其中 | | | |
| | 人工费 | 材料费 | 机械费 | 管理费和利润 | | 人工费 | 材料费 | 机械费 | 管理费和利润 |
| 599.20 | 30 | 400 | 70 | 99.20 | 719.04 | 36 | 480 | 84 | 119.04 |

**问题：**

1. 该工程的预付款、预付款起扣时施工单位应实际完成的累积金额和每月应扣预付款各为多少万元？

2. 针对事件1，依据《建设工程工程量清单计价规范》（GB 50500—2013），逐条指出各项损失的承担方。建设单位应承担的金额为多少万元？

3. 针对事件2，协商确定赶工费不计取利润是否妥当？项目监理机构应批准的赶工费为多少万元？

4. 针对事件3，施工单位对招标采购费用的索赔是否妥当？项目监理机构应批准的调整后综合单价是多少元？分别说明理由。

（计算部分应写出计算过程，保留2位小数）

**答案：**

1. （本小题3.0分）

（1）预付款：3245×10%＝324.50（万元）。（1.0分）

（2）累计额：3245×30%＝973.50（万元）。（1.0分）

（3）每月应扣预付款：324.50/6＝54.08（万元）。（1.0分）

2. （本小题6.0分）

①由建设单位承担。（0.5分）

②由建设单位承担。（0.5分）

③由施工单位承担。（0.5分）

④由建设单位承担。（0.5分）

⑤由施工单位承担。（0.5分）

⑥由施工单位承担。（0.5分）

建设单位应承担：（18×1.05＋12＋100×150/10000）×1.08×1.09＝38.14（万元）。（3.0分）

3. （本小题2.5分）

（1）妥当。（0.5分）

（解读：当事人协商一致的补充文件是合同文件的组成部分，发承包双方应遵照执行，并且赶工并未减少原合同范围内的利润。）

（2）赶工补偿：15×1.12×1.08×1.09＝19.78（万元）。（2.0分）

4. （本小题6.5分）

（1）不妥当。（0.5分）

理由：对于暂估价材料的招标，由施工单位组织招标时，其招标采购费已包含在原施工单位投标时的投标报价中。（2.0分）

（2）应批准综合单价调整：599.2＋80×（5220－4350）/1000＝668.80（元）。（2.0分）

理由：涉及暂估材料价，在工程结算时，由实际价格取代暂估价调整合同价款，综合单价中不再考虑管理费和利润的调整，因原合同价款中的管理费和利润并没有减少。（2.0分）

# 案例五

## 【2018 年试题六】

某工程的签约合同价为 30850 万元，合同工期为 30 个月，工程预付款为签约合同价的 20%，从开工后第 5 个月开始分 10 个月等额扣回。工程质量保证金为签约合同价的 3%，开工后每月按进度款的 10% 扣留，扣留至足额为止。施工合同约定，工程进度款按月结算；因清单工程量偏差和工程设计变更等导致的实际工程量偏差超过 15% 时，可以调整单价。实际工程量增加 15% 以上时，超出部分的工程量综合单价调值系数为 0.9；实际工程量减少 15% 以上时，减少后剩余部分的工程量综合单价调值系数为 1.1。按照项目监理机构批准的施工组织设计，施工单位计划完成的工程价款见下表。

| 月份 | 第 1 月 | 第 2 月 | 第 3 月 | 第 4 月 | 第 5 月 | 第 6 月 | 第 7 月 | … | 第 15 月 | … |
|---|---|---|---|---|---|---|---|---|---|---|
| 工程价款/万元 | 700 | 1050 | 1200 | 1450 | 1700 | 1700 | 1900 | … | 2100 | … |

工程实施过程中发生如下事件。

事件 1：由于设计差错修改图纸使局部工程量发生变化，由原招标工程量清单中的 $1320m^3$ 变更为 $1670m^3$，相应投标综合单价为 378 元/$m^3$。施工单位按批准后的修改图纸在工程开工后第 5 个月完成工程施工，并向项目监理机构提出了增加合同价款的申请。

事件 2：原工程量清单中暂估价为 300 万元的专业工程，建设单位组织招标后，由原施工单位以 357 万元的价格中标，招标采购费用共 3 万元。施工单位在工程开工后第 7 个月完成该专业工程施工，并要求建设单位对该暂估价专业工程增加合同价款 60 万元。

**问题：**

1. 计算该工程质量保证金和第 7 个月应扣留的预付款。

2. 工程质量保证金扣留至足额时，预计应完成的工程价款及相应月份是多少？该月预计应扣留的工程质量保证金是多少万元？

3. 事件 1 中，综合单价是否应调整？说明理由。项目监理机构应批准的合同价款增加额是多少万元？（写出计算过程）

4. 针对事件 2，计算暂估价工程应增加的合同价款，说明理由。

5. 项目监理机构在第 3、5、7 个月和第 15 个月签发的工程款支付证书中实际应支付的工程进度款各为多少万元？（计算结果保留 2 位小数）

**答案：**

1.（本小题 2.0 分）

（1）质量保证金：30850 ×3% =925.5（万元）。（1.0 分）

（2）第 7 月应扣预付款：30850 ×20% /10 =617（万元）。（1.0 分）

2.（本小题 6.0 分）

（1）预计已完工程款：925.5/10% =9255（万元）。（1.0 分）

预计月份：

①第 6 个月月末累计：700 + 1050 + 1200 + 1450 + 1700 + 1700 = 7800（万元）<9255（万元）。（1.0 分）

②第 7 个月月末累计：7800 + 1900 = 9700（万元）>9255（万元）。（1.0 分）

所以，质量保证金预计第 7 个月扣至足额。（1.0 分）

（2）第 7 个月应扣留：925.5 − 7800 × 10% = 145.5（万元）。（2.0 分）

3.（本小题 4.0 分）

（1）应该调整。（0.5 分）

理由：工程量增加 1670 − 1320 = 350（$m^3$），350 × 100%/1320 = 26.52% >15%。（1.0 分）

（2）合同价款增加额：

①增加超过 15% 以上的部分综合单价调整：378 × 0.9 = 340.2（元/$m^3$）。（0.5 分）

②原价工程量：1320 × 15% = 198（$m^3$）。（0.5 分）

③新价工程量：350 − 198 = 152（$m^3$）。（0.5 分）

（198 × 378 + 152 × 340.2）/10000 = 12.66（万元）。（1.0 分）

4.（本小题 3.0 分）

增加的合同价款：357 − 300 = 57（万元）。（1.0 分）

理由：涉及暂估价的专业工程，在施工过程中由中标价取代暂估价调整合同价款，建设单位组织招标的，其招标费用 3 万元由建设单位承担，不计入合同价款。（2.0 分）

5.（本小题 5.0 分）

（1）第 3 个月实际支付：1200 × 0.9 = 1080.00（万元）。（1.0 分）

（2）第 5 个月实际支付：（1700 + 12.66）× 0.9 − 617 = 924.39（万元）。（1.0 分）

（3）第 7 个月实际支付：

①第 6 个月月末已扣除质量保证金：（7800 + 12.66）× 10% = 781.27（万元）。（0.5 分）

②第 7 月再扣除质量保证金：925.5 − 781.27 = 144.23（万元）。（0.5 分）

实际支付：1900 + 57 − 144.23 − 617 = 1195.77（万元）。（1.0 分）

（4）第 15 个月实际支付：2100.00 万元。（1.0 分）

# 案例六

## 【2017 年试题六】

某工程，签约合同价为 25000 万元，其中暂列金额为 3800 万元，合同工期 24 个月，预付款支付比例为签约合同价（扣除暂列金额）的 20%。自施工单位实际完成产值达 4000 万元后的次月开始分 5 个月等额扣回。工程进度款按月结算，项目监理机构按施工单位每月应得进度款的 90% 签认，企业管理费费率 12%（以人工费、材料费、施工机具使用费之和为基数），利润率 7%（以人工费、材料费、施工机具使用费和管理费之和为基数），措施费按分部分项工程费的 5% 计，规费综合费费率 8%（以分部分项工程费、措施费和其他项目费之和为基数），增值税 9%（以分部分项工程费、措施费、其他项目费和规费之和为基数）。施工单位前 8 个月的计划完成产值见下表。

| 月份 | 第 1 月 | 第 2 月 | 第 3 月 | 第 4 月 | 第 5 月 | 第 6 月 | 第 7 月 | 第 8 月 |
|---|---|---|---|---|---|---|---|---|
| 计划完成产值/万元 | 350 | 400 | 650 | 800 | 900 | 1000 | 1200 | 900 |

工程实施过程中发生如下事件。

事件 1：基础工程施工中，由于相邻外单位工程施工的影响，造成基坑局部坍塌，已完成的工程损失 40 万元，工棚等临时设施损失 3.5 万元，工程停工 5 天。施工单位按程序提出索赔申请，要求补偿费用 43.5 万元、工程延期 5 天。建设单位同意补偿工程实体损失 40 万元，工期不予顺延。

事件 2：工程在第 4 月按计划完成后，施工至第 5 个月，建设单位要求施工单位搭设慰问演出舞台，监理机构确认该计日工项目消耗人工 80 工日（人工综合单价 75 元/工日），消耗材料 150$m^2$（材料综合单价 100 元/$m^2$）。

事件 3：工程施工至第 6 个月，建设单位提出设计变更，经确认，该变更导致施工单位增加人工费、材料费、施工机具使用费共计 18.5 万元。

事件 4：工程施工至第 7 个月，专业监理工程师发现混凝土工程出现质量事故，施工单位于次月返工处理合格，该返工部位对应的分部分项工程费为 28 万元。

事件 5：工程施工至第 8 个月，发生不可抗力事件，确认的损失有：

①在建永久工程损失 20 万元。

②进场待安装的设备损失 3.2 万元。

③施工机具闲置损失 8 万元。

④工程清理花费 5 万元。

**问题：**

1. 本工程预付款是多少万元？按计划完成产值考虑，预付款应在开工后第几个月起扣？

2. 针对事件 1，指出建设单位做法的不妥之处，写出正确做法。

3. 针对事件 2 至事件 4，若施工单位各月均按计划完成施工产值，项目监理机构在第 4～7个月应签认的进度款各是多少万元？

4. 针对事件 5，逐条指出各项损失的承担方（不考虑工程保险），建设单位应承担的损失是多少万元？

（计算结果保留 2 位小数）

**答案：**

1. （本小题 3.0 分）

（1）工程预付款：(25000 − 3800) × 20% = 4240（万元）。　（1.0 分）

（2）第 6 个月月末计划完成产值累计：

350 + 400 + 650 − 800 + 900 + 1000 = 4100（万元）＞4000（万元）。　（1.0 分）

所以，预付款应从开工后第 7 个月起扣。　（1.0 分）

2. （本小题 2.0 分）

不妥之处：建设单位同意补偿工程实体损失 40 万元，工期不予顺延。　（1.0 分）

正确做法：建设单位应补偿费用 43.5 万元，工期顺延 5 天。　（1.0 分）

3. （本小题 7.0 分）

（1）第 4 个月应签认。

$800 \times 90\% = 720$（万元）。（1.0 分）

（2）第 5 个月应签认。

①进度款：900 万元。

②变更款：$(80 \times 75 + 150 \times 100) \times 1.08 \times 1.09 = 2.47$（万元）。（1.0 分）

$(900 + 2.47) \times 90\% = 812.22$（万元）。（1.0 分）

（3）第 6 个月应签认。

①进度款：1000 万元。

②变更款：$18.5 \times 1.12 \times 1.07 \times 1.08 \times 1.09 = 26.10$（万元）。（1.0 分）

$(1000 + 26.10) \times 90\% = 923.49$（万元）。（1.0 分）

（4）第 7 个月应签认。

①进度款：1200 万元。

②扣回返工款：$28 \times 1.05 \times 1.08 \times 1.09 = 34.61$（万元）。（1.0 分）

③扣回预付款：$4240/5 = 848$（万元）。

$(1200 - 34.61) \times 90\% - 848 = 200.85$（万元）。（1.0 分）

4.（本小题 3.0 分）

（1）承担：

①由建设单位承担。（0.5 分）

②由建设单位承担。（0.5 分）

③由施工单位承担。（0.5 分）

④由建设单位承担。（0.5 分）

（2）建设单位应承担的损失：$20 + 3.2 + 5 = 28.20$（万元）（1.0 分）

$28.20 \times 1.08 \times 1.09 = 33.20$（万元）。

# 案例七

## 【2016 年试题六】

某工程执行《建设工程工程量清单计价规范》（GB 50500—2013），分部分项工程费合计 28150 万元，不含安全文明施工费的可计量措施项目费 4500 万元，其他项目费 150 万元，规费 123 万元，安全文明施工费费率为 3%（以分部分项工程费与可计量的措施项目费为计算基数），企业管理费费率为 20%，利润率为 5%，增值税为 9%，人工费 80 元/工日，起重机使用费 3000 元/台班。该工程定额工期为 50 个月。工程实施过程中发生如下事件。

事件 1：施工招标文件中要求的施工工期为 38 个月，并明确可以增加赶工费用。

事件 2：土方开挖时遇到未探明的古墓，项目监理机构下达了《工程暂停令》，当地文物保护部门随即进驻施工现场开展考古工作。施工单位向监理机构提出如下费用补偿申请：

①基坑围护工程损失 33 万元。

②工程暂停导致施工机械闲置费用 5.7 万元。

③受文物保护部门委托进行土方挖掘与清理工作产生的人工和机械费用 7.8 万元。

事件 3：施工过程中，建设单位提出某分项工程变更，由此增加用工 180 工日、起重机

12台班、材料费16万元，夜间施工增加费8万元，设备维护费3.5万元。

事件4：因工程材料占用施工场地，致使原计划均需使用起重机作业的A、B两项工作的间隔时间由原定的3天增至8天，为此，施工单位向项目监理机构提出补偿5个起重机台班窝工费用的申请。

**问题：**

1. 计算该工程的安全文明施工费和签约合同价。

2. 事件1中，施工单位是否可以提出增加赶工费用？说明理由。赶工费用应由哪几部分构成？

3. 逐项指出事件2中发生的费用是否应给予补偿并说明理由。项目监理机构应批准的费用补偿总额是多少万元？

4. 针对事件3，计算因工程变更增加的分项工程费用。

5. 事件4中，项目监理机构是否应批准施工单位的费用补偿申请？说明理由。

**答案：**

1. （本小题3.0分）

（1）安全文明施工费：(28150 + 4500) × 3% = 979.50（万元）。 （1.0分）

（2）签约合同价：(28150 + 4500 + 979.5 + 150 + 123) × 1.09 = 36953.73（万元）。 （2.0分）

2. （本小题6.0分）

（1）可以提出赶工费用。 （1.0分）

理由：定额工期为50个月，要求工期为38个月，工期缩短 (50 − 38)/50 × 100% = 24% > 20%，所以施工单位可以提出赶工费用。 （2.0分）

（2）赶工费用组成：增加的人工费、增加的材料费、增加的施工机具使用费、增加的管理费、增加的利润、增加的规费和增加的税金。 （3.0分）

3. （本小题5.5分）

（1）是否补偿：

①为应补偿费用。 （0.5分）

理由：未探明古墓是建设单位应承拒的责任，而非施工单位的原因。 （1.0分）

②为应补偿费用。 （0.5分）

理由：未探明古墓是建设单位应承担的责任，而非施工单位的原因。 （1.0分）

③为不应补偿费用。 （0.5分）

理由：文物保护部门委托进行土方挖掘与清理工作，不应由建设单位承担费用，而应由文物保护部门承担由比发生的全部费用。 （1.0分）

（2）费用补偿总额：33 + 5.7 = 38.70（万元）。 （1.0分）

4. （本小题3.0分）

(180 × 80 + 12 × 3000 + 160000) × 1.2 × 1.05/10000 = 26.51（万元）。 （3.0分）

5. （本小题1.5分）

不应批准费用补偿。 （0.5分）

理由：材料占用施工场地导致起重机窝工是施工单位的原因。 （1.0分）

# 案例八

## 【2015 年试题六】

某工程施工合同约定：

（1）签约合同价为 3000 万元，工期 6 个月。

（2）工程预付款为签约合同价的 15%，在开工后第 3 ~5 个月等额扣回。

（3）工程进度款按月结算，每月实际付款金额按承包人实际结算款的 90% 支付。

（4）当工程量偏差超过 15%，且对应项目的投标综合单价与招标控制价中的综合单价偏差超过 15% 时，按《建设工程工程量清单计价规范》（GB 50500—2013）中“工程量偏差”调价方法，结合承包人报价浮动率确定是否调价。

（5）竣工结算时，发包人按结算总价的 5% 扣留质量保证金。

施工过程中发生如下事件。

事件 1：基础工程施工中，遇到未探明的地下障碍物。施工单位按变更的施工方案处理该障碍物，导致既增加了已有措施项目的费用，又新增了措施项目，并造成工程延期。

事件 2：事件 1 发生后，为确保工程按原合同工期竣工，建设单位要求施工单位加快施工。为此，施工单位向项目监理机构提出补偿赶工费的要求。

事件 3：施工中由于设计变更，导致土方工程量由 1824$m^3$ 变更为 1520$m^3$。已知土方工程招标控制价的综合单价为 60 元/$m^3$，施工单位投标报价的综合单价为 50 元/$m^3$，承包人的报价浮动率为 6%。

事件 4：经项目监理机构审定的 1 ~6 月实际结算款（含设计变更和索赔费用）见下表。

| 月份 | 第 1 月 | 第 2 月 | 第 3 月 | 第 4 月 | 第 5 月 | 第 6 月 |
|---|---|---|---|---|---|---|
| 实际结算款/万元 | 400 | 550 | 500 | 450 | 400 | 460 |

**问题：**

1. 事件 1 中，处理地下障碍物对已有措施项目增加的措施费应如何调整？新增措施项目的措施费应如何调整？

2. 事件 2 中，项目监理机构是否应批准施工单位的费用补偿要求？说明理由。

3. 事件 3 中，分析土方工程综合单价是否可以调整？

4. 工程预付款及第 3 ~5 个月应扣回的工程款各是多少？依据上表，项目监理机构 1 ~5 月应签发的实际付款金额分别是多少？6 月份办理的竣工结算款是多少？

**答案：**

1. （本小题 9.0 分）

（1）已有措施项目：

①已有单价措施项目，按已有单价调整增加的措施项目费，但工程量超过 15% 以上的部分单价应予以调低。（2.0 分）

②已有总价措施项目，按照实际发生变化的措施项目调整措施项目费，但应考虑施工单位报价浮动因素。（2.0 分）

③安全文明施工费应按照实际发生变化的措施项目调整措施项目费，不得考虑施工单位报价浮动因素。 (1.0 分)

(2) 新增措施项目：

①工程量清单中有类似措施项目的，参照类似措施项目调整新增措施项目费。(1.0 分)

②工程量清单中没有类似措施项目的，施工单位依据地下障碍物的变更资料、工程量清单计价规范、工程量清单计量规范、造价管理部门发布的信息价格及报价浮动率等，提出新增措施项目费，通过监理机构报建设单位确认后调整新增措施项目费。 (3.0 分)

2. (本小题 2.5 分)

应批准费用补偿要求。 (0.5 分)

理由：遇到未探明的地下障碍物造成工程延期是建设单位应承担的责任，而不是施工单位的责任，建设单位要求施工单位加快施工的赶工费应由建设单位承担。 (2.0 分)

3. (本小题 4.0 分)

(1) 量减幅度：$(1824-1520)/1824\times100\%=16.67\%>15\%$。 (0.5 分)

(2) 价差幅度：$(60-50)/60\times100\%=16.67\%>15\%$。 (0.5 分)

量差和价差均超出 15%。 (1.0 分)

(3) 最低限价：$60\times(1-15\%)\times(1-6\%)=47.94$ (元/$m^3$)。 (1.0 分)

投标综合单价 50 元/$m^3$ 大于最低限价，所以综合单价不予调整。 (1.0 分)

4. (本小题 6.0 分)

(1) 预付款：$3000\times15\%=450$ (万元)。 (0.5 分)

(2) 第 3~5 个月，每月均扣回：$450/3=150$ (万元)。 (0.5 分)

(3) 各月签发：

1 月：$400\times(1-10\%)=360$ (万元)。 (0.5 分)

2 月：$550\times(1-10\%)=495$ (万元)。 (0.5 分)

3 月：$500\times(1-10\%)-150=300$ (万元)。 (0.5 分)

4 月：$450\times(1-10\%)-150=255$ (万元)。 (0.5 分)

5 月：$400\times(1-10\%)-150=210$ (万元)。 (0.5 分)

(4) 竣工结算款：

①已完工程款：$400+550+500+450+400+460=2760$ (万元)。 (0.5 分)

②已付工程款：$(2760-460)\times(1-10\%)=2070$ (万元)。 (0.5 分)

③应付总款：$2760\times(1-5\%)=2622$ (万元)。 (0.5 分)

④应付尾款：$2622-2070=552$ (万元)。 (1.0 分)

## 案例九

### 【2014 年试题六】

某工程，建设单位与施工单位按照《建设工程施工合同（示范文本）》签订了合同，工程价款 8000 万元；工期 12 个月；预付款为签约合同价的 15%。专用条款约定，预付款自工程开工后的第 2 个月起在每月应支付的工程进度款中扣回 200 万元，扣完为止；当实际工程量的增加值超过工程量清单项目招标工程量的15%时，超过15%以上部分的结算综合单价的调整系数为0.9；当实际工程量的减少值超过工程量清单项目招标工程量的15%时，实际工程量结算综合单价的调整系数为1.1；工程质量保证金每月按进度款的3%扣留。

施工过程中发生如下事件。

事件1：设计单位修改图纸使局部工程量发生变化，造价增加28万元。施工单位按批准后的修改图纸完成工程施工后的第30天，经项目监理机构向建设单位提交增加合同价款28万元的申请报告。

事件2：为降低工程造价，总监理工程师按建设单位要求向施工单位发出变更通知，加大外墙涂料装饰范围，使外墙涂料装饰的工程量由招标时的4200$m^2$增加到5400$m^2$；相应的干挂石材幕墙由招标时的2800$m^2$减少到1600$m^2$。外墙涂料装饰项目投标综合单价为200元/$m^2$，干挂石材幕墙项目投标综合单价为620元/$m^2$。

事件3：经招标，施工单位以412万元的总价采购了原工程量清单中暂估价为350万元的设备，花费1万元的招标采购费用。招标结果经建设单位批准后，施工单位于第7个月完成了设备安装施工，要求建设单位当月支付的工程进度款中增加63万元。

施工单位前7个月计划完成的工程量价款见下表。

| 月份 | 第1月 | 第2月 | 第3月 | 第4月 | 第5月 | 第6月 | 第7月 |
|---|---|---|---|---|---|---|---|
| 工程量价款/万元 | 120 | 360 | 650 | 700 | 800 | 860 | 900 |

**问题：**

1. 事件1中，项目监理机构是否应同意增加28万元合同价款？说明理由。

2. 事件2中，外墙涂料装饰、干挂石材幕墙项目合同价款调整额分别是多少？调整外墙装饰后可降低工程造价多少万元？

3. 事件3中，项目监理机构是否应同意施工单位增加63万元工程进度款的支付要求？说明理由。

4. 该工程预付款总额是多少？分几个月扣回？根据上表计算项目监理机构在第2个月和第7个月可签发的应付工程款。

**答案：**

1. （本小题3.0分）

不应同意。（1.0分）

理由：施工单位收到变更指令后的14天内，未向监理机构提交合同价款调增报告的，视为施工单位对该事项不存在调整价款请求。（2.0分）

2. （本小题7.0分）

（1）外墙涂料。①工程量增加5400－4200＝1200（$m^2$），1200/4200×100%＝28.57%＞15%。②超出15%以上的工程量执行新价200×0.9＝180（元/$m^2$）。③原价量：4200×15%＝630（$m^2$）；④新价量：1200－630＝570（$m^2$）。（2.0分）

工程款增加额：630×200＋570×180＝228600（元）＝22.86（万元）。（1.0分）

（2）干挂石材。①工程量减少：2800－1600＝1200（$m^2$），1200/2800×100%＝42.86%＞15%。②全部工程量执行新价620×1.1＝682（元/$m^2$）。（2.0分）

工程款减少额：2800×620－1600×682＝644800（元）＝64.48（万元）。（1.0分）

（3）降低工程造价。644800 - 228600 = 416200（元）= 41.62（万元）。（1.0 分）

3.（本小题 4.0 分）

不应同意。（1.0 分）

理由：已标价工程量清单中给定暂估价的专业工程进行招标时，如果施工单位不参加投标，则应由施工单位作为招标人，与组织招标工作有关的费用已经包含在签约合同价中，不应再支付招标采购费用 1 万元，只支付 62 万元的设备采购增加额。（3.0 分）

4.（本小题 6.0 分）

（1）工程预付款总额：8000 × 15% = 1200（万元）。（1.0 分）

（2）分月扣回时间：1200/200 = 6（月），分 6 个月扣回。（1.0 分）

（3）第 2 个月签发：360 ×（1 - 3%）- 200 = 149.20（万元）。（2.0 分）

（4）第 7 个月签发：962 ×（1 - 3%）- 200 = 733.14（万元）。（2.0 分）

# 案例十

## 【2013 年试题六】

某采用工程量清单计价的基础工程，土方开挖清单工程量为 24000$m^3$，综合单价为 45 元/$m^3$，措施费、规费和税金合计 20 万元。

招标文件中有关结算条款如下：

①基础工程土方开挖完成后可进行结算。

②非施工单位原因引起的工程量增减，变动范围 10% 以内时执行原综合单价，工程量增加超过 10% 以外的部分，综合单价调整系数为 0.9。

③发生工程量增减时，相应的措施费、规费和税金合计按分部分项工程量清单计价表中的费用比例计算。

④由建设单位原因造成施工单位人员窝工补偿为 50 元/工日，设备闲置补偿为 200 元/台班。

工程实施过程中发生如下事件。

事件 1：合同谈判时，建设单位认为基础工程远离市中心且施工危险性小，要求施工单位减少合同价款中的安全文明施工费。

事件 2：原有基础土方开挖完成、尚未开始下道工序时，建设单位要求增加部分基础工程以满足上部结构调整的需要。经设计变更，新增土方开挖工程量 4000$m^3$，开挖条件和要求与原设计完全相同。施工单位按照总监理工程师的变更指令完成了新增基础的土方开挖工程。

事件 3：由于事件 2 的影响，造成施工单位部分专业工种人员窝工 3000 工日，设备闲置 200 台班。人员窝工与设备闲置得到项目监理机构的确认后，施工单位提交了人员窝工损失、设备闲置损失及施工管理费增加的索赔报告。

**问题：**

1. 事件 1 中，建设单位的要求是否合理？说明理由。

2. 事件 2 中，新增基础土方开挖工程的工程费用是多少？写出分析计算过程。相应的措施费、规费和税金合计是多少？（措施费、规费和税金合计占分部分项工程费的20%）。

3. 逐项指出事件3中施工单位提出的索赔是否成立？说明理由。项目监理机构应批准的索赔费用是多少？

4. 基础土方开挖完成后，应纳入结算的费用项目有哪些？结算的费用是多少？

（涉及金额的，以万元为单位，保留3位小数）

**答案：**

1. （本小题2.5分）

建设单位要求不合理。（0.5分）

理由：招标人与中标人应当按照招标文件和中标人的投标文件订立合同，不得就价格、工期、方案等实质性内容进行谈判；安全文明施工费不得作为竞争性费用。（2.0分）

2. （本小题4.0分）

（1）增加土方工程费。

①4000×100%/24000＝16.67%＞10%。（0.5分）

②超出10%以上部分执行新价：45×0.9＝40.50（元/$m^3$）。（0.5分）

③原价量：24000×10%＝2400（$m^3$）。（0.5分）

④新价量：4000－2400＝1600（$m^3$）。（0.5分）

2400×45＋1600×40.5＝17.280（万元）。（1.0分）

（2）相应措施费、规费、税金。

17.28×20%＝3.456（万元）。（1.0分）

3. （本小题5.5分）

（1）各项索赔。

①人员窝工损失索赔成立。（0.5分）

理由：设计变更导致施工单位人员窝工费是建设单位应承担的责任事件。（1.0分）

②设备闲置损失索赔成立。（0.5分）

理由：设计变更导致施工单位设备闲置费是建设单位应承担的责任事件。（1.0分）

③施工管理费增加索赔不成立。（0.5分）

理由：施工管理费增加已包含在新增土方工程的综合单价中。（1.0分）

（2）费用索赔：3000×50＋200×200＝190000（元）＝19.000（万元）。（1.0分）

4. （本小题5.0分）

（1）费用项目。

①原清单中土方工程费。（0.5分）

②新增土方工程费。（0.5分）

③原清单中土方工程的措施费、规费和税金。（0.5分）

④新增土方工程的措施费、规费和税金。（0.5分）

⑤人员窝工损失。（0.5分）

⑥设备闲置损失。（0.5分）

（2）结算费用：24000×45/10000＋20＋17.28＋3.456＋19＝167.736（万元）。

（2.0分）

# 案例十一

## 【2011 年试题六】

某实施监理的工程，招标文件中工程量清单标明的混凝土工程量为2400m³，投标文件综合单价分析表显示：人工单价 100 元/工日，人工消耗量 0.40 工日/m³；材料费单价 275 元/m³；机械台班单价 1200 元/台班，机械台班消耗量 0.025 台班/m³。采用综合单价法进行计价，其中措施项目费为分部分项工程费的 5%，管理费费率为 10%，利润率为 8%，规费与增值税之和为 10%。施工合同约定，实际工程量超过清单工程量 15% 时，混凝土全费用综合单价调整为 420 元/m³。

施工过程中发生了以下事件。

事件 1：基础混凝土浇筑时局部漏振，造成混凝土质量缺陷，专业监理工程师发现后要求施工单位返工。施工单位拆除存在质量缺陷的混凝土 60m³，发生拆除费用 3 万元，并重新进行了浇筑。

事件 2：主体结构施工时，建设单位提出改变使用功能，使该工程混凝土量增加到 2600m³。施工单位收到变更后的设计图时，变更部位已按原设计浇筑完成的 150m³混凝土需要拆除，发生拆除费用 5.3 万元。

**问题：**

1. 计算混凝土工程的综合单价和全费用综合单价。
2. 事件 1 中，因拆除混凝土发生的费用是否应计入工程价款？说明理由。
3. 事件 2 中，该工程混凝土工程量增加到 2600m³，对应的工程结算价款是多少万元？
4. 事件 2 中，因拆除混凝土发生的费用是否应计入工程价款？说明理由。
5. 计入结算的混凝土工程量是多少？混凝土工程的实际结算价款是多少万元？

(计算结果保留两位小数)

**答案：**

1. （本小题 4.0 分）

(1) 综合单价：$(100 \times 0.4 + 275 + 1200 \times 0.025) \times 1.1 \times 1.08 = 409.86$（元/m³）。（2.0 分）

(2) 全费用综合单价：$409.86 \times 1.1 = 450.85$（元/m³）。（2.0 分）

2. （本小题 2.0 分）

不应计入工程价款。（1.0 分）

理由：局部漏振造成混凝土质量缺陷是施工单位应承担的责任。（1.0 分）

3. （本小题 3.0 分）

(1) $(2600 - 2400)/2400 \times 100\% = 8.33\% < 15\%$，执行原综合单价。（1.0 分）

(2) 结算价款：$2600 \times 409.86 \times 1.05 \times 1.1 = 1230809.58$（元）$= 123.08$（万元）。（2.0 分）

或：$2600 \times 450.85 \times 1.05 = 1230820.5$（元）$= 123.08$（万元）。

4. （本小题 2.0 分）

应计入工程价款。（1.0 分）

理由：设计变更导致已浇筑混凝土的拆除是建设单位应承担的责任。（1.0 分）

5. （本小题 4.0 分）

（1）计入结算的混凝土工程量：2600 + 150 = 2750（$m^3$）。（1.0 分）

（2）实际结算价：

(2750 − 2400)/2400 × 100% = 14.58% < 15%，执行原综合单价。（1.0 分）

(2750 × 450.85 × 1.05)/10000 + 5.3 = 135.48（万元）。（2.0 分）

# 案例十二

## 【2010 年试题六】

某实施监理的工程，建设单位与施工单位按照《建设工程施工合同（示范文本）》签订的施工合同约定：工程合同价为 200 万元，工期 6 个月；预付款为合同价的 15%；工程进度款按月结算；保留金总额为合同价的 3%，按每月进度款（含工程变更和索赔费用）的 10% 扣留，扣完为止；预付款在工程的最后 3 个月等额扣回。施工过程中发生设计变更时，增加的工程量采用综合单价计价，管理费费率 8%，利润率 5%，增值税为 9%；人员窝工费 50 元/工日，施工设备闲置费 1000 元/台班。

工程实施过程中发生下列事件。

事件 1：基础工程施工中，遇勘探中未探明的地下障碍物。施工单位处理该障碍物导致人、材、机费用合计增加 12 万元，人员窝工 60 工日，施工设备闲置 3 台班，影响工期 3 天。

事件 2：为了保持总工期不变，建设单位要求施工单位加快基础工程的施工进度。施工单位同意按照建设单位的要求赶工，但需增加赶工费 5 万元。为此，施工单位提出了费用补偿要求。

事件 3：主体结构工程施工时，施工单位为了保证质量，采取了相应的技术措施，为此增加了工程费用 2 万元；项目监理机构收到施工单位主体结构工程验收申请后，及时组织了验收，验收结论合格。施工单位以通过验收为由向项目监理机构提交申请，要求建设单位支付增加的 2 万元工程费用。

事件 4：经项目监理机构审定的各月实际进度款（含工程变更和索赔费用）见下表。

| 月份 | 第 1 月 | 第 2 月 | 第 3 月 | 第 4 月 | 第 5 月 | 第 6 月 |
|---|---|---|---|---|---|---|
| 实际进度款/万元 | 40 | 50 | 40 | 35 | 30 | 25 |

**问题：**

1. 事件 1 中，施工单位应得到费用补偿多少万元？说明理由。

2. 事件 2 中，项目监理机构是否应批准施工单位的赶工费用补偿？说明理由。

3. 事件 3 中，项目监理机构是否应同意增加 2 万元工程费用的要求？说明理由。

4. 该工程保留金总额为多少？依据上表，该工程每个月应扣保留金多少？总监理工程师每个月应签发的实际付款金额是多少？

（计算结果均保留两位小数）

**答案：**

1. （本小题4.0分）

应得到费用补偿：(120000 × 1.08 × 1.05 + 60 × 50 + 3 × 1000) × 1.09 = 154867.2（元）= 15.49（万元）。（2.0分）

理由：勘探中未探明的地下障碍物是施工单位不能合理预见的，是建设单位应承担的风险，处理障碍物增加的费用、人员窝工费用和机械闲置费用均应由建设单位承担。（2.0分）

2. （本小题3.0分）

应批准赶工费用补偿。（1.0分）

理由：处理地下障碍物导致工期延长是建设单位应承担的责任，建设单位要求施工单位加快基础工程的施工进度，由此增加的赶工费应由建设单位承担。（2.0分）

3. （本小题2.0分）

不应同意增加2万元的工程费。（1.0分）

理由：保证工程质量的技术措施费用已包含在合同价内。（1.0分）

4. （本小题6.5分）

(1) 保留金总额：200 × 3% = 6.00（万元）。（0.5分）

(2) 各月扣留。

①第1个月扣留：40 × 10% = 4.00（万元）。（0.5分）

再扣：6 − 4 = 2（万元）。（0.5分）

②第2个月扣留：50 × 10% = 5（万元）> 2（万元）。（0.5分）

所以，第2个月扣留2.00万元。（0.5分）

(3) 应签发。

预付款200 × 15% = 30.00（万元）。（0.5分）

4、5、6月扣：30/3 = 10（万元/月）。（0.5分）

①第1个月：40 − 4 = 36.00（万元）。（0.5分）

②第2个月：50 − 2 = 48.00（万元）。（0.5分）

③第3个月：40万元。（0.5分）

④第4个月：35 − 10 = 25.00（万元）。（0.5分）

⑤第5个月：30 − 10 = 20.00（万元）。（0.5分）

⑥第6个月：25 − 10 = 15.00（万元）。（0.5分）

# 案例十三

## 【2009年试题五】

某实行监理的工程，施工合同价为15000万元，合同工期为18个月，预付款为合同价的20%，预付款自第7个月起在每月应支付的进度款中扣回300万元，直至扣完为止，保留金按进度款的5%从第1个月开始扣除。

工程施工到第5个月，监理工程师检查发现第3个月浇筑的混凝土出现细微裂缝。经查验分析，产生裂缝的原因是由于混凝土养护措施不到位所致，须进行裂缝处理。为此，监理机构提出“出现细微裂缝的混凝土工程暂按不合格项目处理，第3个月已付该部分工程款在第5个月的工程进度款中扣回，在细微裂缝处理完毕并验收合格后的次月再支付”。经计算，该混凝土分项工程的人、材、机费用合计为200万元，措施项目费取分项工程人、材、机费用的5%，管理费费率为8%，利润率为4%，规费与增值税合计为10%。

施工单位委托一家具有相应资质的专业公司进行裂缝处理，处理费用为4.8万元，工作时间为10天。该工程施工到第6个月，施工单位提出补偿4.8万元和延长10天工期的申请。该工程前7个月施工单位实际完成的进度款见下表。

| 月份 | 第1月 | 第2月 | 第3月 | 第4月 | 第5月 | 第6月 | 第7月 |
|---|---|---|---|---|---|---|---|
| 实际完成进度款/万元 | 200 | 300 | 500 | 500 | 600 | 800 | 800 |

**问题：**

1. 项目监理机构在前3个月签认的工程进度款分别是多少万元？

2. 写出项目监理机构对混凝土出现细微裂缝质量问题的处理程序。

3. 计算出现细微裂缝的混凝土工程的造价。项目监理机构是否应同意施工单位提出的补偿4.8万元和延长10天工期的要求？说明理由。

4. 如果第5个月无其他异常情况发生，计算该月项目监理机构可签认的工程进度款。

5. 如果施工单位按监理机构要求执行，在第6个月将裂缝处理完成并验收合格，计算第7个月项目监理机构可签认的工程进度款。

（以万元为单位，计算结果为小数的，保留2位小数）

**答案：**

1. （本小题3.0分）

（1）$200\times(1-5\%)=190$（万元）。（1.0分）

（2）$300\times(1-5\%)=285$（万元）。（1.0分）

（3）$500\times(1-5\%)=475$（万元）。（1.0分）

2. （本小题2.0分）

（1）签发《监理通知单》，要求施工单位整改。（1.0分）

（2）对整改过程进行监督，对整改结果进行复查。（1.0分）

3. （本小题4.5分）

（1）裂缝混凝土工程造价：$(200\times1.08\times1.04+200\times0.05)\times1.1=258.10$（万元）。（3.0分）

（2）不同意施工单位提出的索赔。（0.5分）

理由：混凝土养护措施不到位是施工单位的责任。（1.0分）

4. （本小题3.0分）

$600\times(1-5\%)-258.10\times(1-5\%)=324.81$（万元）。（3.0分）

5. （本小题3.0分）

$800\times(1-5\%)+258.10\times(1-5\%)-300=705.20$（万元）。（3.0分）

# 案例十四

## 【2008 年试题六】

某工程，建设单位与施工单位按照《建设工程施工合同（示范文本）》签订了施工承包合同。合同约定：工期 6 个月；A、B 工作所用的材料由建设单位采购；合同价款采用以工料单价为计算基础的全费用综合单价计价；施工期间若遇物价上涨，只对钢材、水泥和骨料的价格进行调整，调整依据为工程造价管理部门公布的材料价格指数。招标文件中工程量清单所列各项工作的估算工程量和施工单位的报价见下表，该工程的各项工作按最早开始时间安排，按月匀速施工，经总监理工程师批准的施工进度计划如下图所示。

| 工作 | A | B | C | D | E | F | G |
|---|---|---|---|---|---|---|---|
| 估算工程量/$m^3$ | 2500 | 3000 | 4500 | 2200 | 2300 | 2500 | 2000 |
| 报价/(元/$m^3$) | 100 | 150 | 120 | 180 | 100 | 150 | 200 |

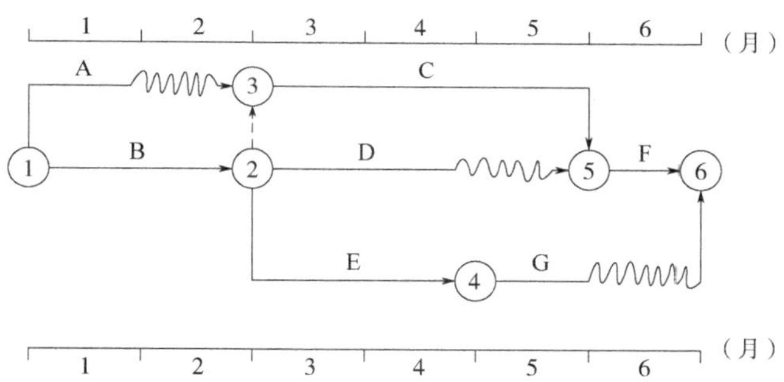


施工过程中发生如下事件。

事件 1：施工单位有两台大型机械设备需要进场，施工单位提出应由建设单位支付其进场费，但建设单位不同意另行支付。

事件 2：建设单位提供的材料运抵现场后，项目监理机构要求施工单位及时送检，但施工单位称：施工合同专用条款并未对此做出约定，因此，建设单位提供的材料，施工单位没有送检的义务，若一定要施工单位送检，则由建设单位支付材料检测费用。

事件 3：当施工进行到第 3 个月月末时，建设单位提出一项设计变更，使 D 工作的工程量增加 2000$m^3$，施工单位调整施工方案后，D 工作持续时间延长 1 个月。从第 4 个月开始，D 工作执行新的全费用综合单价。经测算，新单价中工料单价为 160 元/$m^3$，综合费费率为 25%。

事件 4：由于施工机械故障，G 工作的开始时间推迟了 1 个月。第 6 个月恰遇建筑材料价格大幅上涨，造成 F、G 工作的造价提高，造价管理部门公布的价格指数见下表。施工单位随即向项目监理机构提出了调整 F、G 工作结算单价的要求。经测算，F、G 工作的单价中，钢材、水泥和骨料的价格所占比例分别为 25%、35% 和 10%。

| 费用名称 | 基准月价格指数（%） | 结算月价格指数（%） |
|---|---|---|
| 钢材 | 105 | 130 |
| 水泥 | 110 | 140 |
| 骨料 | 100 | 120 |

问题：

1. 事件1中，建设单位的做法是否正确？说明理由。

2. 指出事件2中施工单位说法正确和错误之处，分别说明理由。

3. 事件3中，针对施工单位调整施工方案，写出项目监理机构的处理程序。列式计算D工作调整后新的全费用综合单价。

4. 事件4中，施工单位提出调整F和G工作单价的要求是否合理？说明理由。列式计算应调价工作的新单价。

5. 计算4～6月份的原计划投资额和施工单位的应得工程款额分别为多少万元？

（计算结果均精确到小数点后两位）

答案：

1. （本小题2.0分）

建设单位的做法正确。（1.0分）

理由：大型机械进场费属于建筑安装工程的措施项目费，已包括在合同价中。（1.0分）

2. （本小题2.0分）

（1）正确之处：要求建设单位支付材料检测费用。（0.5分）

理由：发包人供应的材料，其检测费用应由发包人负责。（0.5分）

（2）错误之处：施工单位没有送检的义务。（0.5分）

理由：任何材料在使用前均由承包人负责送检。（0.5分）

3. （本小题4.0分）

（1）要求施工单位将调整后的施工方案报送项目监理机构。（1.0分）

（2）如施工方案可行，专业监理工程师提出审查意见，总监理工程师审核签字。（1.0分）

（3）如施工方案不可行，由总监理工程师提出修改意见。（1.0分）

D工作全费用综合单价：$160\times1.25=200.00$（元/$m^3$）。（1.0分）

4. （本小题6.0分）

（1）调整F工作单价的要求合理。（0.5分）

理由：根据合同约定，第6个月恰遇建筑材料价格大幅上涨，F工作按进度计划组织施工，应调整其综合单价。（1.0分）

（2）调整G工作单价的要求不合理。（0.5分）

理由：G工作的开始时间推迟是由于施工机械故障所致，是施工单位应承担的责任，其单价不予调整。（1.0分）

（3）F工作的固定权重：$1-25\%-35\%-10\%=30\%$。（1.0分）

调整后单价：$150\times(30\%+25\%\times130/105+35\%\times140/110+10\%\times120/100)=$（1.0分）

$176.25$（元/$m^3$）。（1.0分）

5. （本小题6.0分）

（1）原计划投资。

4月份：$C/3+D/2+E/2=(4500/3\times120+2200/2\times180+2300/2\times100)\div10000=49.3$（万元）。（1.0分）

5月份：$C/3+G=(4500/3\times120+2000\times200)\div10000=58.00$（万元）。（1.0分）

6 月份：F = 2500 × 150 = 375000（元） = 37.50（万元）。（1.0 分）

（2）应得工程款。

4 月份：[4500/3 × 120 + (1100 + 2000)/2 × 200 + 2300/2 × 100] ÷ 10000 = 60.50（万元）。（1.0 分）

5 月份：[4500/3 × 120 + (1100 + 2000)/2 × 200] ÷ 10000 = 49.00（万元）。（1.0 分）

6 月份：2500 × 176.25 + 2000 × 200 = 840625（元） = 84.06（万元）。（1.0 分）

# 案例十五

## 【2007 年试题六】

某工程，建设单位与施工单位按照《建设工程施工合同（示范文本）》签订了施工合同，合同工期 9 个月，合同价 840 万元，各项工作均按最早时间安排且均匀速施工，经项目监理机构批准的施工进度计划如下图所示（时间单位：月），施工单位的报价单（部分）见下表。施工合同中约定：预付款按合同价的 20% 支付，已完成工程款达到合同价的 50% 时开始扣回预付款，3 个月内平均扣回，质量保修金为合同价的 5%，从第 1 个月开始，按当月应付工程款的 10% 扣留，扣足为止。

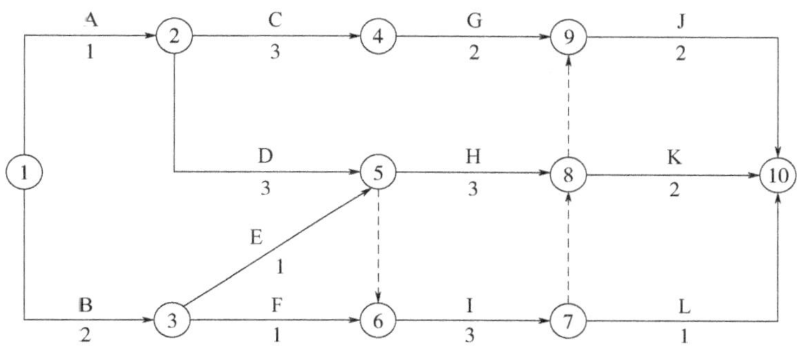


| 工作 | A | B | C | D | E | F |
|---|---|---|---|---|---|---|
| 合计/万元 | 30 | 54 | 30 | 84 | 300 | 21 |

工程于 2016 年 4 月 1 日开工。施工过程中发生了如下事件。

事件 1：建设单位接到政府安全管理部门将于 7 月份对工程现场进行安全施工大检查的通知后，要求施工单位结合现场安全施工状况进行自查，对存在的问题进行整改。施工单位进行了自查整改，向项目监理机构递交了整改报告，同时要求建设单位支付为迎接检查进行整改所发生的 2.8 万元费用。

事件 2：现场浇筑的混凝土楼板出现多条裂缝，经有资质的检测单位检测分析，认定是商品混凝土存在质量问题。对此，施工单位认为混凝土厂家是建设单位推荐的，建设单位负有推荐不当的责任，应分担检测费用。

事件 3：K 工作施工中，施工单位按设计文件建议的施工工艺难以施工，故向建设单位书面提出了工程变更的请求。

**问题：**

1. 批准的施工进度计划中有几条关键线路？列出这些关键线路。

2. 开工后前3个月施工单位每月已完成的工程款为多少万元？

3. 工程预付款为多少万元？预付款从何时开始扣回？开工后前3个月总监理工程师每月应签证的工程款为多少万元？

4. 分别分析事件1和事件2中施工单位提出的要求是否合理？说明理由。

5. 事件3中，施工单位提出工程变更的程序是否妥当？说明理由。

**答案：**

1.（本小题3.0分）

（1）4条关键线路。（1.0分）

（2）关键线路：A→D→H→K；A→D→H→J；A→D→I→K；A→D→I→J。（2.0分）

2.（本小题3.0分）

（1）第1个月：$30+54\times1/2=57$（万元）。（1.0分）

（2）第2个月：$54\times1/2+30\times1/3+84\times1/3=65$（万元）。（1.0分）

（3）第3个月：$30\times1/3+84\times1/3+300+21=359$（万元）。（1.0分）

3.（本小题7.0分）

（1）预付款：$840\times20\%=168$（万元）。（1.0分）

（2）前3个月：$57+65+359=481$（万元）$>420$（万元）。（1.0分）

因此，预付款应从第3个月开始扣回。（1.0分）

（3）前3个月总监理工程师签证的工程款。

应扣保修金总额：$840\times5\%=42.0$（万元）。（1.0分）

①第1个月：

扣保：$57\times10\%=5.7$（万元），待扣$42-5.7=36.3$（万元）。

签发：$57-5.7=51.3$（万元）。（1.0分）

②第2个月：

扣保：$65\times10\%=6.5$（万元），待扣$36.3-6.5=29.8$（万元）。

签发：$65-6.5=58.5$（万元）。（1.0分）

③第3个月：

扣保：$359\times10\%=35.9$（万元）$>29.8$（万元），所以应扣29.8万元。

签发：$359-29.8-168/3=273.2$（万元）。（1.0分）

4.（本小题3.0分）

事件1：不合理。（0.5分）

理由：安全施工自检费用属于措施费，已包含在合同价中。（1.0分）

事件2：不合理。（0.5分）

理由：商品混凝土由施工单位采购，其质量问题应由施工单位承担责任。（1.0分）

5.（本小题1.5分）

不妥当。（0.5分）

理由：施工单位应向项目监理机构提出工程变更申请。（1.0分）

# 案例十六

## 【2006 年试题六】

某工程的施工合同工期为 16 周，项目监理机构批准的施工进度计划如下图所示（时间单位：周），各工作均匀速施工。施工单位的报价单（部分）见下表。

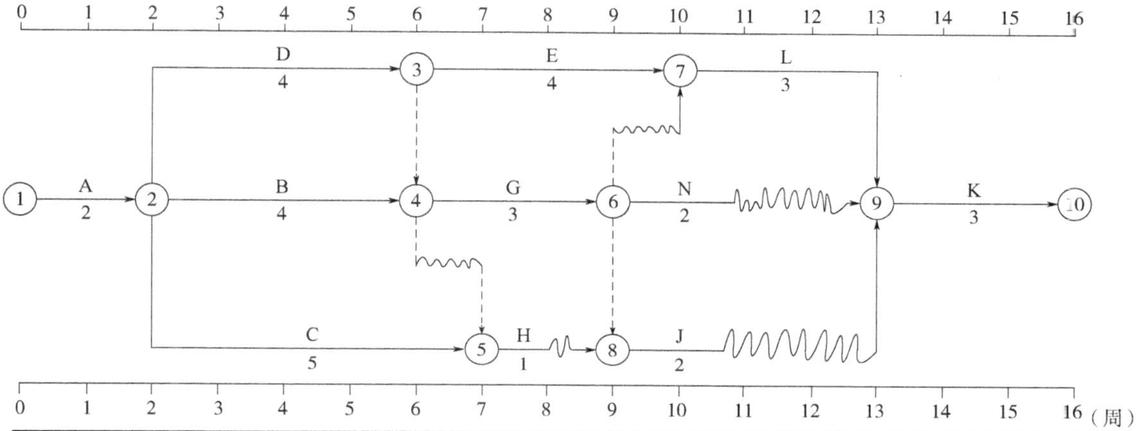


| 序号 | 工作名称 | 估算工程量 | 全费用综合单价/(元/$m^3$) |
|---|---|---|---|
| 1 | A | 800$m^3$ | 300 |
| 2 | B | 1200$m^3$ | 320 |
| 3 | C | 20 次 | — |
| 4 | D | 1600$m^3$ | 280 |

工程施工到第 4 周周末时进行进度检查，发生如下事件。

事件 1：A 工作已经完成，但由于设计图局部修改，实际完成的工程量为 840$m^3$，工作持续时间未变。

事件 2：B 工作施工时，遇到异常恶劣的气候，造成施工单位的施工机械损坏和施工人员窝工，损失 1 万元，实际只完成估算工程量的 25%。

事件 3：C 工作为检验检测配合工作，只完成了估算工程量的 20%，施工单位实际发生检验检测配合工作费用 5000 元。

事件 4：施工中发现地下文物，导致 D 工作尚未开始，造成施工单位自有设备闲置 4 个台班，台班单价为 300 元/台班，折旧费为 100 元/台班。施工单位进行文物现场保护的费用为 1200 元。

**问题：**

1. 根据第 4 周周末的检查结果，绘制实际进度前锋线。

2. 逐项分析 B、C、D 三项工作的实际进度及其对紧后工作和工期的影响，并说明理由。

3. 若施工单位在第 4 周周末就 B、C、D 出现的进度偏差提出工程延期的要求，项目监理机构应批准工程延期多长时间？为什么？

4. 施工单位是否可以就事件2、4提出费用索赔？为什么？可获得的索赔费用是多少？

5. 事件3中C工作发生的费用如何结算？说明原因。

6. 前4周施工单位可以得到的结算款为多少元？

**答案：**

1. （本小题3.0分）

工程实际进度前锋线如下图所示（时间单位：周）。（3.0分）

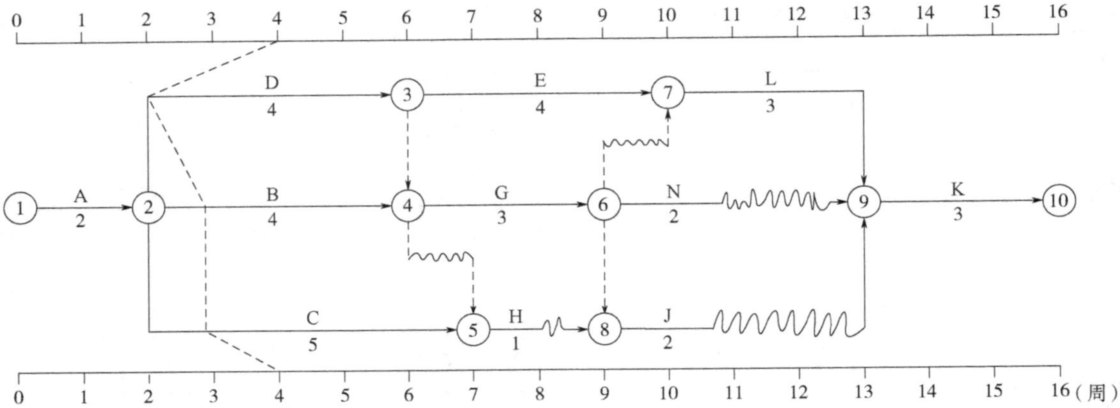


2. （本小题13.0分）

（1）B工作。

①实际进度拖后1周。（0.5分）

②影响紧后工作G的最早开始时间1周，但不影响工作H的最早开始时间。（1.0分）

理由：B工作的自由时差为0，所以影响紧后工作G的最早开始时间1周；但B工作与H工作之间的时间间隔为1周，拖后1周不影响H工作的最早开始时间。（1.0分）

③不影响工期。（0.5分）

理由：B工作的总时差为1周，拖后1周并未超出其总时差。（1.0分）

（2）C工作。

①实际进度拖后1周。（0.5分）

②影响紧后工作H的最早开始时间1周。（0.5分）

理由：C工作的自由时差为0，所以影响紧后工作H的最早开始时间1周。（1.0分）

③不影响工期。（0.5分）

理由：C工作的总时差为3周，拖后1周并未超出其总时差。（1.0分）

（3）D工作。

①实际进度拖后2周。（0.5分）

②影响紧后工作E和紧后工作G的最早开始时间2周，但只影响紧后工作H的最早开始时间1周。（1.5分）

理由：D工作的自由时差为0，所以D工作拖后2周影响紧后工作E和G的最早开始时间2周；但D工作与H工作之间的时间间隔为1周，所以D工作拖后2周只影响紧后工作H的最早开始时间1周。（2.0分）

③影响工期2周。（0.5分）

理由：D 工作为关键工作，所以拖后 2 周，影响工期 2 周。（1.0 分）

3.（本小题 2.0 分）

批准工程延期 2 周。（0.5 分）

理由：施工中发现地下文物是建设单位应承担的责任，并且 D 工作为关键工作，B、C 工作的拖后均对工期没有影响。（1.5 分）

4.（本小题 4.0 分）

（1）事件 2 不能提出费用索赔。（0.5 分）

理由：异常恶劣的气候属于不可抗力事件，由此造成施工单位施工机械损坏和施工人员窝工的损失应由施工单位承担。（1.0 分）

（2）事件 4 可以索赔费用。（0.5 分）

理由：发现地下文物属于建设单位应承担的责任，由此导致的窝工费和增加的措施费用应由建设单位承担。（1.0 分）

（3）可获得的索赔费用：4×100+1200=1600（元）。（1.0 分）

5.（本小题 2.0 分）

不予结算。（0.5 分）

理由：施工单位对 C 工作没有报价，视为已包含在相应的其他清单项目中，施工单位在结算时，不得另行组价予以调整。（1.5 分）

6.（本小题 2.0 分）

施工单位可以得到的结算款：

（1）A 工作：840×300=252000（元）。（0.5 分）

（2）B 工作：1200×25%×320=96000（元）。（0.5 分）

（3）D 工作：1600 元。

合计：252000+96000+1600=349600（元）。（1.0 分）

# 案例十七

## 【2005 年试题六】

某工程，施工单位按招标文件中提供的工程清单做出报价，见下表。施工合同约定：工程预付款为合同总价的 20%，从工程进度款累计总额达到合同总价 10% 的月份开始，按当月工程进度款的 30% 扣回，扣完为止。施工过程中发生的设计变更，采用以人、材、机费用之和为计算基础的全费用综合单价计价，管理费和利润之和取 15%，规费和增值税之和取 11%。经项目监理机构批准的施工进度计划如下图所示（时间单位：月）。

| 工作 | 估算工程量/$m^3$ | 全费用综合单价/(元/$m^3$) | 合计/万元 |
|---|---|---|---|
| A | 3000 | 300 | 90 |
| B | 1250 | 200 | 25 |
| C | 4000 | 500 | 200 |
| D | 4000 | 600 | 240 |

（续）

| 工作 | 估算工程量/$m^3$ | 全费用综合单价/(元/$m^3$) | 合计/万元 |
|---|---|---|---|
| E | 3800 | 1000 | 380 |
| F | 8000 | 400 | 320 |
| G | 5000 | 200 | 100 |
| H | 3000 | 800 | 240 |
| I | 2000 | 700 | 140 |

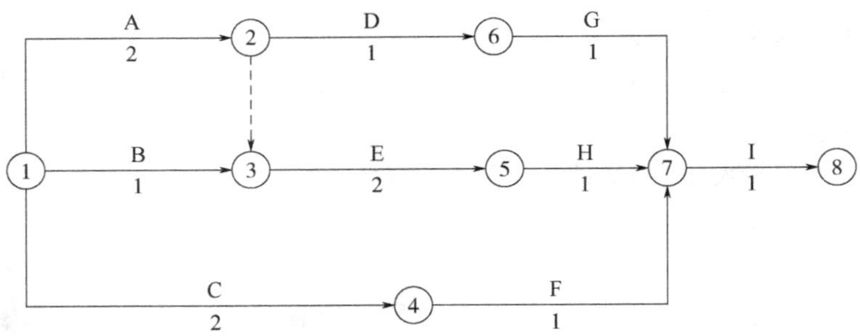


施工开始后遇到季节性的阵雨，施工单位对已完工程采取了保护措施并产生了保护措施费；为了确保工程安全，施工单位提高了安全防护等级，产生了安全防护费。施工单位提出，上述两项费用应由建设单位另行支付。

施工至第2个月月末，建设单位要求设计变更，该变更增加了新的分项工程N，根据工艺要求，N在E结束以后开始，在H开始前完成，持续时间1个月，N工作的人、材、机费用之和为400元/$m^3$，工程量为3000$m^3$。

**问题：**

1. 施工单位提出发生的保护措施费和防护措施费应另行支付是否合理？说明理由。
2. 计算新增分项工程N工作的全费用综合单价及工程变更款。
3. 该工程合同总价是多少？增加N工作后的工程造价是多少？
4. 计算H、I、N三项工作分月工程进度款。
5. 该工程预付款是多少？第1个月至第4个月每月结算款各为多少？

（计算结果均保留2位小数）

**答案：**

1. （本小题3.0分）

（1）要求建设单位另行支付工程保护措施费不合理。（0.5分）

理由：季节性阵雨的保护措施费属于措施项目费，已包含在合同价内。（1.0分）

（2）要求建设单位另行支付安全防护费不合理。（0.5分）

理由：安全防护费属于安全文明施工费，已包含在合同价内。（1.0分）

2. （本小题2.0分）

（1）全费用综合单价：$400\times1.15\times1.11=510.60$（元/$m^3$）。（1.0分）

（2）工程变更款：$510.6\times3000\div10000=153.18$（万元）。（1.0分）

3.（本小题2.0分）

（1）合同总价：$90+25+200+240+380+320+100+240+140=1735.00$（万元）。（1.0分）

（2）工程造价：$1735+153.18=1888.18$（万元）。（1.0分）

4.（本小题3.0分）

（1）H工作第6月完成，工程进度款为240.00万元。（1.0分）

（2）I工作第7月完成，工程进度款为140.00万元。（1.0分）

（3）N工作第5月完成，工程进度款为153.18万元。（1.0分）

5.（本小题9.5分）

工程预付款：$1735\times20\%=347.00$（万元）。（0.5分）

预付款起扣：$1735\times10\%=173.50$（万元）。（0.5分）

（1）第1月结算款。

①本月工程进度款：

$A/2+B+C/2=90/2+25+200/2=170.00$（万元）$<173.50$（万元），本月不扣预付款。（1.0分）

②本月结算款170.00万元。（0.5分）

（2）第2月结算款。

①本月工程进度款：$A/2+C/2=90/2+200/2=145.00$（万元）。（1.0分）

②累计工程进度款：$145+170=315$（万元）$>173.5$（万元）。（0.5分）

③本月扣预付款：$145\times30\%=43.50$（万元），还待扣$347-43.5=303.50$（万元）。（0.5分）

④本月结算款：$145-43.5=101.50$（万元）。（0.5分）

（3）第3月结算款。

①工程进度款：$D+E/2+F=240+380/2+320=750.00$（万元）。（1.0分）

②本月扣预付款：$750\times30\%=225.00$（万元），还待扣$303.5-225=78.50$（万元）。（0.5分）

③本月结算款：$750-225=525.00$（万元）。（0.5分）

（4）第4月结算款。

①工程进度款：$E/2+G=380/2+100=290.00$（万元）。（1.0分）

②$290\times30\%=87.00$（万元）$>78.50$（万元），所以本月扣预付款78.50万元。（1.0分）

③本月结算款：$290-78.5=211.50$（万元）。（0.5分）

# 案例十八

**【2004年试题六】**

某项目，采用以人、材、机费用之和为计算基础的全费用单价计价，混凝土分项工程的全费用单价为446元/$m^3$，管理费与利润之和取15%，规费与增值税综合税率取10%。施工合同约定：无预付款；进度款按月结算；工程量以监理工程师计量的结果为准；质量保留金按工程进度款的3%逐月扣留；监理工程师每月签发进度款的最低限额为25万元。

施工过程中，按建设单位要求，设计单位提出了一项工程变更，施工单位认为该变更使混凝土分项工程量大幅减少，要求对合同中的单价作相应调整。建设单位则认为应按原合同单价执行，双方意见出现分歧，要求监理单位调解。经调解，各方达成如下共识：若最终减少的该混凝土分项工程量超过原先计划工程量的15%，全部工程量执行新的全费用单价，新的全费用单价的管理费和利润调整系数均为1.4，其余数据不变。

该混凝土分项工程的计划工程量和变更后实际工程量见下表。

| 月份 | 第1月 | 第2月 | 第3月 | 第4月 |
|---|---|---|---|---|
| 计划工程量/$m^3$ | 500 | 1200 | 1300 | 1300 |
| 实际工程量/$m^3$ | 500 | 1200 | 700 | 800 |

**问题：**

1. 如果建设单位和施工单位未能就工程变更的费用等达成协议，监理单位应如何处理？该项工程款最终结算时应以什么为依据？

2. 监理单位在收到争议调解要求后应如何进行处理？

3. 分析确定该混凝土分项工程变更后的新的全费用单价。

4. 每月的工程应付款是多少万元？总监理工程师签发的实际付款金额应是多少万元？（计算结果均保留2位小数）

**答案：**

1. （本小题2.0分）

（1）监理单位应提出一个暂定价格作为临时支付工程进度款的依据。（1.0分）

（2）该项工程款最终结算应以建设单位和施工单位达成的协议为依据。（1.0分）

2. （本小题5.0分）

（1）了解合同争议情况。（1.0分）

（2）及时与合同争议双方进行磋商。（1.0分）

（3）提出处理方案后，由总监理工程师进行协调。（1.0分）

（4）当双方未能达成一致时，总监理工程师应提出处理合同争议的意见。（1.0分）

（5）在施工合同争议处理过程中，对未达到施工合同约定的暂停履行合同条件的，应要求施工合同双方继续履行合同。（1.0分）

3. （本小题4.0分）

（1）判定。

计划总量：$500+1200+1300+1300=4300$（$m^3$），实际总量：$500+1200+700+800=3200$（$m^3$）。

$(4300-3200)\times100\%/4300=25.58\%>15\%$，全部工程量执行新的全费用单价。（1.0分）

（2）计算。

工料单价：$446\div1.15\div1.1=352.57$（元/$m^3$）。（1.0分）

全费用单价：$352.57\times(1+15\%\times1.4)\times1.1=469.27$（元/$m^3$）。（2.0分）

4.（本小题9.0分）

（1）1月份。

①已完工程款：500×446=223000（元）=22.30（万元）。

②应付工程款：22.3×(1－3%)=21.63（万元）<25（万元）。（1.0分）

③应签工程款：0。（1.0分）

（2）2月份。

①已完工程款：1200×446=535200（元）=53.52（万元）。

②应付工程款：53.52×(1－3%)=51.91(万元)。

51.91+21.63=73.54（万元）>25（万元）。（1.0分）

③应签工程款：73.54万元。（1.0分）

（3）3月份。

①已完工程款：700×446=312200（元）=31.22（万元）。

②应付工程款：31.22×(1－3%)=30.28（万元）>25（万元）。（1.0分）

③应签工程款：30.28万元。（1.0分）

（4）4月份。

①已完工程款：

实际总量为3200$m^3$，减少的工程量超出15%，全部工程量执行新的全费用单价。

3200×469.27－(500+1200+700)×446=431264（元）=43.13（万元）。（1.0分）

②应付工程款：43.13×(1－3%)=41.84（万元）。（1.0分）

③应签工程款：41.84万元。（1.0分）

# 案例十九

## 【2002年试题六】

某工程项目施工合同于2017年12月签订，约定的合同工期为20个月，2018年1月开始正式施工。施工单位按合同工期要求编制了混凝土结构工程施工进度时标网络计划，如下图所示，并经专业监理工程师审核批准。

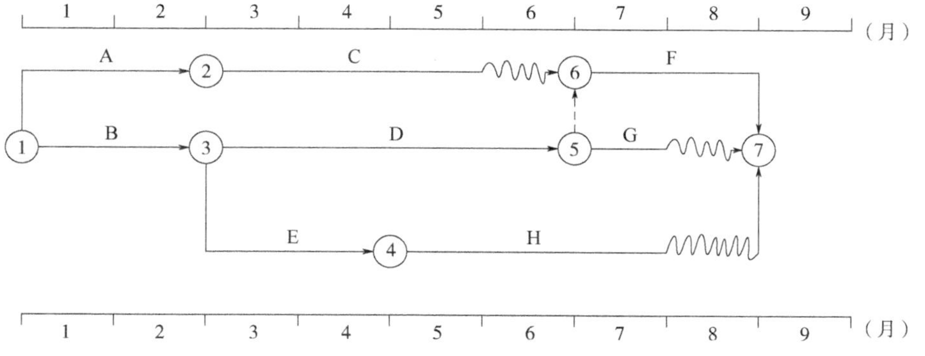


该项目的各项工作均按最早开始时间安排，且各工作每月完成的工程量相等。各工作的计划工程量和实际工程量见下表。工作D、E、F的实际工作持续时间与计划工作持续时间相同。

| 工作 | A | B | C | D | E | F | G | H |
|---|---|---|---|---|---|---|---|---|
| 计划工程量/$m^3$ | 8600 | 9000 | 5400 | 10000 | 5200 | 6200 | 1000 | 3600 |
| 实际工程量/$m^3$ | 8600 | 9000 | 5400 | 9200 | 5000 | 5800 | 1000 | 5000 |

合同约定，混凝土结构工程综合单价为1000元/$m^3$，按月结算。结算价按项目所在地混凝土结构工程价格指数进行调整，项目实施期间各月的混凝土结构工程价格指数见下表。

| 月份 | 12 | 1 | 2 | 3 | 4 | 5 | 6 | 7 | 8 | 9 |
|---|---|---|---|---|---|---|---|---|---|---|
| 混凝土结构工程价格指数（%） | 100 | 115 | 105 | 110 | 115 | 110 | 110 | 120 | 110 | 110 |

施工期间，由于建设单位原因使工作H的开始时间比计划的开始时间推迟了1个月，并由于工作H工程量的增加使该工作的持续时间延长了1个月。

**问题：**

1. 请按施工进度计划编制资金使用计划。
2. 计算工作H各月的已完成工程计划投资和已完成工程实际投资。
3. 计算混凝土结构工程已完成工程计划投资和已完成工程实际投资。
4. 列式计算8月末的投资偏差和用投资额表示的进度偏差。
5. 列式计算8月末的进度偏差。

**答案：**

1. （本小题3.0分）

计算结果见下表。

| 月份 | 1 | 2 | 3 | 4 | 5 | 6 | 7 | 8 | 9 |
|---|---|---|---|---|---|---|---|---|---|
| 每月① | 880 | 880 | 690 | 690 | 550 | 370 | 530 | 310 | |
| 累计① | 880 | 1760 | 2450 | 3140 | 3690 | 4060 | 4590 | 4900 | |
| 每月② | | | | | | | | | |
| 累计② | | | | | | | | | |
| 每月③ | | | | | | | | | |
| 累计③ | | | | | | | | | 4900 |

（3.0分）

2. （本小题6.0分）

（1）已完工程计划投资

6~9月的每月已完工程计划投资：5000/4×1000=1250000（元）=125（万元）。（2.0分）

（2）H工作已完工程实际投资。

①6月：125×110/100=137.5（万元）。（1.0分）

②7月：125×120/100=150（万元）。（1.0分）

③8月：125×110/100=137.5（万元）。（1.0分）

④9月：125×110/100=137.5（万元）。（1.0分）

3. （本小题6.0分）

第一步

| 月份 | 1 | 2 | 3 | 4 | 5 | 6 | 7 | 8 | 9 |
|---|---|---|---|---|---|---|---|---|---|
| 每月① | 880 | 880 | 690 | 690 | 550 | 370 | 530 | 310 | |
| 累计① | 880 | 1760 | 2450 | 3140 | 3690 | 4060 | 4590 | 4900 | |
| 每月② | | | | | | | | | |
| 累计② | | | | | | | | | |
| 每月③ | 880 | 880 | 660 | 660 | 410 | 355 | 515 | 415 | 125 |
| 累计③ | 880 | 1760 | 2420 | 3080 | 3490 | 3845 | 4360 | 4775 | 4900 |

第二步

| 月份 | 1 | 2 | 3 | 4 | 5 | 6 | 7 | 8 | 9 |
|---|---|---|---|---|---|---|---|---|---|
| 每月① | 880 | 880 | 690 | 690 | 550 | 370 | 530 | 310 | |
| 累计① | 880 | 1760 | 2450 | 3140 | 3690 | 4060 | 4590 | 4900 | |
| 每月② | ×1.15 | ×1.05 | ×1.10 | ×1.15 | ×1.10 | ×1.10 | ×1.20 | ×1.10 | ×1.10 |
| 累计② | | | | | | | | | |
| 每月③ | 880 | 880 | 660 | 660 | 410 | 355 | 515 | 415 | 125 |
| 累计③ | 880 | 1760 | 2420 | 3080 | 3490 | 3845 | 4360 | 4775 | 4900 |

第三步

| 月份 | 1 | 2 | 3 | 4 | 5 | 6 | 7 | 8 | 9 |
|---|---|---|---|---|---|---|---|---|---|
| 每月① | 880 | 880 | 690 | 690 | 550 | 370 | 530 | 310 | |
| 累计① | 880 | 1760 | 2450 | 3140 | 3690 | 4060 | 4590 | 4900 | |
| 每月② | 1012 | 924 | 726 | 759 | 451 | 390.5 | 618 | 456.5 | 137.5 |
| 累计② | 1012 | 1936 | 2662 | 3421 | 3872 | 4262.5 | 4880.5 | 5337 | 5474.5 |
| 每月③ | 880 | 880 | 660 | 660 | 410 | 355 | 515 | 415 | 125 |
| 累计③ | 880 | 1760 | 2420 | 3080 | 3490 | 3845 | 4360 | 4775 | 4900 |

（6.0分）

4. （本小题4.0分）

（1）投资偏差：4775－5337＝－562（万元），实际投资超支562万元。（2.0分）

（2）进度偏差：4775－4900＝－125（万元），实际进度拖后125万元。（2.0分）

5. （本小题2.0分）

［7＋(4775－4590)/310］－8＝－0.40(月)

或：－125/310＝－0.40（月）。（2.0分）

# 案例二十

## 【2001 年试题六】

某快干道工程，工程开、竣工时间分别为当年的 4 月 1 日和 9 月 30 日。业主根据该工程的特点及项目构成情况，将工程分为三个标段。其中第Ⅲ标段造价为 4150 万元，第Ⅲ标段中的预制构件由建设方提供（直接委托构件厂生产）。

A 监理公司承担了第Ⅲ标段的监理任务，委托监理合同中约定期限为 190 天，监理酬金为 60 万元。但实际上，由于非监理方原因导致监理时间延长了 25 天。经协商，业主同意支付由于时间延长而发生的附加工作报酬。

**问题：**

1. 请计算此附加工作报酬值。（保留小数点后 2 位）

2. 为了做好该项目的投资控制工作，监理工程师明确了如下投资控制的措施：

①编制资金使用计划，确定投资控制目标。

②进行工程计量。

③审核工程付款申请，签发付款证书。

④审核施工单位编制的施工组织设计，对主要施工方案进行技术经济分析。

⑤对施工单位报送的单位工程质量评定资料进行审核和现场检查，并予以签认。

⑥审查施工单位现场项目管理机构的技术管理体系和质量保证体系。

以上措施中哪些不是投资控制的措施？

3. 第Ⅲ标段施工单位为 C 公司，C 公司第Ⅲ标段各月完成产值见下表。业主与 C 公司在施工合同中约定：

（1）开工前业主应向 C 公司支付合同价 25% 的预付款，预付款从第 3 个月开始等额扣还，4 个月扣完。

（2）业主根据 C 公司完成的工程量，经监理工程师签认后按月支付工程款，质量保留金为合同总额的 5%，保留金按每月产值的 10% 扣除，直至扣完为止。

（3）监理工程师签发的月付款凭证最低金额为 300 万元。

| 月份 | 4 月 | 5 月 | 6 月 | 7 月 | 8 月 | 9 月 |
|---|---|---|---|---|---|---|
| C 公司/万元 | 480 | 685 | 560 | 430 | 620 | 580 |
| 构件厂/万元 | | | 275 | 340 | 180 | |

支付给 C 公司的工程预付款是多少？监理工程师在第 4 ~ 8 月月底分别给 C 公司实际签发的付款凭证金额是多少？

**答案：**

1. （本小题 2.0 分）

25 × 60/190 = 7.89（万元）。（2.0 分）

2. （本小题 2.0 分）

第④、⑤、⑥条不是投资控制的措施。（2.0 分）

3. （本小题 16.0 分）

（1）预付款。

合同价：4150 − (275 + 340 + 180) = 3355(万元)。（1.0 分）

预付款：3355 × 25% = 838.75（万元）。（1.0 分）

工程保留金：3355 × 5% = 167.75（万元）。（1.0 分）

（2）实际签发。

4 月份：

①完成：480 万元。（1.0 分）

②扣保：480 × 10% = 48（万元），待扣：167.75 − 48 = 119.75（万元）。（1.0 分）

③应签：480 − 48 = 432（万元）。（1.0 分）

5 月份：

①完成：685 万元。（1.0 分）

②扣保：685 × 10% = 68.5（万元），待扣：119.75 − 68.5 = 51.25（万元）。（1.0 分）

③应签：685 − 68.5 = 616.5（万元）。（1.0 分）

6 月份：

①完成：560 万元。（1.0 分）

②扣保：560 × 10% = 56（万元）> 51.25（万元），所以，扣保 51.25 万元。（1.0 分）

③扣预付款：838.75/4 = 209.69（万元）。（1.0 分）

应签：560 − 51.25 − 209.69 = 299.06（万元）< 300（万元）。（1.0 分）

所以，本月不签发付款凭证。（1.0 分）

7 月份：

应签发：430 − 209.69 + 299.06 = 519.37（万元）。（1.0 分）

8 月份：

应签发：620 − 209.69 = 410.31（万元）。（1.0 分）

# 案例二十一

## 【1999 年试题六】

某火力发电站工程，业主与施工单位签订了单价合同并委托了监理。

在施工过程中，施工单位向监理工程师提出应由业主支付如下费用。

（1）职工教育经费：因该项目的汽轮机是国外进口的设备，在安装前，需要对安装操作的职工进行培训，培训经费 2 万元。

（2）研究试验费：本项目中铁路专用线的一座跨公路预应力拱桥的模型破坏性试验费 8 万元，改进混凝土泵送工艺试验费 3 万元，合计 11 万元。

（3）临时设施费：为修变电站搭建了民工临时用房 5 间和为业主搭建了临时办公室 3 间，费用分别为 2 万元和 1 万元，合计 3 万元。

（4）施工机械迁移费：施工吊装机械从另一工地调入本工地的费用 1 万元。

（5）根据施工组织设计，部分项目安排在雨期施工，由于采取防雨措施增加费用 2 万元。

（6）由于业主委托的另一家施工单位进行场区道路施工，影响了本施工单位正常的混凝土浇筑运输作业，监理工程师已审批了原计划和降效增加的工日及机械台班的数量。

受影响部分的工程原计划用工 2200 工日，计划支出 40 元/工日，原计划机械台班 360 台班，综合台班单价为 180 元/台班，受施工干扰后完成该部分工程实际用工 2800 工日，实际支出 45 元/工日，实际用机械台班 410 台班，实际支出 200 元/台班。

**问题：**

1. 试分析以上各项费用业主应不应支付。为什么？

2. 第 5 条中提出的降效支付要求，人工费和机械使用费各应补偿多少？

3. 监理工程师绘制的 S 形曲线如下图所示。若该工作进行到第 5 个月月底和第 10 个月月底时，试分析：

（1）合同执行到第 5 个月月底时的进度偏差和投资偏差。

（2）合同执行到第 10 个月月底时的进度偏差和投资偏差。

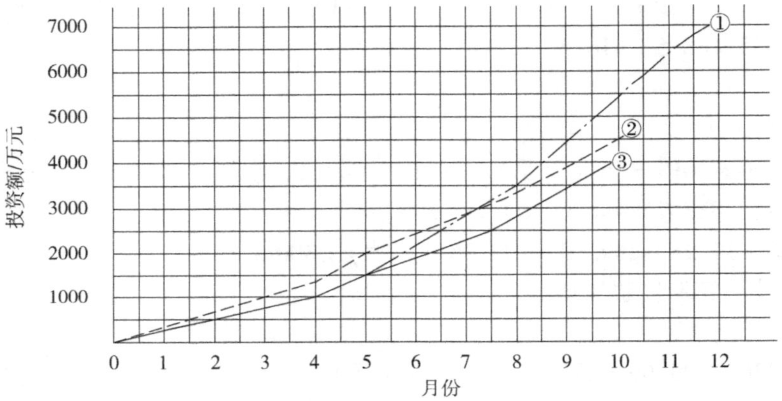


**答案：**

1. （本小题 8.0 分）

第（1）条不应支付。（0.5 分）

理由：职工教育经费已包含在建筑安装工程的合同价中。（0.5 分）

第（2）条中：

①模型破坏性试验费应予以支付。（0.5 分）

理由：该费用属于业主应承担的研究试验费，未包含在建筑安装工程合同价内。（0.5 分）

②改进混凝土泵送工艺试验费不应支付。（0.5 分）

理由：改进混凝土泵送工艺是施工单位的原因，不是业主应承担的责任。（0.5 分）

第（3）条中：

①民工临时用房 5 间不应支付。（0.5 分）

理由：民工临时用房是施工单位的临时设施，已包含在建筑安装工程合同价内。（0.5 分）

②为业主搭建的临时办公室 3 间应予以支付。（0.5 分）

理由：业主的临时办公室属于业主的临时设施，应由业主另行支付。（0.5 分）

第（4）条不应支付。（0.5 分）

理由：大型机械进出场属于措施项目，已包含在建筑安装工程合同价内。（0.5 分）

第（5）条不应支付。（0.5 分）

理由：防雨措施属于措施项目，已包含在建筑安装工程合同价内。（0.5 分）

第（6）条应予以支付。（0.5 分）

理由：场区道路不能正常使用不属于施工单位的原因。（0.5 分）

2.（本小题 2.0 分）

（1）人工费补偿：(2800 − 2200) × 40元 = 24000(元)。（1.0 分）

（2）机械费补偿：(410 − 360) × 180元 = 9000(元)。（1.0 分）

3.（本小题 4.0 分）

（1）5 月底：

①进度偏差：1500 − 1500 = 0，说明进度无偏差。（1.0 分）

②投资偏差：1500 − 2000 = −500（万元）<0，说明投资增加 500 万元。（1.0 分）

（2）10 月底：

①进度偏差：4000 − 5500 = −1500（万元）<0，说明进度拖后 1500 万元。（1.0 分）

②投资偏差：4000 − 4500 = −500（万元）<0，说明投资增加 500 万元。（1.0 分）

# 案例二十二

## 【1997 年试题一】

某工程，业主与承包商签订了工程施工合同，合同中含两个子项工程，估算工程量甲项为 2300m$^3$，乙项为 3200m$^3$，甲项单价为 180 元/m$^3$，乙项单价为 160 元/m$^3$。施工合同约定：

①开工前业主应向承包商支付合同价 20% 的预付款。

②业主自第一个月起，从承包商的工程款中，按 5% 的比例扣留质量保证金。

③当子项工程实际工程量超过估算工程量 10% 时，可进行调价，调整系数为 0.9。

④根据市场情况规定价格调整系数平均按 1.2 计算。

⑤总监理工程师签发工程款支付证书的最低金额为 25 万元。

⑥预付款在最后两个月扣除，每月扣 50%。承包商各月实际完成并经监理工程师计量的工程量见下表。

| 完成工程量 | 月份 | | | |
|---|---|---|---|---|
| | 1 | 2 | 3 | 4 |
| 甲项/m$^3$ | 500 | 800 | 800 | 600 |
| 乙项/m$^3$ | 700 | 900 | 800 | 600 |

第一个月价款为(500 × 180 + 700 × 160) = 202000(元) = 20.2（万元）。

应签证的工程款为20.2 × 1.2 × (1 − 5%) = 23.028（万元）<25（万元）。

所以，本月总监理工程师不予签发工程款支付证书。

**问题：**

1. 工程预付款是多少万元？

2. 从第2个月起，每月总监理工程师应签证的工程款是多少万元？实际签发的工程款支付证书中的金额是多少万元？

**答案：**

1. （本小题2.0分）

（1）合同价：(2300×180+3200×160)÷10000=92.6（万元）。（1.0分）

（2）预付款：92.6×20%=18.52（万元）。（1.0分）

2. （本小题8.0分）

（1）第2月。

①完成：(800×180+900×160)÷10000=28.8（万元）。（0.5分）

②应签证：28.8×1.2×(1−5%)+23.028=55.86（万元）>25（万元）。（1.0分）

③本月应签发工程款支付证书55.86万元。（0.5分）

（2）第3月。

①完成：(800×180+800×160)÷10000=27.2（万元）。（0.5分）

②应签证：27.2×1.2×(1−5%)−18.52/2=21.748（万元）<25（万元）。（1.0分）

③本月不予签发工程款支付证书。（0.5分）

（3）第4月。

①完成。

甲累计完成：500+800+800+600=2700（$m^3$）。

工程量增加：2700−2300=400（$m^3$），400×100%/2300=17.39%>10%。（0.5分）

超出10%以上的工程量，执行新价180×0.9=162（元/$m^3$）。（0.5分）

原价量：2300×1.1−500−800−800=430（$m^3$）。（0.5分）

新价量：600−430=170（$m^3$）。（0.5分）

(430×180+170×162+600×160)÷10000=20.094（万元）。（0.5分）

②应签证：20.094×1.2×(1−5%)−18.52/2+21.748=35.395(万元)。（1.0分）

③本月应签发工程款支付证书35.395万元。（0.5分）

# 2023 考点预测及实战模拟

## 模拟试卷（一）

### 试题一

某工程，实施过程中发生如下事件。

事件 1：监理合同签订后，监理单位技术负责人组织编制了监理规划并报法定代表人审批，在第一次工地会议后，项目监理机构将监理规划报送建设单位。

事件 2：总监理工程师委托总监理工程师代表完成下列工作：①组织召开监理例会；②组织审查施工组织设计；③组织审核分包单位资格；④组织审查工程变更；⑤签发工程款支付证书；⑥调解建设单位与施工单位的合同争议。

事件 3：总监理工程师在巡视中发现，施工现场有一台起重机械安装后未经验收投入使用，且存在严重安全事故隐患，总监理工程师即向施工单位签发监理通知要求整改，并及时报告建设单位。

事件 4：工程完工经自检合格后，施工单位向项目监理机构报送了工程竣工验收报审表及竣工资料，申请工程竣工验收。总监理工程师组织各专业监理工程师审查了竣工资料，认为施工过程中已对所有分部分项工程进行过验收且均合格，随即在工程竣工验收报审表中签署了预验收合格的意见。

**问题：**

1. 指出事件 1 中的不妥之处，写出正确做法。

2. 逐条指出事件 2 中，总监理工程师可委托和不可委托总监理工程师代表完成的工作。

3. 指出事件 3 中总监理工程师做法的不妥之处，说明理由。写出要求施工单位整改的内容。

4. 指出事件 4 中总监理工程师做法的不妥之处，写出总监理工程师在工程竣工预验收中还应组织完成的工作。

**参考答案**

1. （本小题 6.0 分）

（1）不妥之一："监理单位技术负责人组织编制了监理规划"。（1.0 分）

正确做法：监理规划应由总监理工程师组织编制。（1.0 分）

（2）不妥之二："监理规划报法定代表人审批"。（1.0 分）

正确做法：监理规划报送施工单位技术负责人审批签字。（1.0 分）

（3）不妥之三："在第一次工地会议后，将监理规划报送建设单位"。（1.0 分）

正确做法：监理规划应在第一次工地会议 7 天前报送建设单位。（1.0 分）

2. （本小题3.0分）

①可以委托。（0.5分）

②不可以委托。（0.5分）

③可以委托。（0.5分）

④可以委托。（0.5分）

⑤不可以委托。（0.5分）

⑥不可以委托。（0.5分）

3. （本小题5.0分）

（1）不妥之处：签发监理通知要求整改。（1.0分）

理由：存在严重安全事故隐患时，总监理工程师应签发《工程暂停令》。（1.0分）

（2）整改内容：

①要求施工单位组织起重机械安装后的验收。（1.0分）

②要求施工单位在验收合格后，办理登记手续。（1.0分）

③要求施工单位采取措施消除安全事故隐患。（1.0分）

4. （本小题5.0分）

（1）不妥之处：认为施工过程中均验收合格，随即在工程竣工验收报审表中签署了预验收合格的意见。（1.0分）

（2）还应完成工作内容：

①组织相关人员对工程实体质量进行预验收。（1.0分）

②发现问题，要求施工单位整改。（1.0分）

③组织编写工程质量评估报告，并报送监理单位技术负责人签字。（1.0分）

④经总监理工程师和监理单位技术负责人签字后的评估报告，报送建设单位。（1.0分）

## 试题二

某工程，监理合同履行过程中发生如下事件。

事件1：总监理工程师对部分监理工作安排如下：①监理实施细则由总监理工程师代表负责审批；②隐蔽工程由质量控制专业监理工程师负责验收；③工程费用索赔由造价控制专业监理程师负责审批；④监理员负责复核工程计量有关数据。

事件2：总监理工程师对工程竣工预验收工作安排如下：专业监理工程师组织审查施工单位报送的竣工资料，总监理工程师组织工程竣工预验收。施工单位对存在的问题整改，施工单位整改完毕后，专业监理工程师签署工程竣工报验单，并负责编制工程质量评估报告。工程质量评估报告经总监理工程师审核签字后报送建设单位。

事件3：专业分包单位编制了深基坑土方开挖专项施工方案，经专业分包单位技术负责人签字后，报送项目监理机构审查的同时开始了挖土作业，并安排施工现场技术负责人兼任专职安全管理人员负责现场监督。专业监理工程师发现了上述情况后及时报告总监理工程师，并建议签发《工程暂停令》。

事件4：一批工程材料进场后，施工单位质检员填写《工程材料/构配件/设备报审表》并签字后，仅附材料供应方提供的质量证明资料报送项目监理机构，项目监理机构审查后认为不妥，不予签认。

问题：

1. 逐条指出事件1中总监理工程师对监理工作安排是否妥当，不妥之处写出正确安排。
2. 指出事件2中总监理工程师对工程竣工验收工作安排的不妥之处，并写出正确安排。
3. 指出事件3中有何不妥？并写出正确做法。
4. 指出事件4中施工单位的不妥处，并写出正确做法。

参考答案

1. （本小题4.0分）

①不妥当。（0.5分）

正确安排：由总监理工程师审批监理实施细则。（1.0分）

②妥当。（0.5分）

③不妥当。（0.5分）

正确安排：由总监理工程师审批工程费用索赔。（1.0分）

④妥当。（0.5分）

2. （本小题6.0分）

（1）不妥之一：专业监理工程师组织审查施工单位报送的竣工资料。（0.5分）

正确安排：总监理工程师组织专业监理工程师对施工单位报送的竣工资料进行审查。（1.0分）

（2）不妥之二：专业监理工程师签署工程竣工报验单。（0.5分）

正确安排：由总监理工程师签署工程竣工报验单。（1.0分）

（3）不妥之三：专业监理工程师负责编制工程质量评估报告。（0.5分）

正确安排：由总监理工程师组织编制工程质量评估报告。（1.0分）

（4）不妥之四：工程质量评估报告经总监理工程师审核签字后报送建设单位。（0.5分）

正确安排：工程质量评估报告经总监理工程师和监理单位技术负责人审核签字后报送建设单位。（1.0分）

3. （本小题5.5分）

（1）不妥之一：专业分包单位将专项施工方案报送项目监理机构审查。（0.5分）

正确做法：专业分包单位应将专项施工方案报送施工单位，施工单位再报送项目监理机构审查。（1.0分）

（2）不妥之二：经专业分包单位技术负责人签字后，报送项目监理机构审查的同时开始了挖土作业。（0.5分）

正确做法：深基坑专项方案经分包单位技术负责人、施工单位技术负责人、总监理工程师审查签字后，由施工单位组织召开专家论证会，论证通过后，方可组织施工。（2.0分）

（3）不妥之三：安排施工现场技术负责人兼任专职安全管理人员。（0.5分）

正确做法：专项方案的实施，应配备专职安全管理人员进行现场监督管理。（1.0分）

4. （本小题3.0分）

（1）不妥之一：施工单位质检员填写《工程材料/构配件/设备报审表》并签字。（0.5分）

正确做法：《工程材料/构配件/设备报审表》应由项目经理签字。（1.0分）

（2）不妥之二：仅附材料供应方提供的质量证明资料报送项目监理机构。（0.5分）

正确做法：附件还应包括工程材料清单和自检结果。（1.0分）

## 试题三

某工程，建设单位委托招标代理机构进行招标。招标过程中发生如下事件。

事件1：开标由公证机构组织并主持，在投标单位法人代表或授权代理人在场的情况下举行开标，并由招标管理机构进行监督。开标程序及其他开标事宜按有关规定执行。开标前1小时，设立评标委员会，由招标单位法人代表或其授权的代理人担任评委会主任，主持评标会议，但不参加评标打分。评委由6人组成，招标单位3名，其余3名在该市的专家库中随机抽取。

事件2：评标委员会根据本工程招标文件的评标定标办法进行评标。评标结束，由评标委员会写出评标报告。按投标单位的得分高低，向招标单位推荐了E、F、G、H四家中标候选人。

事件3：评标时，发现A投标单位的投标文件只加盖了公章，但没有投标单位法定代表人的签字，只有法定代表人授权书中被授权人的签字；B投标单位因施工工艺落后投标报价明显高于其他投标单位；C投标单位的投标报价大写金额小于小写金额；联合体投标单位向招标人提供了投标文件而没有共同投标协议。

事件4：施工招标过程中，建设单位提出的部分建议如下：

①拥有国有股份。

②省外投标人必须在工程所在地承担过类似工程。

③投标人应在提交资格预审文件截止日前提交投标保证金。

④联合体中标的，可由联合体代表与建设单位签订合同。

⑤中标人可以将某些关键性工程分包给符合条件的分包人完成。

事件5：建设单位要求招标代理机构在招标文件中明确：①投标人应提交投标保证金，投标保证金为项目估算价的10%；②中标人的投标保证金不予退还；③中标人还需提交履约保函，保证金额为合同总额的20%；④招标文件从2017年5月1日开始出售，于同年5月3日停售；⑤在招标文件要求提交投标文件的截止时间后送达的招标人必须拒收；⑥不接受投标人组成联合体投标；⑦经过评审，评标委员会（建设单位授权）直接确定了A为中标单位；⑧发出中标通知书后的第45日签订了合同；⑨合同签订后的第10日向中标人和未中标的投标人退还投标保证金，但不退还银行同期存款利息。

**问题：**

1. 工程监理评标的内容包括哪些？
2. 事件1中存在哪些不妥之处，说明正确做法。
3. 事件2中评标委员会的做法是否正确，说明理由。
4. 分别指出事件3中A、B、C及联合体投标单位的投标文件是否有效？说明理由。
5. 逐条指出事件4中监理单位是否应采纳建设单位提出的建议并说明理由。
6. 分别指出事件5中描述是否妥当，不妥之处说明理由。

**参考答案**

1.（本小题2.5分）

包括内容：

（1）工程监理单位的基本素质。（0.5分）

(2) 工程监理人员配备。 (0.5分)

(3) 工程监理大纲。 (0.5分)

(4) 试验检测仪器设备及其应用能力。 (0.5分)

(5) 工程监理费用报价。 (0.5分)

2. (本小题3.0分)

(1) 不妥之一：开标会议由公证机构组织并主持不妥。 (0.5分)

正确做法：开标会议应该由招标人主持。 (1.0分)

(2) 不妥之二：评标委员会的成员组成不合理。 (0.5分)

正确做法：评标委员会成员人数应为5人以上单数，其中技术、经济等方面的专家不得少于成员总数的三分之二。 (1.0分)

3. (本小题2.0分)

不正确。 (1.0分)

理由：评标委员会推荐的中标候选人应为1～3人，并标明排列顺序。 (1.0分)

4. (本小题6.0分)

(1) A投标文件有效。 (0.5分)

理由：招标文件对此没有规定的，法定代表人的授权人签字有效。 (1.0分)

(2) B投标文件有效。 (0.5分)

理由：报价明显高于其他投标单位的报价没有违反招标文件的规定。 (1.0分)

(3) C投标文件有效。 (0.5分)

理由：评标委员会可以要求该投标人澄清补正。 (1.0分)

(4) 联合体投标文件无效。 (0.5分)

理由：没有提交联合体共同投标协议的应当否决其投标。 (1.0分)

5. (本小题7.5分)

①不能采纳。 (0.5分)

理由：招标人不得以所有制形式限制或排斥投标人。 (1.0分)

②不能采纳。 (0.5分)

理由：招标人不得以不合理条件限制或排斥投标人。 (1.0分)

③不能采纳。 (0.5分)

理由：投标人应在提交投标文件截止日前提交投标保证金。 (1.0分)

④不能采纳。 (0.5分)

理由：联合体中标的，联合体各方共同与招标人签订合同。 (1.0分)

⑤不能采纳。 (0.5分)

理由：关键性工程的分包属于违法分包。 (1.0分)

6. (本小题4.5分)

①不妥。

理由：投标保证金为项目估算价的2%。 (0.5分)

②不妥。

理由：签订合同后，中标人的投标保证金应退还。 (0.5分)

③不妥。

理由：履约保证金不得超过中标合同金额的10%。（0.5分）

④不妥。

理由：资格预审文件或者招标文件的发售期不得少于5日。（0.5分）

⑤妥当。（0.5分）

⑥妥当。（0.5分）

⑦妥当。（0.5分）

⑧不妥。

理由：中标通知书发出之日起30日内，订立书面合同。（0.5分）

⑨不妥。

理由：合同签订后5日内向中标人和未中标的投标人退还投标保证金及银行同期存款利息。（0.5分）

## 试题四

某桥梁工程，其基础为钻孔桩。该工程的施工任务由甲公司总承包，其中桩基础施工分包给乙公司，建设单位委托丙公司监理施工，丙公司任命的总监理工程师具有多年桥梁设计工作经验。

施工前甲公司复核了该工程的原始基准点、基准线和测量控制点，并经专业监理工程师审核批准。

该桥1号桥墩的桩基础施工完毕后，设计单位发现：整体桩位（桩的中心线）沿桥梁中线偏移，偏移量超出规范允许的误差。经检查发现，造成桩位偏移的原因是桩位施工图尺寸与总平面图尺寸不一致。因此，甲公司向项目监理机构报送了处理方案，要点如下：

①补桩。

②承台的结构钢筋适当调整，外形尺寸做部分改动。

总监理工程师根据自己多年的桥梁设计工作经验，认为甲公司的处理方案可行，因此予以批准。乙公司随即提出索赔意向通知，并在补桩施工完成后第5天向项目监理机构提交了索赔报告，其内容如下：

①要求赔偿整改期间机械、人员的窝工损失。

②增加的补桩应予以计量、支付。

乙公司索赔理由如下：

①甲公司负责桩位测量放线，乙公司按给定的桩位负责施工，桩体没有质量问题。

②桩位的施工放线成果已由现场监理工程师签认。

**问题：**

1. 总监理工程师批准上述处理方案，在工作程序方面是否妥当？说明理由。并简述监理工程师处理施工过程中工程质量问题工作程序的要点。

2. 专业监理工程师在桩位偏移这一质量问题中是否有责任？说明理由。

3. 写出施工前专业监理工程师对A公司报送的施工测量成果应检查、复核什么内容？

4. 乙公司提出的索赔要求，总监理工程师应如何处理？说明理由。

**参考答案**

1. （本小题8.0分）

（1）工作程序不妥。（1.0分）

理由：涉及设计变更的，应通过建设单位要求设计单位编制设计变更文件；施工单位提交的处理方案应经设计单位认可。（2.0分）

（2）处理质量问题的工作程序要点：

①签发《监理通知单》，需要加固补强的，应由总监理工程师签发《工程暂停令》。（1.0分）

②审查施工单位提交的经设计单位认可的处理方案。（1.0分）

③对变更工程的费用和工期进行评估，并与建设单位、施工单位进行协商。（1.0分）

④对处理过程进行监督，对处理结果进行验收。（1.0分）

⑤及时向建设单位提交质量问题报告，处理记录整理归档。（1.0分）

2. （本小题2.0分）

没有责任。（1.0分）

理由：施工图尺寸与总平面图尺寸不一致的责任在设计单位。（1.0分）

3. （本小题2.0分）

①施工单位测量人员的资格证书及测量设备检定证书。（1.0分）

②施工平面控制网、高程控制网和临时水准点的测量成果及控制桩的保护措施。（1.0分）

4. （本小题2.0分）

处理：不予受理分包单位直接提出的索赔，但应受理总承包单位转交的索赔。（1.0分）

理由：分包单位和建设单位没有合同关系，分包单位应向总承包单位提出索赔，总承包单位再向监理单位提出索赔。（1.0分）

## 试题五

某市政府投资新建一学校，工程内容包括办公楼、教学楼、实验室、体育馆等，招标文件的工程量清单表中招标人给出了材料暂估价，承发包双方按《建设工程工程量清单计价规范》以及《标准施工招标文件》签订了施工承包合同，合同规定，国内《标准施工招标文件》不包括的工程索赔内容，执行FIDIC合同条件的规定。

工程实施过程中，发生了如下事件。

事件1：投标截止日期前15日，该市工程造价管理部门发布了人工单价及规费调整的有关文件。

事件2：施工过程中，分部分项工程量清单中的顶棚吊顶清单项目特征描述与设计图纸要求不一致。

事件3：按实际施工图纸施工的基础土方工程量与招标人提供的工程量清单表中挖基础土方工程量发生较大的偏差。

事件4：主体结构施工阶段遇到强台风、特大暴雨，造成施工现场部分脚手架倒塌、损坏了部分已完工程、施工现场承发包双方办公用房坍塌、施工设备和运到施工现场待安装的一台电梯损坏。事后，承包方及时按照发包方要求清理现场，恢复施工，重建承发包双方现场办公用房。发包方还要求承包方采取措施，确保按原工期完成。

事件5：由于资金原因，发包方取消了原合同中体育馆工程内容。在进行工程竣工结算时，承包方就发包方取消合同中体育馆工程内容提出补偿管理费和利润的要求，但遭到发包方拒绝。

上述事件发生后，承包方及时对可索赔事件提出了索赔。

**问题：**

1. 投标人对涉及材料暂估价的分部分项工程进行投标报价，以及结算过程中对分部分项工程价款的调整有哪些规定？

2. 根据《建设工程工程量清单计价规范》的规定，承包人对事件1、事件2、事件3提出的索赔，发包人分别应如何处理？并说明理由。

3. 事件4中，承包方可提出哪些损失和费用的索赔？

4. 事件5中，发包方拒绝承包方补偿要求的做法是否合理？说明理由。

**参考答案**

1. （本小题3.0分）

（1）投标阶段，按招标工程量清单中给定的材料暂估单价计入相应分部分项工程的综合单价，形成分部分项工程费。（1.5分）

（2）施工阶段，按承发包双方最终确认价调整综合单价，并按调整的综合单价计算分部分项工程费。（1.5分）

2. （本小题4.5分）

（1）事件1的处理：应批准承包方提出的索赔。（0.5分）

理由：投标截止日期前28日为基准日，其后的法律、法规、政策变化导致工程造价发生变化的应予以调整。（1.0分）

（2）事件2的处理：批准承包方提出的索赔。（0.5分）

理由：发包人应对项目特征描述的准确性负责，工程量清单中的项目特征描述与图纸不符应以设计图纸为准。（1.0分）

（3）事件3的处理：批准承包方提出的索赔。（0.5分）

理由：招标工程量清单中的工程量是估算工程量，施工过程中，按施工图纸完成的工程量与清单中的工程量不一致时，以施工图为准。（1.0分）

3. （本小题2.5分）

（1）部分工程损坏修复费。（0.5分）

（2）发包人办公用房重建费。（0.5分）

（3）已运至现场待安装的电梯损坏修复费。（0.5分）

（4）现场清理费。（0.5分）

（5）确保按原工期完成的赶工费。（0.5分）

4. （本小题2.5分）

（1）合理。（0.5分）

（2）理由：尽管取消了原合同中体育馆工程内容是发包人应承担的责任，但承包人应在取消体育馆工程内容后的14日内提出补偿管理费和利润的要求。（2.0分）

## 试题六

某工程项目发包人与承包人签订了施工合同，工期4个月，工作内容包括A、B、C三项分项工程，综合单价分别为360.00元/$m^3$、320.00元/$m^3$、200.00元/$m^2$，规费和增值税为人材机费用、管理费与利润之和的15%，各分项工程每月计划和实际完成工程量及单价措施项目费用见下表。

| 工程量和费用名称 | | 月份 | | | | 合计 |
|---|---|---|---|---|---|---|
| | | 1 | 2 | 3 | 4 | |
| A分项工程/$m^3$ | 计划工程量 | 300 | 400 | 300 | — | 1000 |
| | 实际工程量 | 280 | 400 | 320 | — | 1000 |
| B分项工程/$m^3$ | 计划工程量 | 300 | 300 | 300 | — | 900 |
| | 实际工程量 | — | 340 | 380 | 180 | 900 |
| C分项工程/$m^2$ | 计划工程量 | — | 450 | 450 | 300 | 1200 |
| | 实际工程量 | — | 400 | 500 | 300 | 1200 |
| 单价措施项目费用/万元 | | 1 | 2 | 2 | 1 | 6 |

总价措施项目费用8万元（其中安全文明施工费4.2万元），暂列金额5万元。合同中有关工程价款估算与支付约定如下：

①开工前，发包人应向承包人支付合同价款（扣除安全文明施工费和暂列金额）的20%作为工程材料预付款，在第2、3个月的工程价款中平均扣回。

②分项工程项目工程款按实际进度逐月支付；单价措施项目工程款按表中的数据逐月支付，不予调整。

③总价措施项目中的安全文明施工措施工程款与材料预付款同时支付，其余总价措施项目费用在第1、2个月平均支付。

④C分项工程所用的某种材料采用动态调值公式法结算，该种材料在C分项工程费用中所占比例为12%，基期价格指数为100。

⑤发包人按每次承包人应得工程款的90%支付。

⑥该工程竣工验收过后30日内进行竣工结算。扣留实际总造价的3%作为工程质量保证金，其余工程款全部结清。

施工期间1~4月，C分项工程所用的动态结算材料价格指数依次为105、110、115、120。

注：分部分项工程项目费用、措施项目费用和其他项目费用均不含增值税的进项税。

**问题：**（计算结果均保留3位小数）

1. 该工程签约合同价为多少万元？开工前业主应支付给承包商的工程材料预付款和安全文明施工措施项目工程款分别为多少万元？

2. 施工到1~4月末分项工程拟完工程计划投资、已完工程实际投资、已完工程计划投资分别为多少万元？投资偏差、进度偏差分别为多少万元？

3. 施工期间每月承包商已完工程价款为多少万元？业主应支付给承包商的工程价款为多少万元？

4. 该工程实际总造价为多少万元？竣工结算款为多少万元？

**参考答案**

1.（本小题4.0分）

（1）合同价：

① $1000\times360+900\times320+1200\times200=888000$（元）$=88.8$（万元）

② 6万元。

③ 8万元。

④ 5万元。

$(88.8+6+8+5)\times1.15=123.970$（万元） （2.0分）

（2）$(123.97-9.2\times1.15)\times20\%=22.678$（万元）。 （1.0分）

（3）$4.2\times1.15\times90\%=4.347$（万元）。 （1.0分）

2.（本小题12.0分）

| 项目名称 | 1月 | 2月 | 3月 | 4月 |
|---|---|---|---|---|
| ①每月 | 23.460 | 37.950 | 33.810 | 6.900 |
| ①累计 | 23.460 | 61.410 | 95.220 | 102.120 |
| ②每月 | 11.592 | 38.382 | 38.939 | 13.690 |
| ②累计 | 11.592 | 49.974 | 88.913 | 102.603 |
| ③每月 | 11.592 | 38.272 | 38.732 | 13.524 |
| ③累计 | 11.592 | 49.864 | 88.596 | 102.120 |

第1个月

投资偏差$=11.592-11.592=0$，投资无偏差。 （1.5分）

进度偏差$=11.592-23.46=-11.868$（万元）$<0$，进度拖后11.868万元。 （1.5分）

第2个月

投资偏差$=49.864-49.974=-0.11$（万元）$<0$，投资增加0.11万元。 （1.5分）

进度偏差$=49.864-61.41=-11.546$（万元）$<0$，进度拖后11.546万元。 （1.5分）

第3个月

投资偏差$=88.596-88.913=-0.317$（万元）$<0$，投资增加0.317万元。 （1.5分）

进度偏差$=88.596-95.22=-6.624$（万元）$<0$，进度拖后6.624万元。 （1.5分）

第4个月

投资偏差$=102.12-102.603=-0.483$（万元）$<0$，投资增加0.483万元。 （1.5分）

进度偏差$=102.12-102.12=0$，进度无偏差。 （1.5分）

3.（本小题8.0分）

第1个月：

① 11.592万元。

② $1\times1.15=1.15$（万元）。

③ $3.8/2\times1.15=2.185$（万元）。

④ 0。

⑤ 扣 0。

已完：11.592 + 1.15 + 2.185 = 14.927（万元）。（1.0 分）

应付：14.927 × 90% = 13.434（万元）。（1.0 分）

第 2 个月：

① 38.382 万元。

② 2 × 1.15 = 2.3（万元）。

③ 2.185 万元。

④ 0。

⑤ 扣 22.678/2 = 11.339（万元）。

已完：38.382 + 2.3 + 2.185 = 42.867（万元）。（1.0 分）

应付：42.867 × 90% − 11.339 = 27.241（万元）。（1.0 分）

第 3 个月：

① 38.939 万元。

② 2.3 万元。

③ 0。

④ 0。

⑤ 扣 11.339 万元。

已完：38.939 + 2.3 = 41.239（万元）。（1.0 分）

应付：41.239 × 90% − 11.339 = 25.776（万元）。（1.0 分）

第 4 个月：

① 13.690 万元。

② 1.15 万元。

③ 0。

④ 0。

⑤ 扣 0。

已完：13.69 + 1.15 = 14.840（万元）。（1.0 分）

应付：14.84 × 90% = 13.356（万元）。（1.0 分）

4.（本小题 4.0 分）

（1）实际总造价：

① 102.603 万元。

② 6 × 1.15 = 6.900（万元）。

③ 8 × 1.15 = 9.200（万元）。

④ 0。

合计 102.603 + 6.9 + 9.2 = 118.703（万元）。（2.0 分）

或：重新造价

① 88.8 + 200 × 0.12 × (400 × 0.1 + 500 × 0.15 + 300 × 0.2)/10000 = 89.22（万元）。

② 6 万元。

③ 8 万元。

④0。

(89.22+6+8)×1.15=118.703（万元）。

（2）竣工结算：

①结算总价：118.703×(1−3%)=115.142（万元）。

②结算尾款：118.703−118.703×3%−22.678−(118.703×90%−22.678/2×2) =
118.703−118.703×3%−118.703×90%=8.309（万元）。 （2.0分）

# 模拟试卷（二）

## 试题一

某工程，建设单位与甲施工单位签订了施工总承包合同，并委托一家监理单位实施施工阶段监理。经建设单位同意，甲施工单位将工程划分为 A1、A2 标段，并将 A2 标段分包给乙施工单位。根据监理工作需要，监理单位设立了投资控制组、进度控制组、质量控制组、安全管理组、合同管理组和信息管理组六个职能管理部门，同时设立了 A1 和 A2 两个标段的项目监理组，并按专业分别设置了若干专业监理小组，组成直线职能制项目监理组织机构。为有效地开展监理工作，总监理工程师安排项目监理组负责人分别主持编制 A1、A2 标段两个监理规划。

总监理工程师要求：①六个职能管理部门根据 A1、A2 标段的特点，直接对 A1、A2 标段的施工单位进行管理；②在施工过程中，A1 标段出现的质量隐患由 A1 标段项目监理组的专业监理工程师直接通知甲施工单位整改，A2 标段出现的质量隐患由 A2 标段项目监理组的专业监理工程师直接通知乙施工单位整改，如未整改，则由相应标段项目监理组负责人签发《工程暂停令》，要求停工整改。总监理工程师主持召开了第一次工地会议。会后，总监理工程师对监理规划审核批准后报送建设单位。在报送的监理规划中，项目监理人员的部分职责分工如下：

（1）投资控制组负责人审核工程款支付申请，并签发工程款支付证书，但竣工结算须由总监理工程师签认。

（2）合同管理组负责调解建设单位与施工单位的合同争议，处理工程索赔。

（3）进度控制组负责审查施工进度计划及其执行情况，并由该组负责人审批工程延期。

（4）质量控制组负责人审批项目监理实施细则。

（5）A1、A2 两个标段项目监理组负责人分别组织、指导、检查和监督本标段监理人员的工作，及时调换不称职的监理人员。

**问题：**

1. 绘制监理单位设置的项目监理机构的组织结构图，说明其缺点。
2. 指出总监理工程师工作中的不妥之处，写出正确做法。
3. 在监理规划中，指出对监理人员职责分工是否妥当，不妥之处，写出正确做法。

**参考答案**

1.（本小题 6.0 分）

（1）组织结构图。（4.0 分）

（2）该项目监理机构组织结构的缺点：

①职能部门与指挥部门易产生矛盾。（1.0 分）

②信息传递路线长，不利于互通情报。（1.0 分）

2.（本小题 8.0 分）

（1）不妥之一：安排项目监理组负责人主持编制监理规划。（0.5 分）

正确做法：应由总监理工程师主持编制监理规划。（0.5 分）

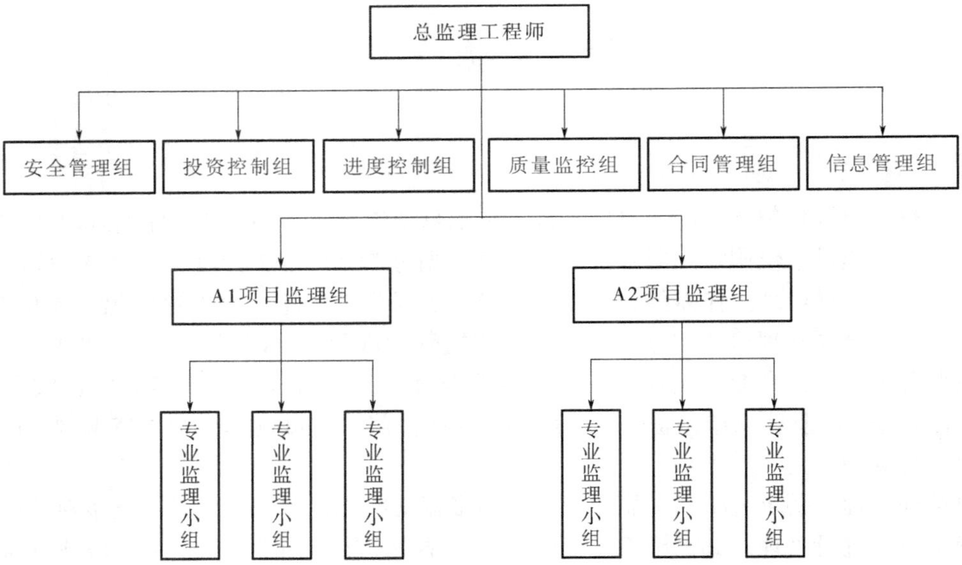


（2）不妥之二：安排编制A1、A2标段两个监理规划。（0.5分）

正确做法：一个实施监理的工程只能编制一份监理规划。（0.5分）

（3）不妥之三：六个职能部门根据A1、A2标段的特点，直接对A1、A2标段的施工单位进行管理。（0.5分）

正确做法：在直线职能制组织形式中，应由A1和A2两个标段的项目监理组直接对A1、A2标段的施工单位进行监理。（0.5分）

（4）不妥之四：A2标段出现的质量隐患由A2标段项目监理组的专业监理工程师直接通知乙施工单位整改。（0.5分）

正确做法：A2标段出现的质量隐患应由A2标段项目监理组的专业监理工程师向甲施工单位下达指令，通过甲施工单位要求乙施工单位整改。（0.5分）

（5）不妥之五：由相应标段项目监理负责人签发《工程暂停令》，要求停工整改。（0.5分）

正确做法：应由总监理工程师签发《工程暂停令》，要求停工整改。（0.5分）

（6）不妥之六：总监理工程师主持召开了第一次工地会议。（0.5分）

正确做法：应由建设单位主持召开第一次工地会议。（0.5分）

（7）不妥之七：第一次工地会议后，监理规划报送建设单位。（0.5分）

正确做法：监理规划应在召开第一次工地会议前报送建设单位。（0.5分）

（8）不妥之八：总监理工程师对监理规划审核批准。（0.5分）

正确做法：监理规划应由监理单位技术负责人审核批准。（0.5分）

3.（**本小题7.0分**）

（1）中：

①“投资控制组负责人审核工程款支付申请”妥当。（0.5分）

②“签发工程款支付证书”不妥。（0.5分）

正确做法：应由总监理工程师签发工程款支付证书。（0.5分）

③“竣工结算须由总监理工程师签认”妥当。（0.5分）

(2) 不妥。 (0.5 分)

正确做法：应由总监理工程师调解建设单位与施工单位的合同争议，处理工程索赔。 (0.5 分)

(3) 中：

①“进度控制组负责审查施工进度计划及其执行情况”妥当。 (0.5 分)

②“由该组负责人审批工程延期”不妥。 (0.5 分)

正确做法：应由总监理工程师审批工程延期。 (0.5 分)

(4) 不妥。 (0.5 分)

正确做法：应由总监理工程师负责审批项目监理实施细则。 (0.5 分)

(5) 中：

①“A1、A2 两个标段项目监理组负责人分别组织、指导、检查和监督本标段监理人员的工作”妥当。 (0.5 分)

②“及时调换不称职的监理人员”不妥。 (0.5 分)

正确做法：应由总监理工程师及时调换不称职的监理人员。 (0.5 分)

## 试题二

某工程在实施过程中发生如下事件。

事件 1：由于工程施工工期紧迫，建设单位在未领取施工许可证的情况下，要求项目监理机构签发施工单位报送的《工程开工报审表》。

事件 2：在未向项目监理机构报告的情况下，施工单位按照投标书中打桩工程及防水工程的分包计划，安排了打桩工程施工分包单位进场施工，项目监理机构对此做了相应处理后书面报告了建设单位。建设单位以打桩施工分包单位资质未经其认可就进场施工为由，不再允许施工单位将防水工程分包。

事件 3：桩基工程施工中，在抽检材料试验未完成的情况下，施工单位已将该批材料用于工程，专业监理工程师发现后予以制止。其后的材料试验结果表明，该批材料不合格，经检验，使用该批材料的相应工程部位存在质量问题，需进行返修。

事件 4：施工中，由建设单位负责采购的设备在没有通知施工单位共同清点的情况下就存放在施工现场。施工单位安装时发现该设备的部分部件损坏，对此，建设单位要求施工单位承担损坏赔偿责任。

事件 5：上述设备安装完毕后进行的单机无负荷试车未通过验收，经检验认定是因为设备本身的质量问题造成的。

**问题：**

1. 指出事件 1 和事件 2 中建设单位做法的不妥之处，说明理由。
2. 针对事件 2，项目监理机构应如何处理打桩工程分包单位进场存在的问题？
3. 对事件 3 中的质量问题，项目监理机构应如何处理？
4. 指出事件 4 中建设单位做法的不妥之处，说明理由。
5. 事件 5 中，单机无负荷试车由谁组织？其费用是否包含在合同价中？因试车验收未通过所增加的各项费用由谁承担？

**参考答案**

1.（本小题6.0分）

（1）事件1的不妥之处："要求项目监理机构签发《工程开工报审表》"。（1.0分）

理由：未取得施工许可证，不具备开工条件，建设单位不得要求项目监理机构签发《开工报审表》。（1.0分）

（2）事件2中：

①不妥之一："建设单位认为需经其认可分包单位资质"。（1.0分）

理由：分包单位的资格应由项目监理机构审查，合格后由总监理工程师签认。（1.0分）

②不妥之二："提出不再允许施工单位将防水工程分包的要求"。（1.0分）

理由：防水工程分包是合同中约定的，建设单位不得违反合同约定。（1.0分）

2.（本小题5.0分）

（1）征得建设单位同意后，由总监理工程师下达《工程暂停令》。（1.0分）

（2）要求施工单位提交《分包单位资格报审表》及相关资料。（1.0分）

（3）总监理工程师组织专业监理工程师对分包单位的资格进行审查。（1.0分）

（4）如审查合格，由总监理工程师向施工单位签发《工程复工令》。（1.0分）

（5）如果分包单位资格不合格，要求施工单位另行选择合格的分包单位，并对已施工的工程部位进行检查验收，对存在的问题，要求施工单位整改，并在整改完成后重新验收。（1.0分）

3.（本小题4.0分）

（1）签发《监理工程师通知单》，要求施工单位进行质量问题调查。（1.0分）

（2）要求施工单位提出经设计单位签认的质量问题处理方案。（1.0分）

（3）审核质量问题调查报告和质量问题处理方案。（1.0分）

（4）对处理过程进行监督检查，对处理结果进行检查验收。（1.0分）

4.（本小题3.0分）

（1）不妥之一："由建设单位采购的设备没有通知施工单位清点"。（0.5分）

理由：建设单位采购的设备在到货前，应按照合同约定的时间以书面形式通知施工单位派人共同清点与检查。（1.0分）

（2）不妥之二："建设单位要求施工单位承担设备部分部件损坏的责任"。（0.5分）

理由：建设单位未通知施工单位清点，施工单位不负责设备的保管，设备丢失损坏的风险由建设单位承担。（1.0分）

5.（本小题3.0分）

（1）由施工单位组织。（1.0分）

（2）已包含在合同价中。（1.0分）

（3）由建设单位承担。（1.0分）

## 试题三

某工程项目采用预制钢筋混凝土管桩基础，业主委托某监理单位承担施工招标及施工阶段的监理任务。因该工程涉及土建施工、沉桩施工和管桩预制，所以业主对工程发包提出两种方案：

一种是采用平行发包模式，即土建、沉桩、管桩制作分别发包。

另一种是采用总分包模式即由土建施工单位总承包，沉桩施工及管桩制作列入总承包范围再分包。

问题：

1. 施工招标阶段，监理单位的主要工作内容有哪几项？

2. 如果采用施工总分包模式，监理工程师应从哪些方面对分包单位进行管理？主要手段是什么？

3. 对管桩生产企业的资质考核在上述两种发包模式下，各应在何时进行？考核的主要内容是什么？

4. 在平行发包模式下，管桩运抵施工现场，沉桩施工单位可否视其为“甲供构件”？为什么？如何组织检查验收？

5. 如果现场检查出管桩不合格或管桩生产企业延期供货，对正确施工进度造成影响，试分析在上述两种发包模式下，可能会出现哪些主体之间的索赔？

参考答案

1. （本小题 4.0 分）

（1）协助业主编制施工招标文件。（0.5 分）

（2）协助业主编制标底。（0.5 分）

（3）发布招标公告。（0.5 分）

（4）组织资格预审。（0.5 分）

（5）组织标前会议。（0.5 分）

（6）组织现场踏勘。（0.5 分）

（7）组织开标、评标、定标。（0.5 分）

（8）协助业主签约。（0.5 分）

2. （本小题 3.5 分）

（1）管理的主要内容：

①审查施工总承包单位提交的分包人的资格。（0.5 分）

②通过施工总承包单位要求分包人参加相关施工会议。（0.5 分）

③检查分包人的施工设备、人员。（0.5 分）

④检查分包人的工程施工材料、作业质量。（0.5 分）

（2）主要手段：

①对分包人违反合同规范的行为可指令总承包人停止分包施工。（0.5 分）

②对质量不合格的工程拒签与之有关的支付。（0.5 分）

③建议总承包人撤换分包单位。（0.5 分）

3. （本小题 3.5 分）

（1）平行发包时在招标阶段组织考核；总分包模式下，在分包工程开工前考核。（2.0 分）

（2）主要内容：大证；小证；看业绩。（1.5 分）

4. （本小题 4.0 分）

（1）可视为“甲供构件”。（1.0 分）

理由：沉桩单位与管桩生产企业无合同关系。（1.0 分）

(2) 应由监理工程师组织沉桩单位、管桩生产企业共同检查管桩质量、数量是否符合合同要求。（2.0 分）

5.（本小题 3.0 分）

(1) 在平行发包模式下：

①沉桩单位与业主之间的索赔。（0.5 分）

②土建施工单位与业主之间的索赔。（0.5 分）

③管桩生产企业与业主之间的索赔。（0.5 分）

(2) 在总分包发包模式下：

①业主与土建施工单位之间的索赔。（0.5 分）

②土建施工单位与管桩生产企业之间的索赔。（0.5 分）

③土建施工单位与沉桩单位之间的索赔。（0.5 分）

## 试题四

某实施监理的工程，甲施工单位选择乙施工单位分包基坑支护土方开挖工程。

施工过程中发生如下事件。

事件 1：乙施工单位开挖土方时，因雨期下雨导致现场停工 3 天，在后续施工中，乙施工单位挖断了一处在建设单位提供的地下管线图中未标明的煤气管道，因抢修导致现场停工 7 天。为此，甲施工单位通过项目监理机构向建设单位提出工期延期 10 天和费用补偿 2 万元（合同约定，窝工综合补偿 2000 元/天）的请求。

事件 2：为了赶工期，甲施工单位调整了土方开挖方案，并按约定程序进行了调整，总监理工程师在现场发现乙施工单位未按调整后的土方开挖方案施工并造成围护结构变形超限，立即向甲施工单位签发《工程暂停令》，同时报告了建设单位。乙施工单位未执行指令仍继续施工，总监理工程师及时报告了有关主管部门，后因围护结构变形过大引发了基坑局部坍塌事故。

事件 3：甲施工单位凭施工经验，未经安全验算就编制了高大模板工程专项施工方案，经项目经理签字后报总监理工程师审批的同时，就开始搭设高大模板，施工现场安全生产管理人员则由项目总工程师兼任。

事件 4：甲施工单位为了便于管理，将施工人员的集体宿舍安排在本工程尚未竣工验收的地下车库内。

**问题：**

1. 指出事件 1 中，挖断煤气管道事故的责任方，说明理由。项目监理机构批准的工程延期和费用补偿各多少？说明理由。

2. 根据《建设工程安全生产管理条例》，分析事件 2 中，甲、乙施工单位和监理单位对基坑局部坍塌事故应承担的责任，说明理由。

3. 指出事件 3 中，甲施工单位的做法有哪些不妥，写出正确的做法。

4. 指出事件 4 中，甲施工单位的做法是否妥当，说明理由。

## 参考答案

1. (本小题4.5分)

(1) 挖断煤气管道事故的责任方为建设单位。 (0.5分)

理由:建设单位对地下管线资料的准确性负责。 (1.0分)

(2) 应批准的工程延期为7天,费用补偿为14000元。 (1.0分)

理由:雨期下雨停工3天是施工单位能够合理预见的,停工3天的工期索赔和费用索赔不予批准;抢修煤气管道导致现场停工7天是建设单位应承担的责任事件,应予批准7天工期索赔和费用索赔7×2000元=14000元。 (2.0分)

2. (本小题4.5分)

(1) 甲施工单位承担连带责任。 (0.5分)

理由:甲施工单位是总承包单位,总承包单位与分包单位对分包工程的安全生产承担连带责任。 (1.0分)

(2) 乙施工单位承担主要责任。 (0.5分)

理由:乙施工单位未按调整后的土方开挖方案施工,且未执行指令仍继续施工,导致生产安全事故,应由分包单位承担主要责任。 (1.0分)

(3) 监理单位不承担责任。 (0.5分)

理由:施工单位拒不执行监理指令,总监理工程师及时报告了有关主管部门,说明监理单位已经履行了监理职责。 (1.0分)

3. (本小题7.5分)

(1) 不妥之一:"编制的高大模板工程专项施工方案未经安全验算"。 (0.5分)

正确做法:任何专项施工方案均应经安全验算,并应有计算书和相关图纸。 (1.0分)

(2) 不妥之二:"专项施工方案未经施工单位技术负责人审批签字"。 (0.5分)

正确做法:专项方案编制完成后,首先报送甲施工单位技术负责人审批签字。(1.0分)

(3) 不妥之三:"专项施工方案未经专家论证会论证就开始搭设高大模板"。 (0.5分)

正确做法:高大模板工程专项施工方案应由施工单位组织专家论证会,施工单位根据论证报告修改完善后,方可组织实施。 (1.0分)

(4) 不妥之四:"专项施工方案论证后未经设计单位技术负责人和总监理工程师签字,就开始搭设高大模板"。 (0.5分)

正确做法:施工单位根据论证报告修改完善后,由施工单位技术负责人和总监理工程师重新签字后,方可组织实施。 (1.0分)

(5) 不妥之五:"施工现场安全生产管理人员由项目总工程师兼任"。 (0.5分)

正确做法:专项施工方案在实施过程中,应设专职安全员进行现场监督。 (1.0分)

4. (本小题1.5分)

甲施工单位的做法不妥。 (0.5分)

理由:施工单位不得在工程尚未竣工验收的建筑物内设置员工集体宿舍。 (1.0分)

## 试题五

某工程的施工合同工期为16周,项目监理机构批准的施工进度计划如下图所示(时间单位:周),各工作均按匀速施工。施工单位的报价单(部分)见下表:

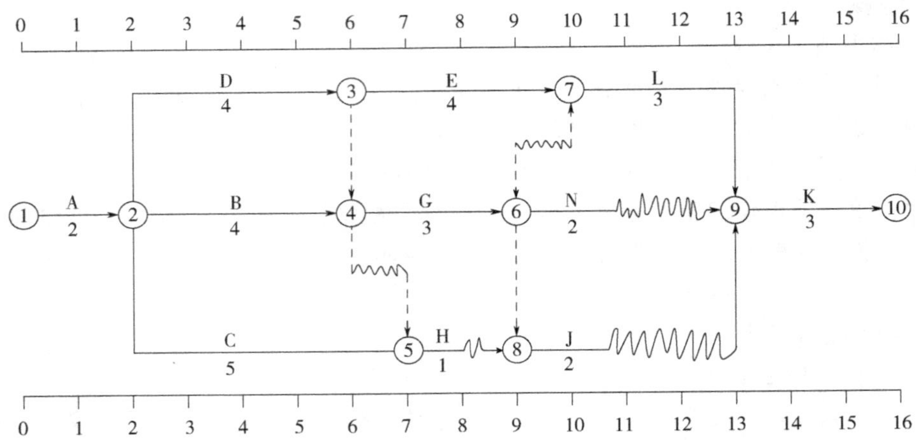


| 序号 | 工作名称 | 估算工程量 | 全费用综合单价/（元/m³） |
| --- | --- | --- | --- |
| 1 | A | 800m³ | 300 |
| 2 | B | 1200m³ | 320 |
| 3 | C | 20 次 | — |
| 4 | D | 1600m³ | 280 |

工程施工到第 4 周周末时进行进度检查，发生如下事件。

事件 1：A 工作已经完成，但由于设计图纸局部修改，实际完成的工程量为 840m³，工作持续时间未变。

事件 2：B 工作施工时，遇到异常恶劣的气候，造成施工单位的施工机械损坏和施工人员窝工，损失 1 万元，实际只完成估算工程量的 25%。

事件 3：C 工作为检验检测配合工作，只完成了估算工程量的 20%，施工单位实际发生检验检测配合工作费用 5000 元。

事件 4：施工中发现地下文物，导致 D 工作尚未开始，造成施工单位自有设备闲置 4 个台班，台班单价为 300 元/台班、折旧费为 100 元/台班。施工单位进行文物现场保护的费用为 1200 元。

**问题：**

1. 根据第 4 周周末的检查结果，绘制实际进度前锋线。

2. 逐项分析 B、C、D 三项工作的实际进度及其对紧后工作和工期的影响，并说明理由。

3. 若施工单位在第 4 周周末就 B、C、D 出现的进度偏差提出工程延期的要求，项目监理机构应批准工程延期多长时间？为什么？

4. 施工单位是否可以就事件 2、4 提出费用索赔？为什么？可获得的索赔费用是多少？

5. 事件 3 中 C 工作发生的费用如何结算？说明原因。

6. 前 4 周施工单位可以得到的结算款为多少元？

**参考答案**

1. （本小题 3.0 分）

实际进度前锋线，如下图所示。（3.0 分）

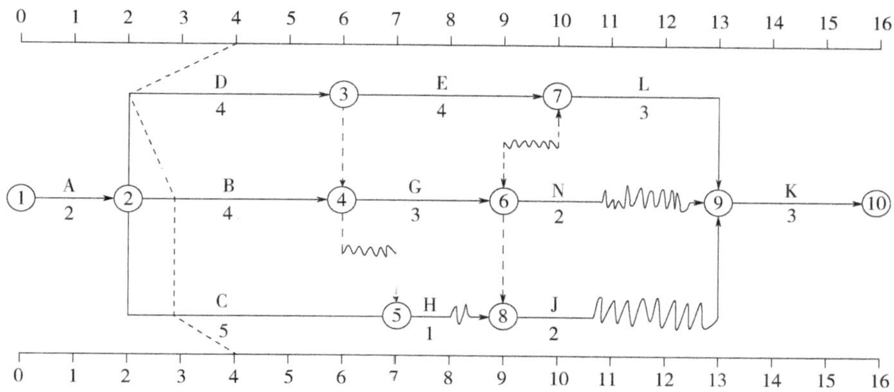


2. （本小题 13.0 分）

（1）B 工作：

① 实际进度拖后 1 周。（0.5 分）

② 影响紧后工作 G 的最早开始时间 1 周，但不影响工作 H 的最早开始时间。（1.0 分）

理由：B 工作的自由时差为 0，所以影响紧后工作 G 的最早开始时间 1 周；但 B 工作与 H 工作之间的时间间隔为 1 周，所以拖后 1 周不影响 H 工作的最早开始时间。（1.0 分）

③ 不影响工期。（0.5 分）

理由：B 工作的总时差为 1 周，拖后 1 周并未超出其总时差。（1.0 分）

（2）C 工作：

① 实际进度拖后 1 周。（0.5 分）

② 影响紧后工作 H 的最早开始时间 1 周。（0.5 分）

理由：C 工作的自由时差为 0，所以影响紧后工作 H 的最早开始时间 1 周。（1.0 分）

③ 不影响工期。（0.5 分）

理由：C 工作的总时差为 3 周，拖后 1 周并未超出其总时差。（1.0 分）

（3）D 工作：

① 实际进度拖后 2 周。（0.5 分）

② 影响紧后工作 E 和紧后工作 G 的最早开始时间 2 周，但只影响紧后工作 H 的最早开始时间 1 周。（1.5 分）

理由：D 工作的自由时差为 0，所以 D 工作拖后 2 周影响紧后工作 E 和 G 的最早开始时间 2 周；但 D 工作与 H 工作之间的时间间隔为 1 周，所以 D 工作拖后 2 周只影响紧后工作 H 的最早开始时间 1 周。（2.0 分）

③ 影响工期 2 周。（0.5 分）

理由：D 工作为关键工作，所以拖后 2 周，影响工期 2 周。（1.0 分）

3. （本小题 2.0 分）

批准工程延期 2 周。（0.5 分）

理由：施工中发现地下文物是建设单位应承担的责任，并且 D 工作为关键工作，B、C 工作的拖后均对工期没有影响。（1.5 分）

4. （本小题 4.0 分）

（1）事件 2 不能提出费用索赔。（0.5 分）

理由：异常恶劣的气候属于不可抗力事件，由此造成施工单位施工机械损坏和施工人员窝工的损失应由施工单位承担。（1.0 分）

（2）事件 4 可以索赔费用。（0.5 分）

理由：发现地下文物属于建设单位应承担的责任，由此导致的窝工费和增加的措施费用应由建设单位承担。（1.0 分）

（3）可获得的索赔费用：$4 \times 100 + 1200 = 1600$（元）。（1.0 分）

5.（本小题 2.0 分）

不予结算。（0.5 分）

理由：施工单位对 C 工作没有报价，视为以包含在相应的其他清单项目中，施工单位在结算时，不得另行组价予以调整。（1.5 分）

6.（本小题 2.0 分）

施工单位可以得到的结算款为：

（1）A 工作：$840 \times 300 = 252000$（元）。（0.5 分）

（2）B 工作：$1200 \times 25\% \times 320 = 96000$（元）。（0.5 分）

（3）D 工作：1600 元。

合计：$252000 + 96000 + 1600 = 349600$（元）。（1.0 分）

## 试题六

某工程，建设单位与施工单位按照《建设工程施工合同（示范文本）》签订了施工合同，合同工期 9 个月，合同价 840 万元，各项工作均按最早时间安排且均匀速施工，经项目监理机构批准的施工进度计划如下图所示（时间单位：月），施工单位的报价单（部分）见下表。施工合同中约定：预付款按合同价的 20% 支付，已完成工程款达到合同价的 50% 时开始扣回预付款，3 个月内平均扣回，质量保修金为合同价的 5%，从第 1 个月开始，按当月应付工程款的 10% 扣留，扣足为止。

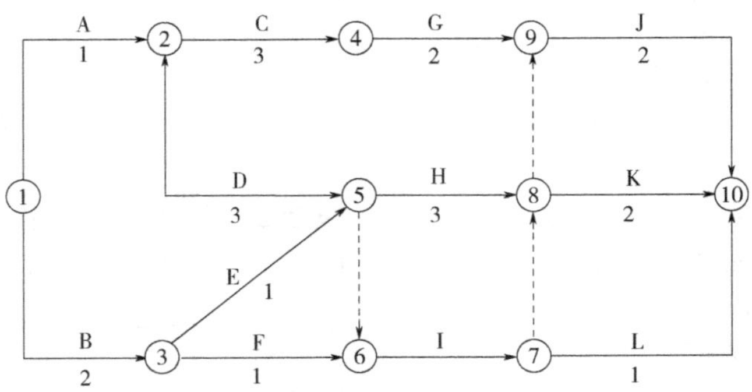


| 工作 | A | B | C | D | E | F |
|---|---|---|---|---|---|---|
| 合计/万元 | 30 | 54 | 30 | 84 | 300 | 21 |

工程于 2016 年 4 月 1 日开工。施工过程中发生了如下事件。

事件 1：建设单位接到政府安全管理部门将于 7 月份对工程现场进行安全施工大检查的通知后，要求施工单位结合现场安全施工状况进行自查，对存在的问题进行整改。施工单位进行了自查整改，向项目监理机构递交了整改报告，同时要求建设单位支付为迎接检查进行整改所发生的2.8万元费用。

事件2：现场浇筑的混凝土楼板出现多条裂缝，经有资质的检测单位检测分析，认定是商品混凝土质量问题。对此，施工单位认为混凝土厂家是建设单位推荐的，建设单位负有推荐不当的责任，应分担检测费用。

事件3：K工作施工中，施工单位按设计文件建议的施工工艺难以施工，故向建设单位书面提出了工程变更的请求。

**问题：**

1. 批准的施工进度计划中有几条关键线路？列出这些关键线路。

2. 开工后前3个月施工单位每月已完成的工程款为多少万元？

3. 工程预付款为多少万元？预付款从何时开始扣回？开工后前3个月总监理工程师每月应签证的工程款为多少万元？

4. 分别分析事件1和事件2中施工单位提出的要求是否合理？说明理由。

5. 事件3中，施工单位提出工程变更的程序是否妥当？说明理由。

**参考答案**

1.（本小题3.0分）

（1）4条关键线路。（1.0分）

（2）关键线路：A→D→H→K；A→D→H→J；A→D→I→K；A→D→I→J。（2.0分）

2.（本小题3.0分）

（1）第1个月：30+54×1/2=57（万元）。（1.0分）

（2）第2个月：54×1/2+30×1/3+84×1/3=65（万元）。（1.0分）

（3）第3个月：30×1/3+84×1/3+300+21=359（万元）。（1.0分）

3.（本小题7.0分）

（1）预付款：840×20%=168（万元）。（1.0分）

（2）前3个月：57+65+359=481（万元）>420（万元）。（1.0分）

因此，预付款应从第3个月开始扣回。（1.0分）

（3）前3个月总监理工程师签证的工程款

应扣保修金总额：840×5%=42.0（万元）。（1.0分）

①第1个月：

扣保：57×10%=5.7（万元），再扣42-5.7=36.3（万元）。

签发：57-5.7=51.3（万元）。（1.0分）

②第2个月：

扣保：65×10%=6.5（万元），再扣36.3-6.5=29.8（万元）。

签发：65-6.5=58.5（万元）。（1.0分）

③第3个月：

扣保：359×10%=35.9（万元）>29.8（万元），所以，扣29.8万元。

签发：359-29.8-168/3=273.2（万元）。（1.0分）

4.（本小题3.0分）

事件1：不合理。（0.5分）

理由：安全施工自检费用属于措施费，已包含在合同价中。（1.0分）

事件2：不合理。（0.5分）

理由：商品混凝土由施工单位采购，其质量问题应由施工单位承担责任。（1.0分）

5. （本小题1.5分）

不妥当。（0.5分）

理由：施工单位应向项目监理机构提出工程变更申请。（1.0分）